应用型本科信息大类专业“十二五”规划教材

SQL Server 数据库原理及应用

主　编　张秋生　张星云　谢永平
副主编　罗良夫　王　颖　宋亚岚
　　　　王维虎　王珊珊

华中科技大学出版社
中国·武汉

内容简介

本书全面系统地讲述了 SQL Server 2008 数据库管理系统的理论、编程和应用，深入研究了数据库基础，SQL Server 2008 数据库基础，表与表数据操作，数据库查询和视图，T-SQL 语言，索引、数据完整性与事务，存储过程和触发器，系统安全管理，备份与还原等。

本书面向学生、数据库管理人员和数据库开发人员，内容翔实，结构合理，示例丰富，语言简洁流畅。通过本书的学习，读者可以快速掌握数据库的基本应用和操作，并对 SQL Server 应用有较全面的了解。

为了方便教学，本书还配有电子课件等教学资源包，任课教师和学生可以登录"我们爱读书"网（www.ibook4us.com）免费注册并下载，也可以发邮件至 hustpeiit@163.com 免费索取教学资源包。

本书可作为高等院校计算机软件、计算机科学与技术、信息系统、电子商务、计算机应用、计算机网络等相关专业的数据库课程教材，同时也适合作为各种数据库技术培训班的教材以及数据库开发人员的参考资料。

图书在版编目(CIP)数据

SQL Server 数据库原理及应用/张秋生，张星云，谢永平主编. —武汉：华中科技大学出版社，2014.5
ISBN 978-7-5680-0122-9

Ⅰ.①S… Ⅱ.①张… ② 张… ③谢… Ⅲ.①关系数据库系统-高等学校-教材 Ⅳ.①TP311.138

中国版本图书馆 CIP 数据核字(2014)第 100465 号

SQL Server 数据库原理及应用　　张秋生　张星云　谢永平　主编

策划编辑：康　序
责任编辑：史永霞
封面设计：李　嫚
责任校对：张　琳
责任监印：张正林
出版发行：华中科技大学出版社（中国·武汉）
武昌喻家山　　邮编：430074　　电话：(027)81321913
录　　排：武汉正风天下文化发展有限公司
印　　刷：武汉市宏隆印务有限公司
开　　本：787mm×1092mm　1/16
印　　张：17.75
字　　数：462 千字
版　　次：2016 年 2 月第 1 版第 2 次印刷
定　　价：35.00 元

只有无知，没有不满。

Only ignorant, no resentment.

……………………迈克尔 · 法拉第(Michael Faraday)

迈克尔 · 法拉第（1791—1867）：英国著名物理学家、化学家，在电磁学、化学、电化学等领域都作出过杰出贡献。

应用型本科信息大类专业“十二五”规划教材

编审委员会名单

（按姓氏笔画排列）

前言 PREFACE

本书是为学生、开发人员、数据库管理员学习数据库知识而编写的一本教材，其中选用 SQL Server 2008 作为实践平台。SQL Server 2008 具有良好的用户操作界面，功能全面而且强大，有很高的市场占有率和很好的发展前景，非常适合作为学生、开发人员、数据库管理员的数据库实践平台。

本书主要包括两大部分内容。第 1 部分是数据库实用知识，包括数据库管理方面的知识和数据库编程方面的知识。数据库管理方面的知识在第 1、2、6、8、9 章中，主要包括安装和配置 SQL Server 2008 数据库管理系统、创建与维护数据库、创建与维护关系表、构建索引的技术、数据的完整性技术、备份和恢复数据库、数据的安全管理。数据库编程方面的知识在第 3、4、5、7 章中，主要包括 SQL 基础、基本数据操作语句、高级查询、视图、存储过程、触发器、函数及游标等。存储过程主要是为了提高数据的操作效率，方便客户端的编程；触发器主要是为了增强数据的完整性和一致性；函数主要是为了能实现一些复杂的数据操作以及模块共享功能；使用游标可以实现对数据的逐行处理。为了方便初学者学习和掌握数据库实践技能，本书特意在第 1 章介绍了数据库的基础知识，初学者在掌握了第 1 章的知识后，便可学习后续章节内容。第 2 部分是实验部分，这部分既包括与前面的知识点对应的实验，又包括课程设计的内容。

本书内容涵盖了常用的数据库管理和编程技术，内容由浅入深，介绍简明实用，所有实例代码都已测试通过。

本书实例丰富，图文并茂，并紧密结合实际问题，从问题出发，循序渐进地给出解决问题的思路和方法，使读者能更准确地理解知识并应用知识。

本书由湖北工业大学商贸学院张秋生及张星云、湖北科技职业技术学院谢永平任主编，武汉工程大学邮电与信息工程学院罗良夫、哈尔滨远东理工学院王颖、武汉工程科技学院宋亚岚、汉口学院王维虎、青岛理工大学琴岛学院王珊珊担任副主编。其中，张秋生编写了第 4、7、8 章及实验 4 至实验 14，张星云编写了第 1 章，谢永平编写了第 2 章，罗良夫编写了第 9 章，王颖编写了第 5 章，宋亚岚编写了第 6 章，王维虎编写了第 3 章，王珊珊编写了实验 1 至实验 3。本书在编写过程中得到了同行的大力协助与支持，使编者获益良多，在此表示衷心的感谢。

为了方便教学，本书还配有电子课件等教学资源包，任课教师和学生可以登录“我们爱读书”网（www.ibook4us.com）免费注册并下载，也可以发邮件至hustpeiit@163.com免费索取教学资源包。

由于时间仓促，加之编者水平有限，书中难免有疏漏、错误和欠妥之处，敬请广大读者与同行专家批评指正。编者的联系方式为：zhangqiusheng0626@163.com。

编　者

2013年10月

目录 CONTENTS

第1部分　数据库实用知识

第2部分 实　验

第 1 部分 数据库实用知识

第1章 数据库基础

为了更好地学习 SQL Server，首先需要介绍数据库的基础知识。

1.1 数据库的基本概念

1.1.1 数据库

数据库（database，DB）是存放数据的仓库，只不过这些数据存在一定的关联，并按一定的格式存放在计算机中。从广义上讲，数据不仅包括数字，还包括文本、图像、音频、视频等。

例如，把一个学校的学生、课程、学生成绩等数据有序地组织并存放在计算机内，就可以构成一个数据库。因此，数据库由一些持久的相互关联数据的集合组成，并以一定的组织形式存放在计算机的存储介质中。

1.1.2 数据库管理系统

数据库管理系统（database management system，DBMS）是管理数据库的系统，它按一定的数据模型组织数据。数据库管理系统应提供如下功能。

(1) 数据定义功能：可定义数据库中的数据对象，如表、视图、存储过程、触发器等。

(2) 数据操纵功能：可对数据库表进行基本操作，如插入、删除、修改、查询等。

(3) 数据的完整性检查功能：保证用户输入的数据应满足相应的约束条件。

(4) 数据库的安全保护功能：保证只有赋予权限的用户才能访问数据库中的数据。

(5) 数据库的并发控制功能：使多个应用程序可在同一时刻并发地访问数据库的数据。

(6) 数据库系统的故障恢复功能：在数据库运行出现故障时进行数据库恢复，以保证数据库可靠运行。

(7) 在网络环境下访问数据库的功能。

(8) 方便、有效地存取数据库信息的接口和工具。编程人员通过程序开发工具与数据库的接口编写数据库应用程序。数据库管理员（database administrator，DBA）通过数据库管理系统提供的工具对数据库进行管理。

1.1.3 数据库系统

数据、数据库、数据库管理系统与操作数据库的应用程序，加上支撑它们的硬件平台、软件平台和与数据库有关的人员一起构成了一个完整的数据库系统（database system，DBS）。图 1-1 描述了数据库系统的构成。

数据库系统的特点：

（1）数据结构化；

（2）数据共享性高，冗余度低，易扩充；

（3）数据独立性高；

（4）数据由数据库管理系统统一管理和控制。

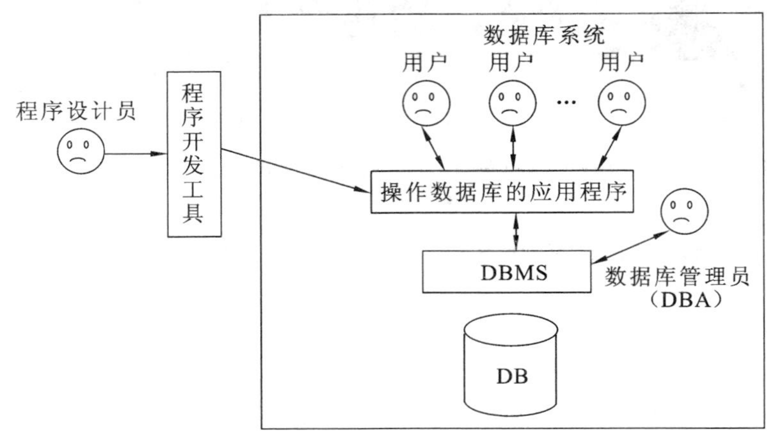

图 1-1　数据库系统的构成

1.1.4　关系数据库

关系数据库是基于关系模型的一种数据库，是一些相关的表和其他数据库对象的集合。第一，在关系数据库中，信息存放在二维表(table)中，一个关系数据库可包含多个数据表；第二，数据表之间通过关键字所体现的参照关系实现相互关联；第三，关系数据库系统中不仅包含表，还可包含其他的数据库对象，如视图、存储过程、触发器等。

1.1.5　关系模型

关系模型由数据结构、关系操作和完整性约束等三个部分组成。

（1）数据结构：关系模型中基本数据的逻辑结构是二维表。关系模型的这种简单数据结构具有丰富的语义，能够描述现实世界的实体及实体间的各种联系。

（2）关系操作：采用集合操作方式，即操作的对象和结果都是集合。关系模型中常用的关系操作包括查询操作（选择、投影、连接、除、并、交、差等）和增、删、改操作。

（3）完整性约束：关系模型提供了丰富的完整性控制机制，允许定义三类完整性——实体完整性、参照完整性和用户定义的完整性。其中，实体完整性和参照完整性是关系模型必须满足的完整性约束条件，应该由关系系统自动支持。

1.1.6　数据模型

数据库管理系统根据数据模型对数据进行存储和管理。数据库管理系统采用的数据模型主要有层次模型、网状模型和关系模型。

1. 层次模型

层次模型以树形层次结构组织数据。图 1-2 所示为某学校按层次模型组织的数据示例。

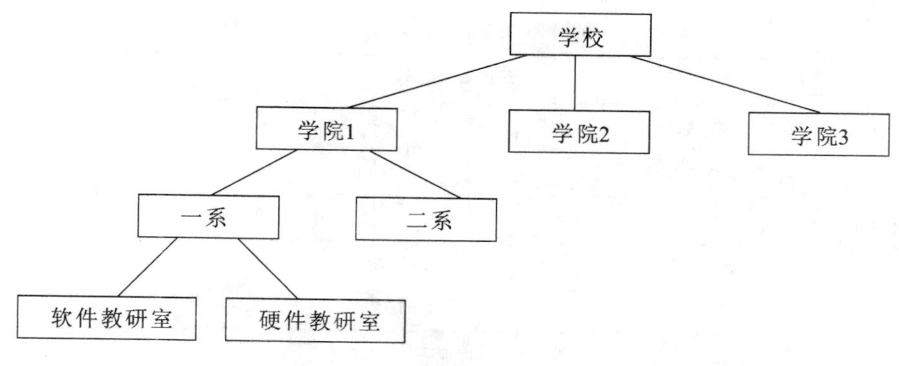

图 1-2　按层次模型组织的数据示例

2. 网状模型

网状模型：每一个数据用一个节点表示，每个节点与其他节点都有联系，这样数据库中的所有数据节点就构成了一个复杂的网络。图 1-3 所示为按网状模型组织的数据示例。

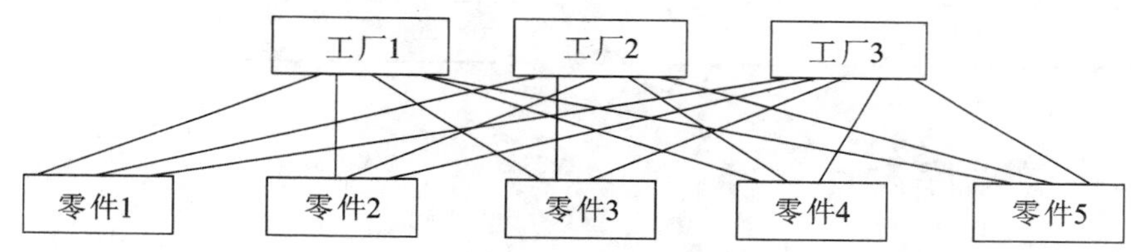

图 1-3　按网状模型组织的数据示例

3. 关系模型

关系模型以二维表格（关系表）的形式组织数据库中的数据。

例如，学生成绩管理系统所涉及的“学生”“课程”和“成绩”三个表中，“学生”表涉及的主要信息有学号、姓名、性别、出生时间、专业、总学分、备注，“课程”表涉及的主要信息有课程号、课程名、开课学期、学时和学分，“成绩”表涉及的主要信息有学号、课程号和成绩。

表1-1、表 1-2 和表 1-3 所示分别描述了学生成绩管理系统中“学生”“课程”和“成绩”三个表的部分数据。

表 1-1　“学生”表

学号	姓名	性别	出生时间	专业	总学分	备注
081101	王林	男		计算机	50	
081103	王燕	女		计算机	50	
081108	林一帆	男		计算机	52	已提前修完一门课
081202	王林	男		通信工程	40	有一门课不及格，待补考
081204	马琳琳	女		通信工程	42	

表 1-2 "课程"表

课程号	课程名	开课学期	学时	学分
0101	计算机基础	1	80	5
0102	程序设计与语言	2	68	4
0206	离散数学	4	68	4

表 1-3 "成绩"表

学号	课程号	成绩	学号	课程号	成绩
081101	101	80	081108	101	85
081101	102	78	081108	102	64
081101	206	76	081108	206	87
081103	101	62	081202	101	65
081103	102	70	081204	101	91

1.2 数据库设计

有人也许会问，根据业务需要直接创建库、创建表、插入测试数据，然后再查询数据不是可以吗，为什么现在要强调先设计再创建库、创建表呢？原因非常简单，正如我们修造建筑物一样。如果仅仅要盖一间茅屋或一间简易平房，估计不会有人花钱专门设计房屋图纸。但是，如果要开发一个楼盘，修建多幢楼的居住小区，房地产开发商会请人设计施工图纸吗？答案是肯定的。

不管是创建动态网站，还是创建桌面窗口应用程序，数据库设计的重要性都不言而喻。如果设计不当，查询起来就非常吃力，程序的性能也会受到影响。无论使用的是 SQL Server 还是 Oracle 数据库，通过规范化的数据库设计，都可以使程序代码更具可读性，更容易扩展，从而也会提升项目的应用性能。

1.2.1 概念结构设计

通常把每一类数据对象的个体称为实体，而每一类数据对象个体的集合称为实体集。例如，在学生成绩管理系统中主要涉及"学生"和"课程"两个实体集。

其他非主要的实体可以很多，例如班级、班长、任课教师、辅导员等实体。把每个实体集涉及的信息项称为属性。就"学生"实体集而言，它的属性有学号、姓名、性别、出生时间、专业、总学分、备注；"课程"实体集的属性有课程号、课程名、开课学期、学时和学分。

实体集中的实体彼此是可区别的，如果实体集中的属性或最小属性组合的值能唯一标识其对应实体，则将该属性或最小属性组合称为码。对于每一个实体集，可指定一个码为主码。

如果用矩形框表示实体集，用椭圆框表示属性，用线段连接实体集与属性，当一个属性或最小属性组合指定为主码时，在实体集与属性的连接线上标记一斜线。图 1-4 所示描述了学生成绩管理系统中的实体集及每个实体集涉及的属性。

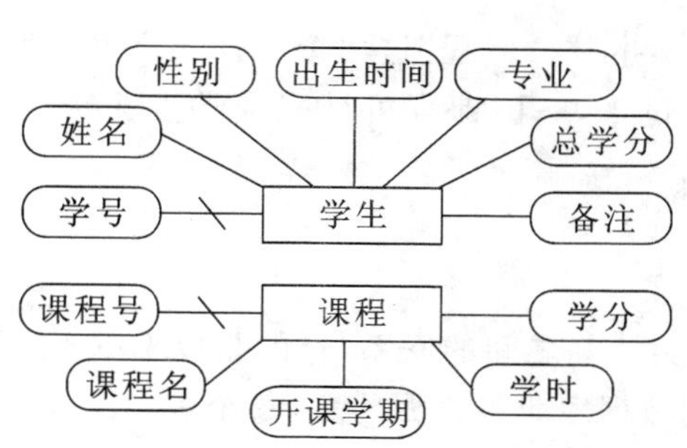

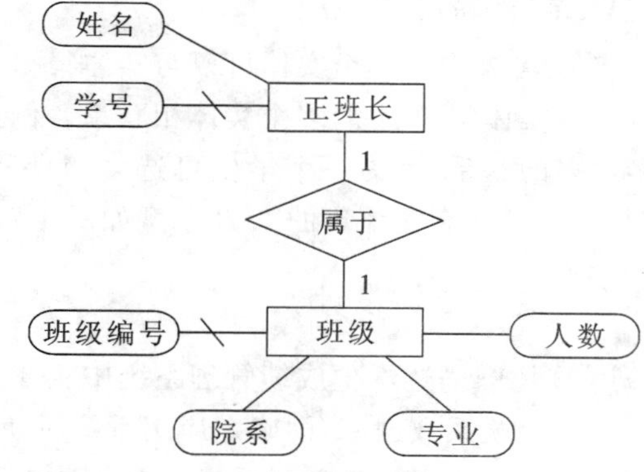

图 1-4 "学生"和"课程"实体集属性的描述　　**图 1-5 "班级"与"正班长"两个实体集的 E-R 模型**

实体集 A 和实体集 B 之间存在各种关系，通常把这些关系称为联系，将实体集及实体集联系的图表示称为实体(entity)-联系(relationship)模型，简称为 E-R 模型。

E-R 图就是 E-R 模型的描述方法，即实体-联系图，通常关系数据库的设计者使用 E-R 图来对信息世界建模。在 E-R 图中使用矩形表示实体型，使用椭圆表示属性，使用菱形表示联系。从分析用户项目涉及的数据对象及数据对象之间的联系出发，到获取 E-R 图的这一过程称为概念结构设计。

实体集 A 和实体集 B 之间的联系可能是以下三种情况之一。

1. 一对一的联系(1∶1)

实体集 A 中的一个实体至多与实体集 B 中的一个实体相联系，实体集 B 中的一个实体也至多与实体集 A 中的一个实体相联系。例如，"班级"与"正班长"这两个实体集之间的联系是一对一的联系，因为一个班级只有一个正班长，反过来，一个正班长只属于一个班级。"班级"与"正班长"两个实体集的 E-R 模型如图 1-5 所示。

2. 一对多的联系(1∶*n*)

实体集 A 中的一个实体可以与实体集 B 中的多个实体相联系，而实体集 B 中的一个实体至多与实体集 A 中的一个实体相联系。例如，"班级"与"学生"这两个实体集之间的联系是一对多的联系，因为一个班级可有若干个学生，反过来，一个学生只能属于一个班级。"班级"与"学生"两个实体集的 E-R 模型如图 1-6 所示。

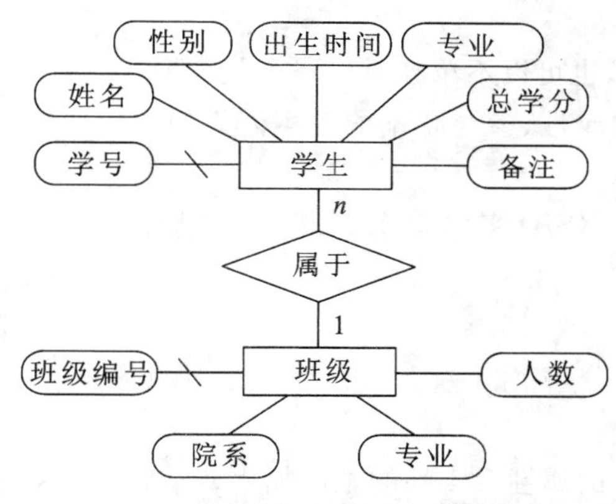

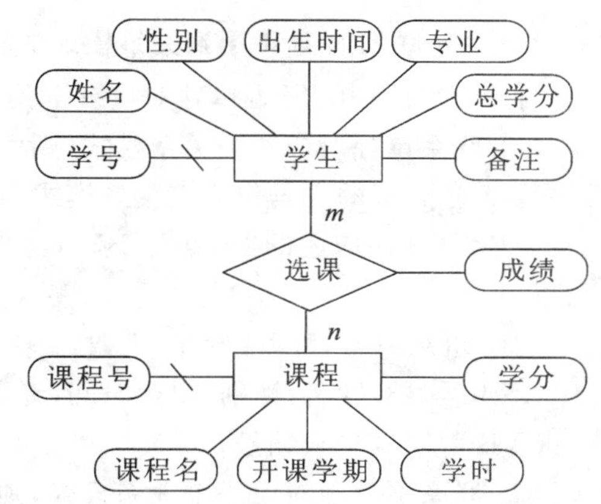

图 1-6 "班级"与"学生"两个实体集的 E-R 模型　　**图 1-7 "学生"与"课程"两个实体集的 E-R 模型**

3. 多对多的联系($m:n$)

实体集A中的一个实体可以与实体集B中的多个实体相联系,而实体集B中的一个实体也可与实体集A中的多个实体相联系。例如,“学生”与“课程”这两个实体集之间的联系是多对多的联系,因为一个学生可选多门课程,反过来,一门课程可被多个学生选修。“学生”与“课程”两个实体集的E-R模型如图1-7所示。

1.2.2 逻辑结构设计

用E-R图描述学生成绩管理系统中实体集与实体集之间的联系,目的是以E-R输入法为工具设计关系数据库,即确定应用系统所使用的数据库应包含哪些表,每个表的结构是怎样的。下面介绍根据三种联系从E-R图中获得关系模式的方法。

1. 1∶1联系的E-R图到关系模式的转换

对于1∶1联系,既可单独对应一个关系模式,也可以不单独对应一个关系模式。

(1) 联系单独对应一个关系模式,则由联系的属性、参与联系的各实体集的主码属性构成关系模式,其主码可选参与联系的实体集的任一方的主码。

例如,图1-5描述的“班级”(BJB)与“正班长”(BZB)实体集通过属于(SYB)联系E-R模型可设计如下关系模式(字段加下横线表示该字段为主码):

BJB(班级编号,院系,专业,人数)

BZB(学号,姓名)

SYB(学号,班级编号)或SYB(学号,班级编号)

(2) 联系不单独对应一个关系模式,联系的属性及一方的主码加入另一方实体集对应的关系模式中。

例如,图1-5描述的“班级”(BJB)与“正班长”(BZB)实体集通过属于(SYB)联系E-R模型可设计如下关系模式:

BJB(班级编号,院系,专业,人数)

BZB(学号,姓名,班级编号)

或者

BJB(班级编号,院系,专业,人数,学号)

BZB(学号,姓名)

2. 1∶n联系的E-R图到关系模式的转换

对于1∶n联系,既可单独对应一个关系模式,也可以不单独对应一个关系模式。

(1) 联系单独对应一个关系模式,则由联系的属性、参与联系的各实体集的主码属性构成关系模式,n端的主码作为该关系模式的主码。

例如,图1-6描述的“班级”(BJB)与“学生”(XSB)实体集E-R模型可设计如下关系模式:

BJB(班级编号,院系,专业,人数)

XSB(学号,姓名,性别,出生时间,专业,总学分,备注)

SYB(学号,班级编号)

(2) 联系不单独对应一个关系模式,则将联系的属性及1端的主码加入n端实体集对应的关系模式中,主码仍为n端的主码。

例如,图1-6“班级”(BJB)与“学生”(XSB)实体集E-R模型可设计如下关系模式:

BJB(班级编号,院系,专业,人数)

XSB (学号,姓名,性别,出生时间,专业,总学分,备注,班级编号)

3. *m*∶*n* 联系的 E-R 图到关系模式的转换

对于 *m*∶*n* 联系,单独对应一个关系模式,该关系模式包括联系的属性、参与联系的各实体集的主码属性,该关系模式的主码由各实体集的主码属性共同组成。

例如,图 1-7 描述的"学生"(XSB)与"课程"(KCB)实体集之间的联系可设计如下关系模式:

XSB (学号,姓名,性别,出生时间,专业,总学分,备注)

KCB (课程号,课程名,开课学期,学时,学分)

CJB (学号,课程号,成绩)

关系模式 CJB 的主码是由"学号"和"课程号"两个属性组合起来构成的一个主码,一个关系模式只能有一个主码。

至此,已介绍了根据 E-R 图设计关系模式的方法,通常将这一设计过程称为逻辑结构设计。

在设计好一个项目的关系模式后,就可以在数据库管理系统环境下创建数据库、关系表及其他数据库对象,输入相应数据,并根据需要对数据库中的数据进行各种操作。

1.2.3 数据库物理设计

数据的物理模型即指数据的存储结构,如对数据库物理文件、索引文件的组织方式,文件的存取路径,内存的管理等。物理模型对用户是不可见的,它不仅与数据库管理系统有关,还和操作系统甚至硬件有关。

1.3 数据库应用系统

1.3.1 数据库的连接方式

客户端应用程序或应用服务器向数据库服务器请求服务时,必须首先和数据库建立连接。虽然不同的关系数据库管理系统(relational database management system,RDBMS)都遵循 SQL 标准,但不同厂家开发的 RDBMS 有差异,例如存在适应性和可移植性等方面的问题。因此,人们开始研究和开发连接不同的 RDBMS 的通用方法、技术和软件。

1. ODBC 数据库接口

ODBC 即开发式数据库互联(open database connectivity),是微软公司推出的一种实现应用程序和关系数据库之间通信的接口标准。符合标准的数据库就可以通过 SQL 语言编写的命令对数据库进行操作,但只针对关系数据库。目前所有的关系数据库都符合该标准。

ODBC 本质上是一组数据库访问 API(应用程序编程接口),它由一组函数调用组成,核心是 SQL 语句,其结构如图 1-8 所示。

在具体操作时,首先必须用 ODBC 管理器注册一个数据源,管理器根据数据源提供的数据库位置、数据库类型及 ODBC 驱动程序等信息,建立起 ODBC 与具体数据库的联系。这样,只要应用程序将数据源名提供给 ODBC,ODBC 就能建立起与相应数据库的连接。

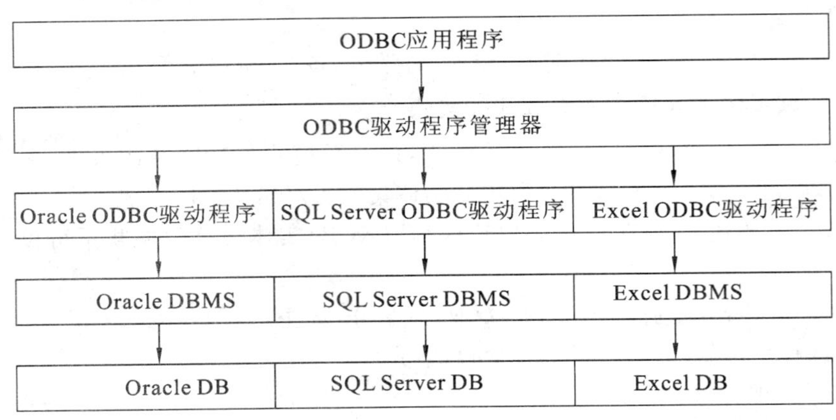

图 1-8 ODBC 数据库接口结构

2. OLE DB 数据库接口

OLE DB 即数据库链接和嵌入对象(object linking and embedding database)。OLE DB 是微软提出的基于 COM 思想且面向对象的一种技术标准,目的是提供一种统一的数据访问接口访问各种数据源。

OLE DB 标准的核心内容就是提供一种相同的访问接口,使得数据的使用者(应用程序)可以使用同样的方法访问各种数据,而不用考虑数据的具体存储地点、格式或类型,其结构如图 1-9 所示。

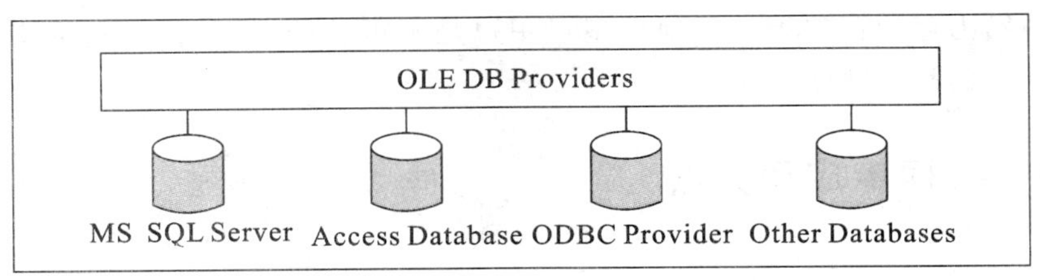

图 1-9 OLE DB 数据库接口结构

3. ADO 数据库接口

ADO(activeX date objects)是微软公司开发的基于 COM 的数据库应用程序接口。通过 ADO 连接数据库,可以灵活地操作数据库中的数据。

图 1-10 所示展示了应用程序通过 ADO 访问 SQL Server 数据库接口的过程。从图中可以看出,使用 ADO 访问 SQL Server 数据库有两种途径:一种是通过 ODBC 驱动程序,另一种是通过 SQL Server 专用的 OLE DB Provider。后者有更高的访问效率。

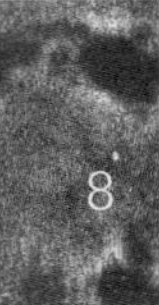

4. ADO. NET 数据库接口

ASP. NET 使用 ADO. NET 数据模型。该模型从 ADO 发展而来,但它不只是对 ADO 的改进,而是采用了一种全新的技术,主要表现在以下几个方面。

(1) ADO. NET 不是采用 ActiveX 技术,而是与. NET 框架紧密结合的产物。

(2) ADO. NET 包含对 XML 标准的完全支持,这对于跨平台交换数据具有重要的意义。

(3) ADO. NET 既能在与数据源连接的环境下工作,又能在断开与数据源连接的条件下工作。特别是后者,非常适合于网络应用的需要。因为在网络环境下,保持与数据源连接不符合网站的要求,不仅效率低,付出的代价高,而且常常会引发由于多个用户同时访问时带来的冲突。因此,ADO. NET 系统集中主要精力用于解决在断开与数据源连接的条件下数据处理的问题。

ADO. NET 提供了面向对象的数据库视图,并且在 ADO. NET 对象中封装了许多数据库属性和关系。最重要的是,ADO. NET 通过很多方式封装和隐藏了很多数据库访问的细节。可以完全不知道对象在与 ADO. NET 对象交互,也不用担心数据移动到另外一个数据库或者从另一个数据库获得数据的细节问题。图 1-11 所示显示了 ADO. NET 架构总览。

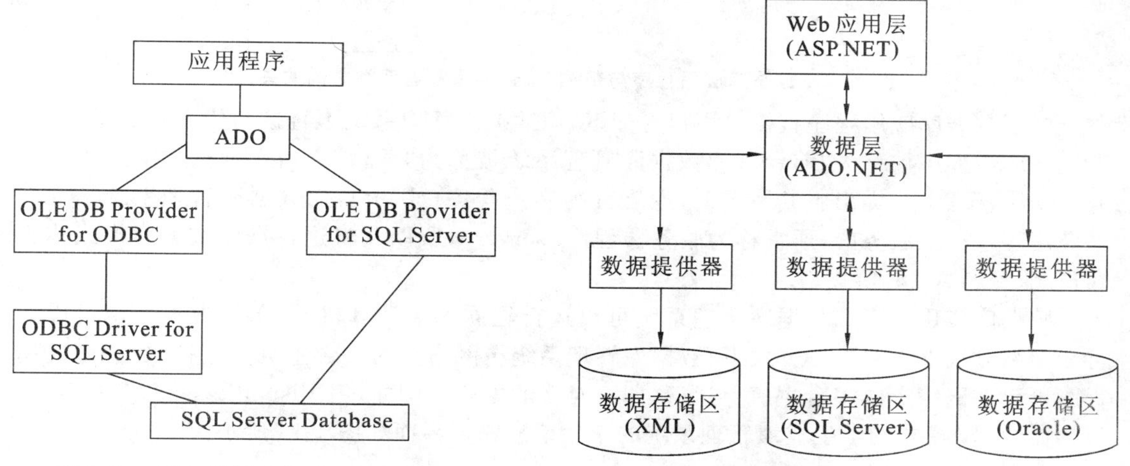

图 1-10　ADO 访问 SQL Server 的接口

图 1-11　通过 ADO. NET 访问数据库的接口模型

5. JDBC 数据库接口

在 JDBC API 中有两层接口:应用程序层和驱动程序层。前者使开发人员可以通过 SQL 调用数据库和取得结果,后者处理与具体数据库驱动程序相关的所有通信。

使用 JDBC 数据库接口对数据库操作有如下优点。

(1) JDBC API 与 ODBC 十分相似,有利于用户理解。

(2) 使用 JDBC 数据库接口可以使编程人员从复杂的驱动器调用命令和函数中解脱出来,从而有机会致力于应用程序功能的实现。

(3) JDBC 支持不同的关系数据库,增强了程序的可移植性。

使用 JDBC 数据库接口的主要缺点:访问数据记录的速度会受到一定影响;JDBC 结构中包含了不同厂家的产品,这给数据源的更改带来了较大麻烦。

6. 数据库连接池技术

对于网络环境下的数据库应用,由于用户众多,使用传统的 JDBC 方式进行数据库连接,系统资源开销过大成为制约大型企业级应用系统效率的瓶颈。采用数据库连接池技术对数据库连接进行管理,可以大大提高系统的效率和稳定性。

1.3.2　客户/服务器(C/S)模式应用系统

一般的数据库应用系统,除了要设计数据库管理系统外,还需要设计适合普通人员操作数据库的界面。目前,流行的开发数据库界面的工具主要包括 Visual Basic、Visual C++、Visual FoxPro、Delphi、PowerBuilder 等。数据库应用程序与数据库、数据库管理系统之间的关系如图 1-12 所示。

从图 1-12 中可以看出,当数据库应用程序需要处理数据库中的数据时,首先向数据库管理系统发送一个数据处理请求。数据库管理系统接收到这一请求后,对其进行分析,然后执行数据操作，并把操作结果返给数据库应用程序。

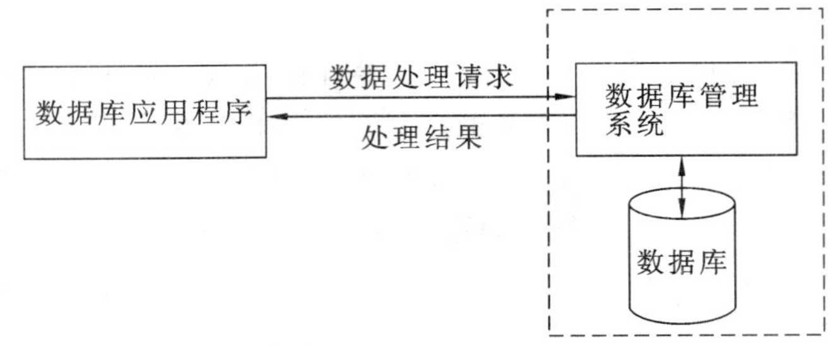

图 1-12　数据库应用程序与数据库、数据库管理系统之间的关系

由于数据库应用程序直接与用户打交道，而数据库管理系统不直接与用户打交道，所以数据库应用程序被称为“前台”，而数据库管理系统被称为“后台”。由于数据库应用程序是向数据库管理系统提出服务请求的，通常称为客户程序（client），而数据库管理系统是为其他应用程序提供服务的，通常称为服务器程序（server），所以又将这种操作数据库模式称为客户/服务器（C/S）模式。

数据库应用程序和数据库管理系统可以运行在同一台计算机上（单机方式），也可以运行在网络方式下。在网络方式下，数据库管理系统在网络上的一台主机上运行，数据库应用程序可以在网络上的多台主机上运行，即一对多的方式。例如，用 Visual Basic 开发的客户/服务器（C/S）模式的学生成绩管理系统的学生信息输入界面如图 1-13 所示。

1.3.3　浏览器/服务器(B/S)模式应用系统

基于 Web 的数据库应用采用浏览器/服务器模式，也称 B/S 结构，包括三层。第一层为浏览器，第二层为 Web 服务器，第三层为数据库服务器。浏览器是用户输入数据和显示结果的交互界面，用户在浏览器表单中输入数据，然后将表单中的数据提交并发送到 Web 服务器；Web 服务器应用程序接收并处理用户的数据，通过数据库服务器，从数据库中查询需要的数据（或把数据录入数据库）并返回给 Web 服务器；Web 服务器再把返回的结果插入 HTML 页面，传送到客户端，在浏览器中显示出来，如图 1-14 所示。

例如，用 ASP. NET 开发的浏览器/服务器（B/S）模式的学生成绩管理系统的学生信息更新页面如图 1-15 所示。

图 1-13　C/S 模式的学生成绩管理系统的学生信息输入界面

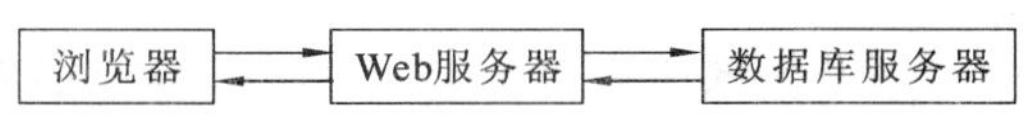

图 1-14　浏览器/服务器结构

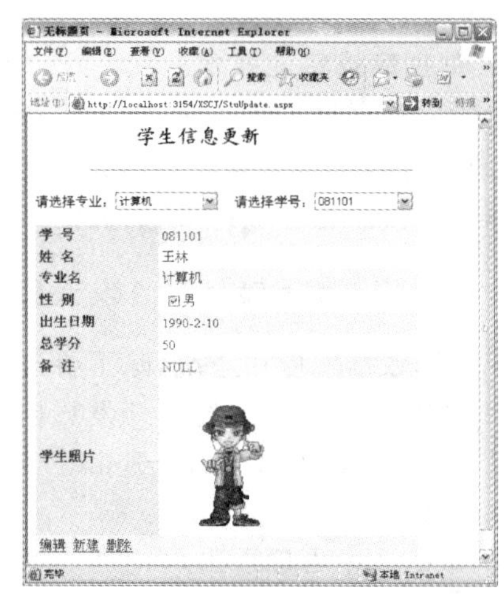

图 1-15　B/S 模式的学生成绩管理系统的学生信息更新页面

1.4 SQL Server 2008 环境

1.4.1 SQL Server 2008 的安装

SQL Server 2008 要求 Windows Installer 4.5、.NET Framework 3.5、Windows Server 2003 SP2 以上系统。如果系统不符合要求，会出现图 1-16 所示的提示。如果需要安装可以单击“确定”按钮自动进行安装，也可以单击“取消”按钮后自己手动进行安装。

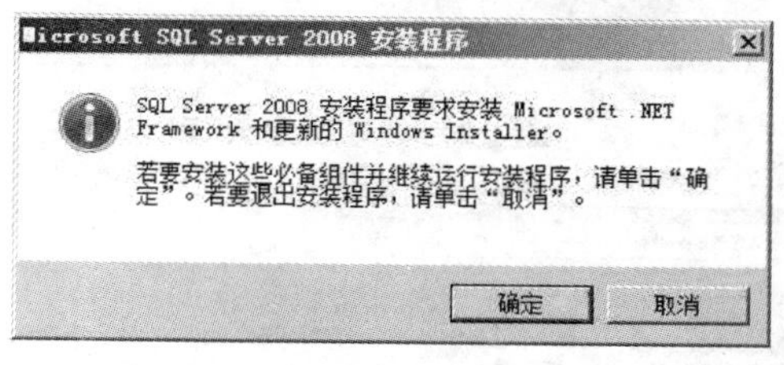

图 1-16 安装提示

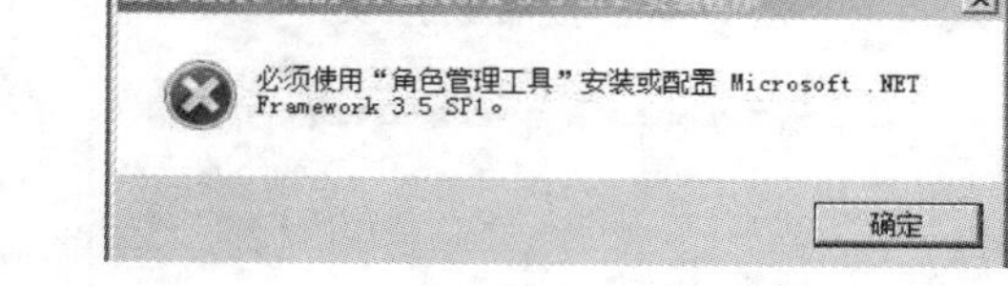

图 1-17 .NET 系统报错

（1）启动 SQL Server 2008 的安装文件 setup.exe。如果.NET 不符合要求，安装时会报错，如图 1-17 所示。打开功能安装向导，选择.NET，要求安装.NET Framework 3.5 所需要的其他角色。

（2）安装程序按功能进行了分类，在左边选择“安装”，然后单击右边的“全新 SQL Server 独立安装或向现有安装添加功能”选项开始安装，如图 1-18 所示。

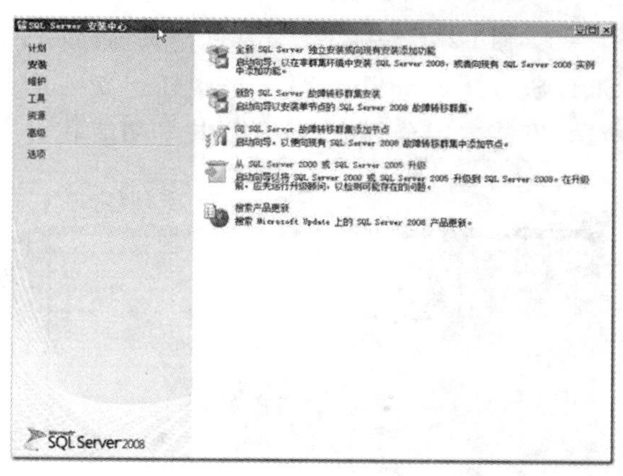

图 1-18 SQL Server 安装中心

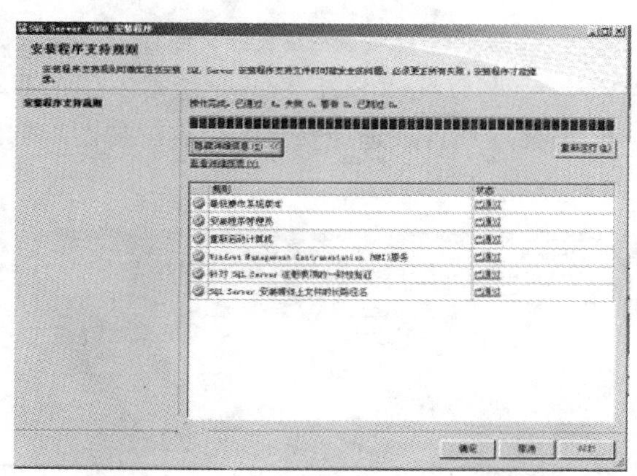

图 1-19 “安装程序支持规则”页

（3）安装程序进行系统必备项的检测，如图 1-19 所示。

（4）如图 1-20 所示选择版本，这里选择企业评估版，并输入产品密钥。

（5）单击“产品密钥”页的“下一步”按钮，进入“许可条款”页，如图 1-21 所示。

（6）在“许可条款”页阅读许可协议，然后选中相应的复选框接受许可条款，最后单击“下一步”按钮，进入“安装程序支持文件”页，如图 1-22 所示。

（7）单击“安装”按钮，系统进行第二次检测（与前面检测的内容不同），如图 1-23 所示。

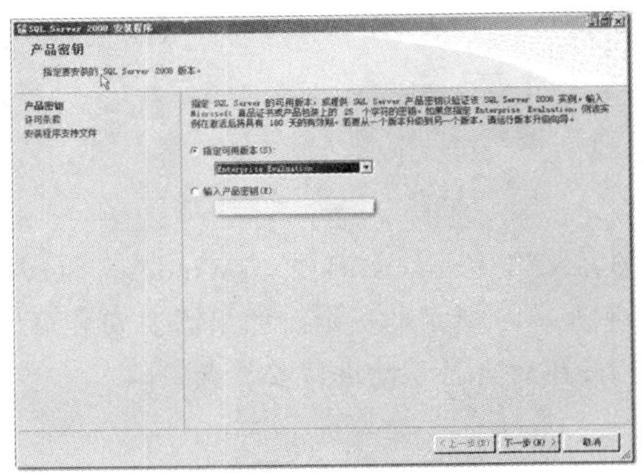

图 1-20 “产品密钥”页

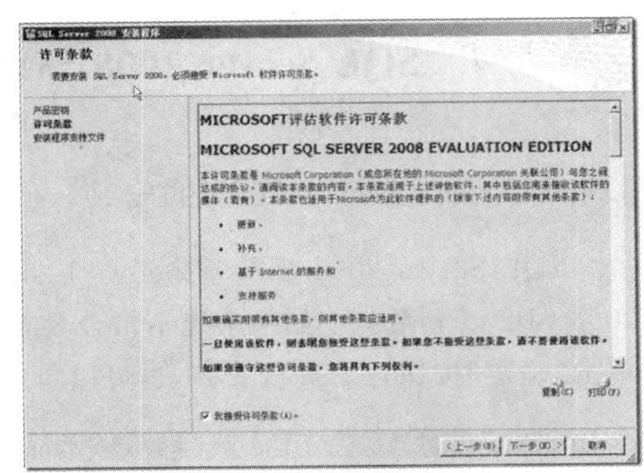

图 1-21 “许可条款”页

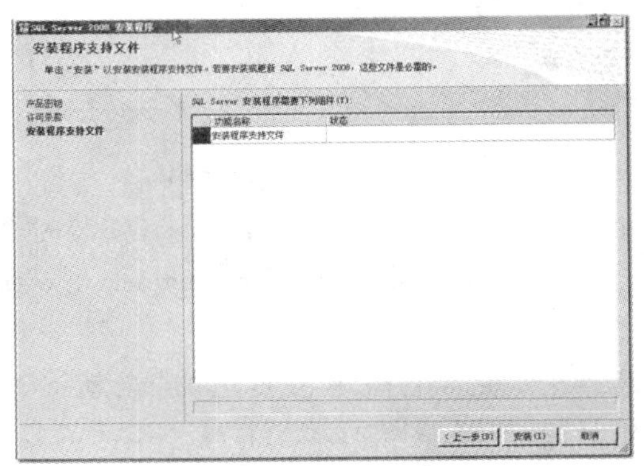

图 1-22 “安装程序支持文件”页

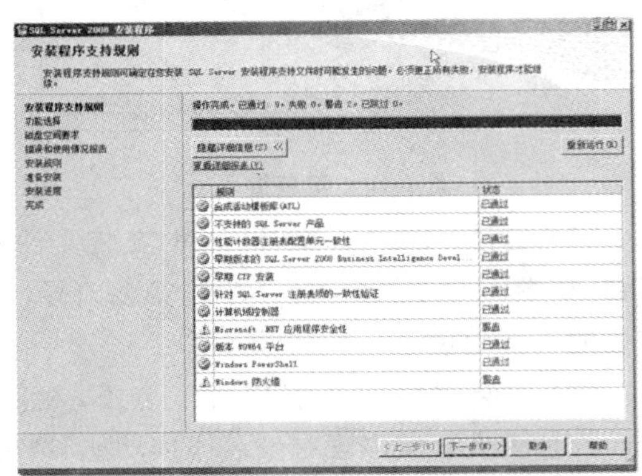

图 1-23 “安装程序支持规则”页

(8) 与以往的 SQL Server 版本不同的是，SQL Server 2008 默认没有选中任何安装选项，需要用户自己选择安装的内容。如图 1-24 所示，安装内容分为实例功能、共享功能和可再发行的功能。

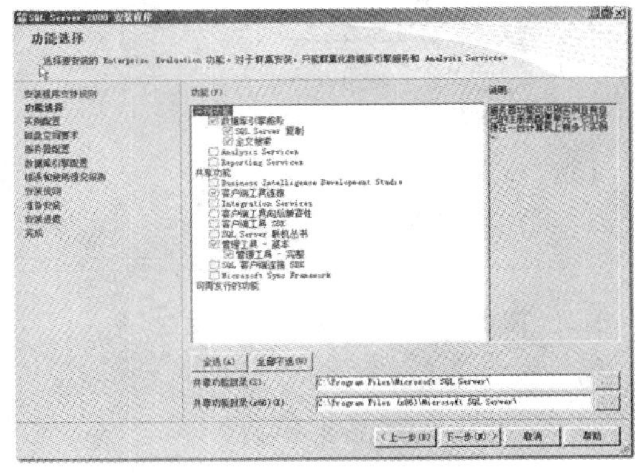

图 1-24 “功能选择”页

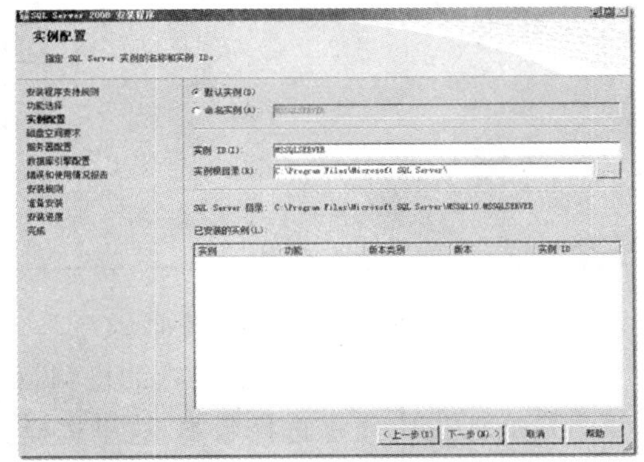

图 1-25 “实例配置”页

实例功能：每个 SQL Server 实例独有的部分。

共享功能：一台计算机上所有 SQL Server 实例共享一样的功能。

(9) 选择功能后单击“下一步”按钮，进行实例配置，选择默认实例或命名实例。如果选择命名实例要提供实例名。下面给出了实例 ID 和安装位置(实例根目录)，如图 1-25 所示。

(10) 单击“实例配置”页的“下一步”按钮，会出现“磁盘空间要求”页。这里详细给出了各个成分在硬盘上的位置和占用的空间，如图 1-26 所示。

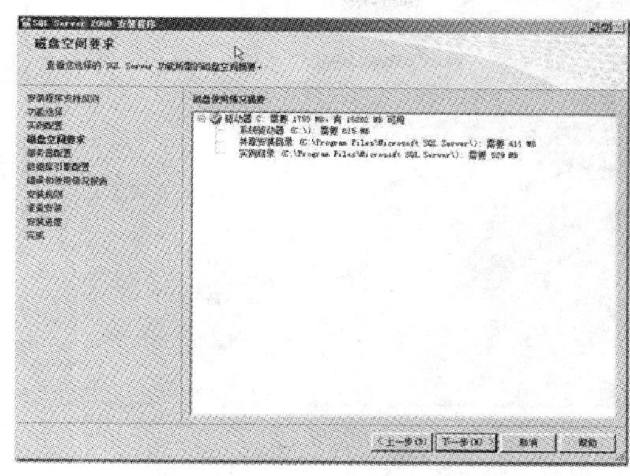

图 1-26 “磁盘空间要求”页

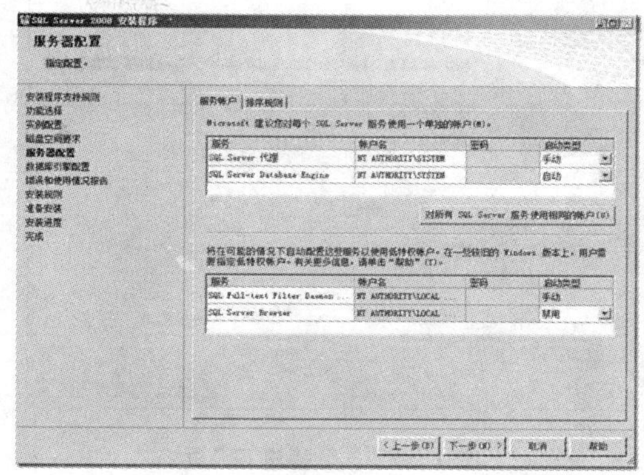

图 1-27 “服务器配置-服务帐户”页

(11) 在“服务器配置”页的“服务帐户”选项卡中配置各个服务使用的帐户名，如图 1-27 所示，选择的是本地系统帐户。(“帐”旧同“账”，与计算机相关的领域中多使用“帐”，故全书都使用“帐”。)

(12) 单击图 1-27 中的“下一步”按钮，进入“数据库引擎配置”页，这里分为三个部分。

帐户设置：

“帐户设置”选项卡主要为数据库引擎指定身份验证模式和管理员。SQL Server 2008 不再默认把本地管理员组作为 SQL Server 的系统管理员，而是需要手动指定 Windows 帐户作为 SQL Server 管理员，如图 1-28 所示。

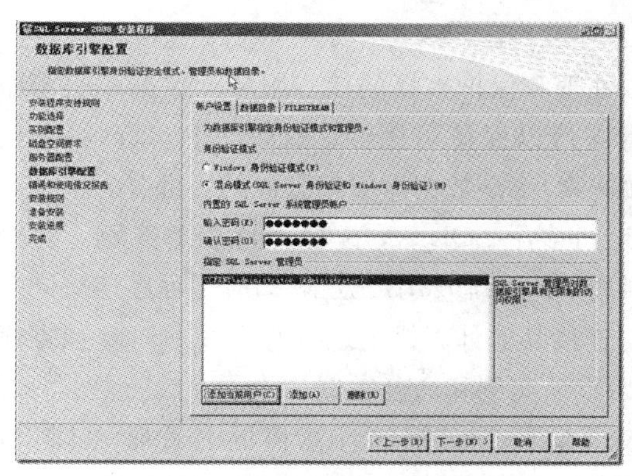

图 1-28 “数据库引擎配置-帐户设置”页

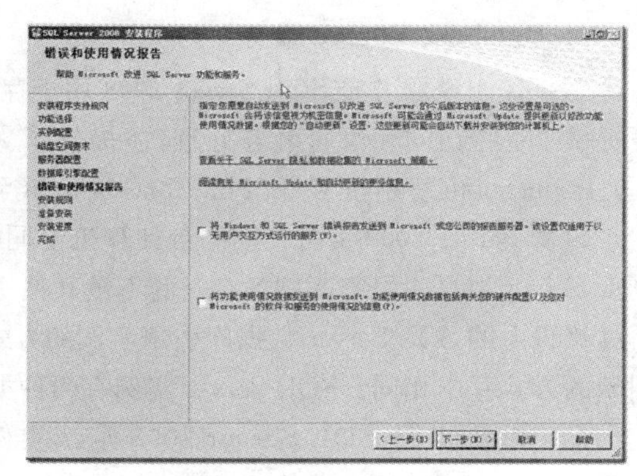

图 1-29 “错误和使用情况报告”页

数据目录：

与以往版本不同，SQL Server 2008 分别设置了系统、临时和用户数据库的默认目录，使管理更加灵活。

FILESTREAM：

通过将 varbinary(max) 二进制大型对象 (BLOB) 数据以文件形式存储在文件系统上，FILESTREAM 使 SQL Server 数据库引擎和 NTFS 文件系统成为一个整体。Transact-SQL 语句可以插入、更新、查询、搜索和备份 FILESTREAM 数据。

(13) 在“错误和使用情况报告”页上指定是否要发送到 Microsoft 以帮助改进 SQL Server 的功能和服务，如图 1-29 所示。个人建议全选。

(14) 第三次进行系统检测，这次主要根据选定的选项进行检测，如图 1-30 所示。

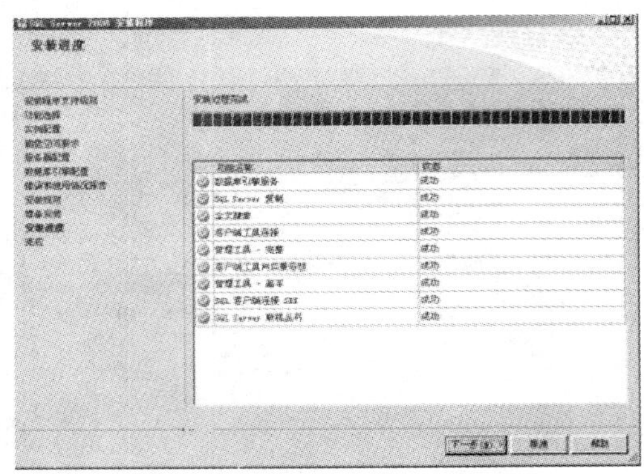

图 1-30 “安装进度”页

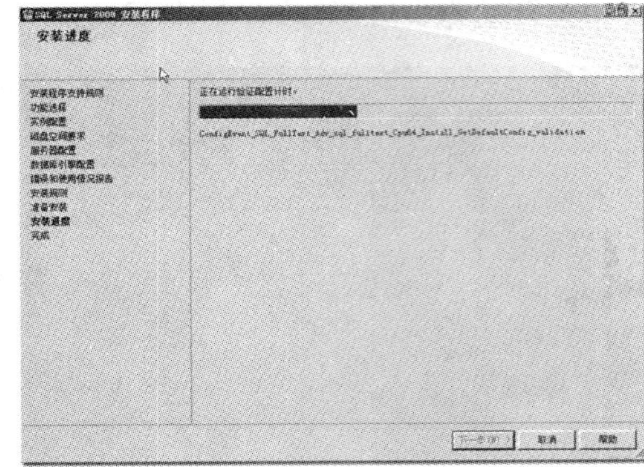

图 1-31 安装

(15) 信息预览确认后，单击“下一步”按钮，进入“准备安装”页(显示安装期间指定的安装选项的树视图)，单击“安装”按钮开始安装，如图 1-31 所示。

(16) 最后单击“完成”页的“关闭”按钮，安装完成。

1.4.2 SQL Server 2008 服务器组件

SQL Server 2008 是一个功能全面整合的数据平台，它包含了数据库引擎(Database Engine)服务、报表服务(Reporting Services)、分析服务(Analysis Services)、集成服务(Integration Services)和通知服务(Notification Services)等组件。

SQL Server 2008 服务器组件可由 SQL Server 配置管理器启动、停止和暂停。

1. Database Engine 服务

数据库引擎服务是 SQL Server 2008 用于存储、处理和保护数据的核心服务。数据库引擎服务提供了受控访问和快速事务处理，还提供了大量支持以保持可用性。Service Broker(服务代理)、Replication(复制技术)和 Full Text Search(全文搜索)都是数据库引擎服务的一部分。

SQL Server 2008 支持在同一台计算机上同时运行多个 SQL Server 数据库引擎实例。每个 SQL Server 数据库引擎实例各有一套不被其他实例共享的系统及用户数据库，应用程序连接同一台计算机上的 SQL Server 数据库引擎实例的方式与连接其他计算机上运行的 SQL Server 数据库引擎的方式基本相同。SQL Server 实例有两种类型：默认实例和命名实例。

(1) 默认实例：SQL Server 2008 默认实例仅由运行该实例的计算机的名称唯一标识，它没有单独的实例名，默认实例的服务名称为 MSSQLSERVER。如果应用程序在请求连接 SQL Server 时只指定了计算机名，则 SQL Server 客户端组件将尝试连接这台计算机上的数据库引擎默认实例。一台计算机上只能有一个默认实例，而默认实例可以是 SQL Server 的任何版本。

(2) 命名实例：除默认实例外，所有数据库引擎实例都可以由安装该实例的过程中指定的实例名标识。应用程序必须提供准备连接的计算机的名称和命名实例的实例名。计算机名和实例名格式：计算机名\实例名。命名实例的服务名称即为指定的实例名。

2. Reporting Services

SQL Server Reporting Services(SQL Server 报表服务，简称 SSRS)是基于服务器的报表平台，可以用来创建和管理包含关系数据源和多维数据源中的数据的表格、矩阵、图形和自由格式的报表。

3. Analysis Services

SQL Server Analysis Services(SQL Server 分析服务，简称 SSAS)为商业智能应用程序提供联机分析处理(OLAP)和数据挖掘功能。

4. Integration Services

SQL Server Integration Services(SQL Server 集成服务，简称 SSIS)主要用于清理、聚合、合并、复制数据的转换以及管理 SSIS 包。除此之外，它还提供包括生产并调试 SSIS 包的图形向导工具、执行 FTP 操作、传递电子邮件消息等工作流功能的任务。

5. Notification Services

SQL Server Notification Services(SQL Server 通知服务，简称 SSNS)是用于开发和部署那些生成并发送通知的应用程序的环境，使用它可以生成个性化消息，并发送给其他人或设备。

1.4.3 SQL Server 2008 管理和开发工具

1. SQL Server 2008 管理工具

Microsoft SQL Server 2008 安装后，可在"开始"菜单中查看安装了哪些工具。另外，还可以使用这些图形化工具和命令实用工具进一步配置 SQL Server。表 1-4 列举了用来管理 SQL Server 2008 实例的工具。

表 1-4 SQL Server 管理工具

管理工具	说明
SQL Server Management Studio	用于编辑和执行查询，并用于启动标准向导任务
SQL Server Profiler	提供用于监视 SQL Server 数据库引擎实例或 Analysis Services 实例的图形用户界面
数据库引擎优化顾问	可以协助创建索引、索引视图和分区的最佳组合
SQL Server Business Intelligence Development Studio	用于 Analysis Services 和 Integration Services 解决方案的集成开发环境
Notification Services 命令提示	从命令提示符管理 SQL Server 对象
SQL Server Configuration Manager	SQL Server 配置管理器，管理服务器和客户端网络配置
SQL Server 外围应用配置器	包括服务和连接的外围应用配置器和功能的外围应用配置器。使用 SQL Server 外围应用配置器，可以启用、禁用、开始或停止 SQL Server 2008 安装的一些功能、服务和远程连接。可以在本地和远程服务器中使用 SQL Server 外围应用配置器
Import and Export Data	提供一套用于移动、复制及转换数据的图形化工具和可编程对象
SQL Server 安装程序	安装、升级或更改 SQL Server 2008 实例中的组件

SQL Server 配置管理器用于管理与 SQL Server 相关的服务。尽管其中许多任务可以使用 Microsoft Windows 服务对话框来完成，但值得注意的是，SQL Server 配置管理器还可以对其管理的服务执行更多的操作，例如，在服务帐户更改后应用正确的权限。

单击"开始"→"所有程序"→"Microsoft SQL Server 2008"→"配置工具"→"SQL Server

Configuration Manager”，在弹出窗口的左边菜单栏中选择“SQL Server 服务”，即可在出现的服务列表中对各个服务进行操作，如图 1-32 所示。

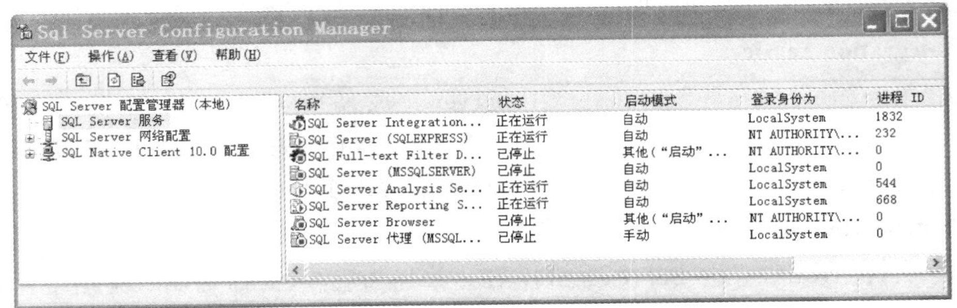

图 1-32　SQL Server 配置管理器

使用 SQL Server 配置管理器可以完成下列任务：

(1) 启动、停止或暂停服务，双击图 1-32 服务列表中的某个服务即可进行操作；

(2) 将服务配置为自动启动或手动启动，禁用服务或者更改其他服务设置；

(3) 更改 SQL Server 服务所使用的帐户的密码；

(4) 查看服务的属性；

(5) 启用或禁用 SQL Server 网络协议；

(6) 配置 SQL Server 网络协议。

对表 1-4 中的 SQL Server 外围应用配置器做如下补充说明。

(1) 功能的外围应用配置器工具提供一个单一界面，用于启用或禁用多个数据库引擎、Analysis Services 和 Reporting Services 功能。禁用未使用的功能可减少 SQL Server 外围应用，这有助于保护 Microsoft SQL Server 安装。

(2) 服务和连接的外围应用配置器工具提供了一个单一界面，在其中可以启用或禁用 Microsoft SQL Server 2008 服务以及用于远程连接的网络协议。禁用未使用的服务和连接类型可减少 SQL Server 外围应用，有助于保护 Microsoft SQL Server 安装。

SQL Server 2008 新实例的默认配置禁用某些功能和组件，以减少此产品易受攻击的外围应用。默认情况下，禁用下列组件和功能：

- Integration Services(SSIS)
- SQL Server Agent(代理)

SQL Server Agent 是一种 Windows 服务，主要用于执行作业、监视 SQL Server、激发警报以及允许自动执行某些管理任务。SQL Server 代理的配置信息主要存放在系统数据库 msdb 的表中。在 SQL Server 2008 中，必须将 SQL Server 代理配置成具有 sysadmin 固定服务器角色的用户才可以执行其自动化功能。而且该帐户必须拥有诸如服务登录、批处理作业登录、以操作系统方式登录等 Windows 权限。

- SQL Server Browser(浏览器)

浏览器服务将命名管道和 TCP 端口信息返回给客户端应用程序。在用户希望远程连接 SQL Server 2008 时，如果用户是通过使用实例名称来运行 SQL Server 2008 的，并且在连接字符串中没有使用特定的 TCP/IP 端口号，则必须启用 SQL Server Browser 服务以允许远程连接。

- Full Text Search(全文搜索)

Full Text Search 用于快速构建结构化或半结构化数据的内容和属性的全文索引，以允许对数据进行快速的语言搜索。

2. SQL Server Management Studio 环境

SQL Server 2008 使用的图形界面管理工具是 SQL Server Management Studio。除了 Express 版本不具有该工具之外，其他所有版本的 SQL Server 2008 都附带这个工具。

这是一个集成的统一的管理工具组。这个工具组将包括一些新的功能，以开发、配置 SQL Server 数据库，发现并解决其中的故障。

在 SQL Server Management Studio 中主要有两个工具：图形化的管理工具(对象资源管理器)和 Transact SQL 编辑器(查询分析器)。此外，它还拥有解决方案资源管理器窗口、模板资源管理器窗口和注册服务器窗口等。

1) 对象资源管理器与查询分析器

如图 1-33 所示，可以看到在 SQL Server Management Studio 中，Enterprise Manager (企业管理器)和 Query Analyzer(查询分析器)两个工具结合在一个界面上，这样可以在对服务器进行图形化管理的同时编写 Transact SQL 脚本，且用户可以直接通过 SQL Server 2008 的对象资源管理器窗口来操作数据库。

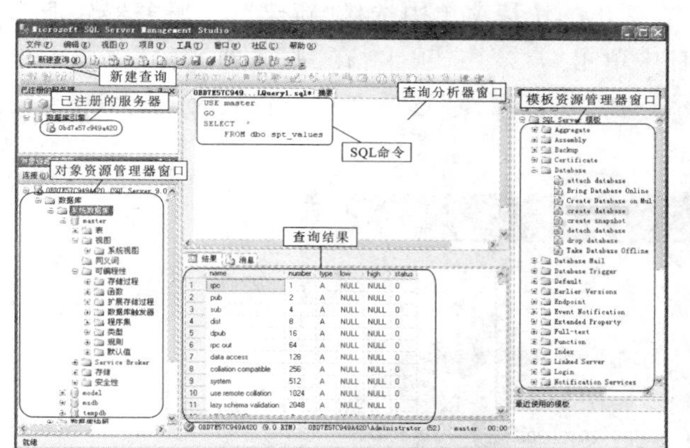

图1-33 “Microsoft SQL Server Management Studio”对话框

图 1-34 “连接到服务器”对话框

Transact SQL(简称 T-SQL)是一种 SQL 语言，与其他各种类型的 SQL 语言一样，使用 Transact SQL 语言可以实现从查询到对象建立的所有任务。编写 Transact SQL 脚本的方法很简单，只需要用户在 SQL Server Management Studio 面板中单击“新建查询”按钮，在查询分析器窗口中输入相应的 SQL 命令，单击“执行”按钮，系统执行该命令后会将执行的结果自动返回到 SQL Server Management Studio 的结果窗口中显示。

打开 SQL Server Management Studio 的方法如下：

在桌面上单击“开始”→“所有程序”→“SQL Server 2008”→“SQL Server Management Studio”，在出现的“连接到服务器”对话框中，单击“连接”按钮，如图 1-34 所示，就可以以 Windows 身份验证模式启动 SQL Server Management Studio，并以计算机系统管理员的身份连接到 SQL Server 服务器。

2) 模板资源管理器

在 SQL Server Management Studio 的查询分析器窗口中使用 Transact SQL 脚本可以

实现从查询到对象建立的所有任务。而使用脚本编制数据库对象与使用图形化向导编制数据库对象相比，使用脚本化的方式具有图形化向导的方式所无法比拟的灵活性。但是，高度的灵活性，也就意味着使用它的时候有着比图形化向导的方式更高的难度。为了降低难度，SQL Server Management Studio 提供了模板资源管理器来降低编写脚本的难度。

在 SQL Server Management Studio 的菜单栏中单击"视图"→"模板资源管理器"，界面右侧将出现模板资源管理器窗口，如图 1-33 所示。在模板资源管理器中可以找到超过 100 个对象以及 Transact SQL 任务的模板，同时它还包括备份和恢复数据库等管理任务。

例如，在图 1-33 中双击"create database"，可以打开创建数据库的脚本模板。

3）已注册的服务器

SQL Server Management Studio 界面有一个单独可以同时处理多台服务器的已注册的服务器窗口。可以用 IP 地址注册数据库服务器，也可以用比较容易分辨的名称为服务器命名，甚至还可以为服务器添加描述。名称和描述会在已注册的服务器窗口中显示。

（1）连接之前注册服务器。如图 1-34 所示，在连接服务器之前，单击右下角的"选项"按钮，即可打开登录配置窗口，在该窗口中可以对要注册的服务器进行相应的配置。

（2）在对象资源管理器中进行连接时注册服务器。在对象资源管理器中进行连接时注册服务器的主要步骤如下。

启动 SQL Server Management Studio→在菜单中选择"视图"→在弹出的子菜单中选择"已注册的服务器"→右击"数据库引擎"，在弹出的快捷菜单中选择"新建"→"服务器注册"，打开"新建服务器注册"对话框。在对话框中单击"常规"选项卡，在"服务器名称"文本框中输入要注册的服务器名称，如图 1-35 所示。在"连接属性"选项卡中，可以指定要连接到的数据库名称和使用的网络协议等其他信息。

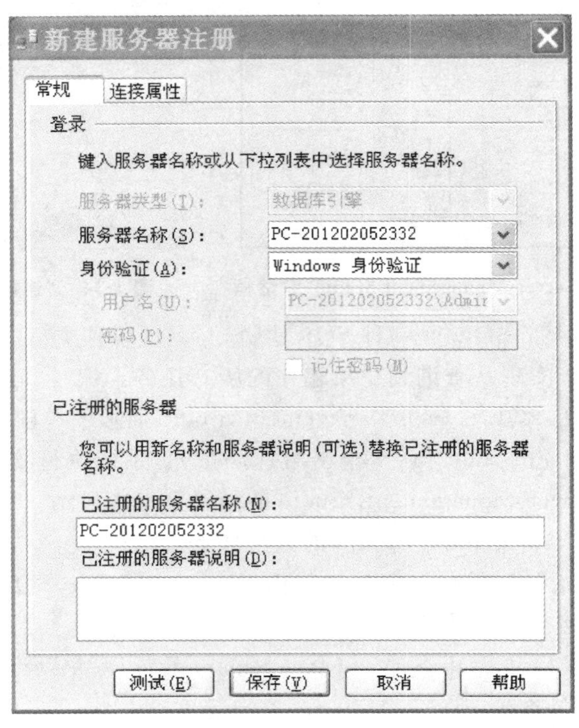

图 1-35 "新建服务器注册"对话框

4）解决方案资源管理器

在 SQL Server Management Studio 中，解决方案资源管理器是用来管理项目方案资源的有效工具。如果使用过微软的 Visual Studio 集成开发环境，那么对项目和方案的概念就不会感到陌生。在解决方案资源管理器中，项目可以将一组文件结合在一起作为组进行访问。创建新项目的步骤如下。

第 1 步，单击菜单栏中的“文件”→在弹出的子菜单中选择“新建”→单击“项目”，选择所要创建的项目的类型。类型主要有“SQL Server 脚本”、“Analysis Services 脚本”（分析服务脚本）或者“SQL Mobile 脚本”（SQL 移动脚本）。然后为创建的项目或方案命名，并选择文件的存储路径，单击“确定”按钮，完成项目的创建过程。

第 2 步，为该项目创建一个或多个（如果所创建的项目涉及的数据库不止一个）数据库连接或者添加已经存在的项目文件，如图 1-36 所示，只需要在“解决方案资源管理器”对话框内的“SQL Server 脚本 2”上右击，在弹出的快捷菜单中选择要添加的项目即可。

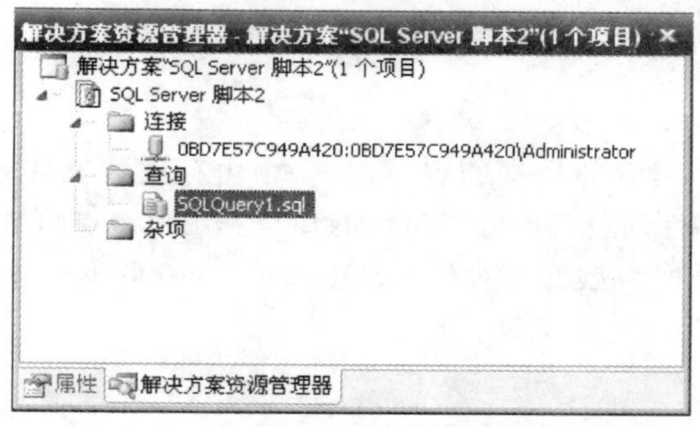

图 1-36 “解决方案资源管理器”对话框

如果在 SQL Server Management Studio 中找不到解决方案资源管理器对话框，可以单击“视图”→“解决方案资源管理器”，打开“解决方案资源管理器”对话框。

习 题

1. 什么是实体、实体集？
2. 实体的联系类型有几种？
3. 目前数据库主要有哪几种数据模型？它们各自有何特点？
4. 什么是数据库系统？它有什么特点？
5. 什么是数据库管理系统？它的主要功能有哪些？

第2章 SQL Server 数据库基础

创建数据库是对该数据库进行操作的前提。在 SQL Server 2008 环境下，创建数据库有两种方式：一种是通过界面方式创建数据库，另一种是通过命令方式创建数据库。在创建数据库之前介绍 SQL Server 2008 数据库的基本概念，为后面创建数据库及其操作打下基础。

2.1 SQL Server 数据库基本概念

对 SQL Server 数据库的理解有两种观点，即用户观点和数据库管理员观点，观点不同，对数据库的看法也不同。

2.1.1 逻辑数据库

SQL Server 数据库是存储数据的容器，是一个由存放数据的表和支持这些数据的存储、检索、安全性和完整性的逻辑成分所组成的集合。用户观点将数据库称为逻辑数据库，组成数据库的逻辑成分称为数据库对象。SQL Server 2008 的数据库对象主要包括表、视图、索引、存储过程、触发器和约束等。

1. 对象名

用户经常需要在 T-SQL 中引用 SQL Server 对象对其进行操作，如对数据库表进行查询、数据更新等，在其所使用的 T-SQL 语句中需要给出对象的名称。用户可以给出两种对象名，即完全限定名和部分限定名。

1）完全限定名

在 SQL Server 2008 中，完全限定名是对象的全名，包括四个部分，即服务器名、数据库名、数据库架构名和对象名，其格式为

```
server.database.scheme.object
```

在 SQL Server 2008 中创建的每个对象都必须有一个唯一的完全限定名。

2）部分限定名

在使用 T-SQL 编程时，使用完全限定名往往很烦琐且没有必要，所以常省略完全限定名中的某些部分，对象完全限定名的四个部分中的前三个部分均可以被省略。当省略中间的部分时，圆点符“.”不可省略。把只包含对象完全限定名中的一部分的对象名称为部分限定名。当用户使用对象的部分限定名时，SQL Server 可以根据系统的当前工作环境确定对象名称中省略的部分。

在部分限定名中，未指出的部分使用以下默认值：

服务器名：默认为本地服务器名。

数据库名：默认为当前数据库名。

数据库架构名：默认为 dbo。

2. 数据库对象

下面大致介绍一下 SQL Server 2008 中所包含的常用的数据库对象，有关数据库对象的

具体内容将在后面的章节中一一介绍。

1）表

表是 SQL Server 中最主要的数据库对象，它是用来存储和操作数据的一种逻辑结构。表由行和列组成，因此也称为二维表。表是在日常工作和生活中经常使用的一种表示数据及其关系的形式。

2）视图

视图是从一个或多个基本表中引出的表，数据库中只存放视图的定义而不存放视图对应的数据，这些数据仍存放在导出视图的基本表中。

3）索引

索引是一种不用扫描整个数据表就可以对表中的数据实现快速访问的途径，它是对数据表中的一列或者多列的数据进行排序的一种结构。

表中的记录通常按其输入的时间顺序存放，这种顺序称为记录的物理顺序。为了实现对表记录的快速查询，可以对表的记录按某个和某些属性进行排序，这种顺序称为逻辑顺序。

4）约束

约束机制保障了 SQL Server 2008 中数据的一致性与完整性，具有代表性的约束就是主键和外键。主键约束当前表记录的唯一性，外键约束当前表记录与其他表的关系。

5）存储过程

存储过程是一组完成特定功能的 SQL 语句集合。这个语句集合经过编译后存储在数据库中，存储过程具有接收参数、输出参数、返回单个或多个结果以及返回值的功能。存储过程独立于表而存在。

存储过程有和函数类似的地方，但它又不同于函数。例如，它不返回取代其名称的值，也不能直接在表达式中使用。

6）触发器

触发器与表紧密关联。它可以实现更加复杂的数据操作，更加有效地保障数据库系统中数据的完整性和一致性。触发器基于一个表创建，但可以对多个表进行操作。

7）默认值

默认值是在用户没有给出具体数据时，系统自动生成的数值。它是 SQL Server 2008 系统确保数据一致性和完整性的方法。

8）用户和角色

用户是对数据库有存取权限的使用者；角色是指一组数据库用户的集合。这两个概念类似于 Windows XP 操作系统的本地用户和组的概念。

9）规则

规则用来限制表字段的数据范围。

10）类型

用户可以根据需要在给定的系统类型之上定义自己的数据类型。

11）函数

用户可以根据需要在 SQL Server 2008 中定义自己的函数。

2.1.2 物理数据库

从数据库管理员观点看，数据库是存储逻辑数据库的各种对象的实体，这种观点将数据库称为物理数据库。SQL Server 2008 的物理数据库构架的主要内容包括文件及文件组，还有页和盘区等,它们描述了 SQL Server 2008 是如何为数据库分配空间的。创建数据库时,了解 SQL Server 2008 如何存储数据也是很重要的,因为了解它有助于规划和分配数据库的磁盘容量。

1. 数据库文件

SQL Server 2008 所使用的文件包括以下三类。

1) 主数据文件

主数据文件简称主文件,该文件是数据库的关键文件,包含了数据库的启动信息,并且存储数据。每个数据库必须有且仅能只有一个主文件,其默认扩展名为.mdf。

2) 辅助数据文件

辅助数据文件简称辅(助)文件,用于存储未包括在主文件内的其他数据。辅助文件的默认扩展名为.ndf。辅助文件是可选的,根据具体情况,可以创建多个辅助文件,也可以不使用辅助文件。

一般当数据库很大时,有可能需要创建多个辅助文件。而数据库较小时,则只需创建主文件而不需创建辅助文件。

3) 日志文件

日志文件用于保存恢复数据库所需的事务日志信息。每个数据库至少有一个日志文件,也可以有多个。日志文件的扩展名为.ldf。

日志文件的存储与数据文件的存储不同,它包含一系列记录,这些记录的存储不以页为存储单位。

注意:创建一个数据库后,该数据库至少包含主文件和日志文件,这些文件的名称是操作系统文件名,它们不是由用户直接使用的,而是由系统使用的,不同于数据库的逻辑名。

2. 文件组

文件组是由多个文件组成的,为了管理和分配数据而将这些文件组织在一起。通常可以为一个磁盘驱动器创建一个文件组,然后将特定的表、索引等与该文件组相关联,那么对这些表的存储、查询和修改等操作都在该文件组中进行。

使用文件组可以提高表中数据的查询性能。在 SQL Server 2008 中有以下两类文件组。

1) 主文件组

主文件组包含主要数据文件和任何没有明确指派给其他文件组的其他文件。管理数据库的系统表的所有页均分配在主文件组中。

2) 用户定义文件组

用户定义文件组是指"CREATE DATABASE"或"ALTER DATABASE"语句中使用"FILEGROUP"关键字指定的文件组。

每个数据库中都有一个文件组作为默认文件组运行。若在 SQL Server 2008 中创建表或索引时没有为其指定文件组,那么将从默认文件组中进行存储页分配、查询等操作。用户可以指定默认文件组,如果没有指定默认文件组,则主文件组是默认文件组。

3. 系统数据库与用户数据库

在 SQL Server 2008 中有两类数据库:系统数据库和用户数据库。

系统数据库存储有关 SQL Server 的系统信息,它们是 SQL Server 2008 管理数据库的依据。如果系统数据库遭到破坏,SQL Server 将不能正常启动。在安装 SQL Server 2008 时,系统将创建 4 个可见的系统数据库:master、model、msdb 和 tempdb。

(1) master 数据库包含了 SQL Server 诸如登录帐号、系统配置、数据库位置及数据库错误信息等，用于控制用户数据库和 SQL Server 的运行。

(2) model 数据库为新创建的数据库提供模板。

(3) msdb 数据库为 SQL Server Agent 调度信息和作业记录提供存储空间。

(4) tempdb 数据库为临时表和临时存储过程提供存储空间，所有与系统连接的用户的临时表和临时存储过程都存储于该数据库中。

注意：系统数据库和用户数据库在结构上相同，文件的扩展名也相同。本书创建的都是用户数据库。

 2.2 界面方式操作数据库

SQL Server 2008 界面方式创建数据库主要是通过 SQL Server Management Studio 窗口中提供的图形化向导方式进行的。

2.2.1 数据库的创建

首先应明确，能够创建数据库的用户必须是系统管理员或被授权使用“CREATE DATABASE”语句的用户。

创建数据库必须要确定数据库名、所有者(即创建数据库的用户)、数据库大小(初始大小、最大文件大小、是否允许增长及增长的方式)和存储数据库的文件。

对于新创建的数据库，系统对数据库文件的默认值为：初始大小为 3 MB；最大文件大小不限制，而实际是仅受硬盘空间的限制；允许数据文件自动增长，增量为 1 MB。

对于日志文件的默认值为：初始大小为 1 MB；最大文件大小不限制，而实际是仅受硬盘空间的限制；允许日志文件自动增长，增长方式为按 10%比例增长。

下面以创建学生成绩管理系统的数据库(名为 PXSCJ)为例说明使用 SQL Server Management Studio 窗口的图形化向导方式创建数据库的过程。

【例 2-1】 创建数据库 PXSCJ，数据文件和日志文件的属性按默认值设置。

创建该数据库的主要过程如下。

第 1 步，以系统管理员身份登录计算机，在桌面上单击“开始”→“所有程序”→“Microsoft SQL Server 2008”→“SQL Server Management Studio”，如图 2-1 所示，使用默认的系统配置连接到数据库服务器。

图 2-1 “连接到服务器”对话框

注意：① 在图 2-1 中，服务器类型可选择数据库引擎、分析服务、报表服务、移动数据库、集成服务，默认的选择类型为数据库引擎类型。

② 服务器名称就是计算机名，也可使用计算机的 IP 地址。

第 2 步，选择对象资源管理器窗口中的“数据库”，在其上右击，在弹出的快捷菜单中选择“新建数据库”菜单项，打开“新建数据库”对话框。

第 3 步，“新建数据库”对话框的左上方共有三个选择页：“常规”“选项”和“文件组”。这里只配置“常规”选择页，其他选择页使用系统默认设置。

在“新建数据库”对话框的左上方选择“常规”选择页，在“数据库名称”文本框中填写要创建的数据库名称“PXSCJ”，也可以在“所有者”文本框中指定数据库的所有者(如 sa)，这里使用默认值，其他属性也按默认值设置，如图 2-2 所示。

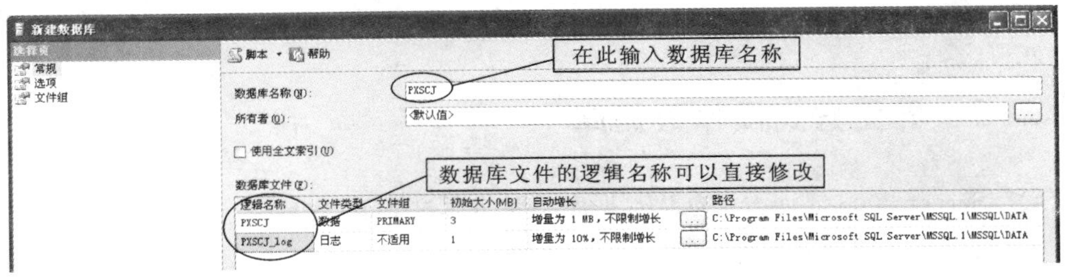

图 2-2 “新建数据库”对话框

另外，可以通过单击“自动增长”中的[...]按钮，出现图 2-3 所示的对话框，在该对话框中可以设置数据库是否自动增长、文件增长方式、最大文件大小。日志文件的自动增长设置对话框与数据文件的类似。

到这里数据库 PXSCJ 已经创建完成了。此时，可以在对象资源管理器窗口的“数据库”目录下找到该数据库所对应的图标，如图 2-4 所示。

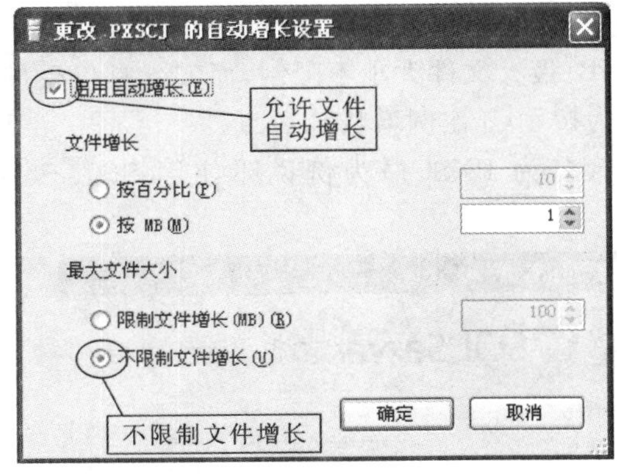

图 2-3 自动增长设置

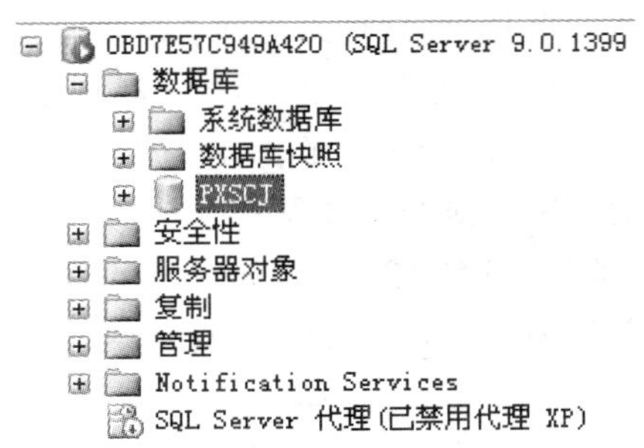

图 2-4 创建后的 PXSCJ 数据库

2.2.2 数据库的修改和删除

1. 数据库的修改

在数据库被创建后，数据文件名和日志文件名就不能改变了。对已存在的数据库可以进行的修改包括：

- 增加或删除数据文件；
- 改变数据文件的大小和增长方式；
- 改变日志文件的大小和增长方式；
- 增加或删除日志文件；

- 增加或删除文件组；
- 数据库的重命名。

下面以对数据库 PXSCJ 的修改为例，说明在 SQL Server Management Studio 中对数据库的定义进行修改的方法。

在进行任何界面操作以前，都要启动 SQL Server Management Studio，以后启动 SQL Server Management Studio 的步骤将被省略，只介绍其主要的操作步骤。

第 1 步，选择需要进行修改的数据库 PXSCJ，在其上右击，在弹出的快捷菜单中选择“属性”菜单项，如图 2-5 所示。

第 2 步，选择“属性”菜单项后，出现图 2-6 所示的“数据库属性-PXSCJ”对话框。从图 2-6中的“选择页”列表中可以看出，它包括九个选择页。

通过“选择页”列表中的这些选择项，可以查看数据库系统的各种属性和状态。

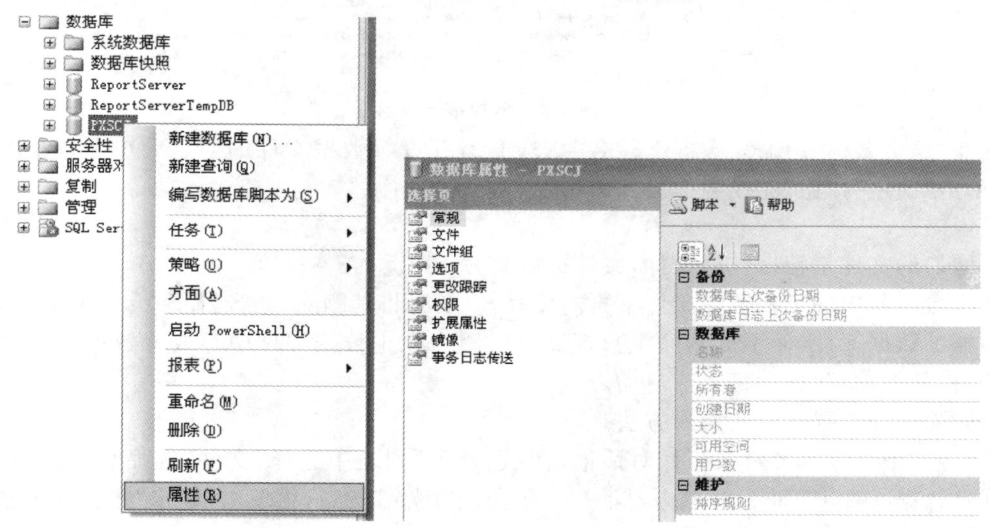

图 2-5　选择“属性”菜单项　　　　图 2-6　“数据库属性-PXSCJ”对话框

下面详细介绍一下对已经存在的数据库可以进行的修改操作。

1) 改变数据文件的大小和增长方式

在图 2-6 所示的“数据库属性-PXSCJ”对话框中的“选择页”列表中选择“文件”，在“初始大小”列中输入要修改的数据，如图 2-7 所示。

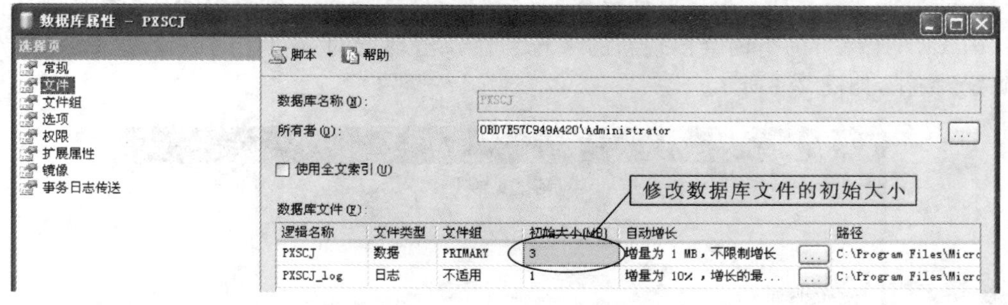

图 2-7　修改数据库文件的初始大小

改变日志文件的大小和增长方式的方法与改变数据文件的大小和增长方式的方法类似。

2）增加或删除数据文件

当原有数据库的存储空间不够时，除了可以采用扩大原有数据文件的存储量的方法之外，还可以增加新的数据文件。或者，从系统管理的需求出发，采用多个数据文件来存储数据，以避免数据文件过大。此时，要进行在数据库中增加数据文件的操作。

【例 2-2】 在 PXSCJ 数据库中增加数据文件 PXSCJ_2，其属性均取系统默认值。

操作方法如下。

打开“数据库属性-PXSCJ”对话框，在“选择页”列表中选择“文件”选择页，单击右下角的“添加”按钮，会在数据库文件下方新增加一行文件项，如图 2-8 所示。

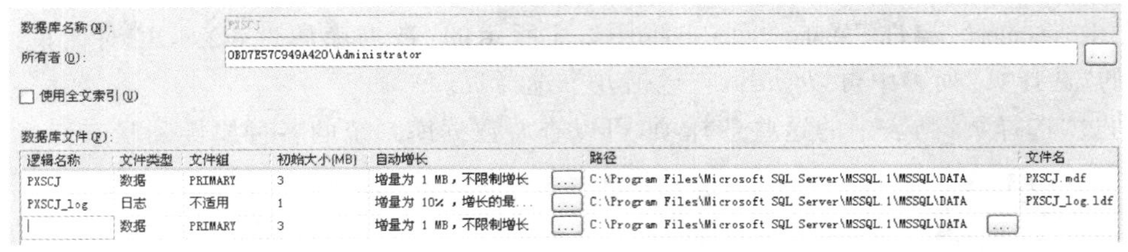

图 2-8　增加数据文件

在“逻辑名称”中输入数据文件名 PXSCJ_2，并设置数据文件的初始大小和自动增长属性，单击“确定”按钮，完成数据文件的添加。

说明：

增加的文件是辅助数据文件，文件扩展名为. ndf。

当数据库中的某些数据文件不再需要时，应及时将其删除，在 SQL Server 2008 中，只能删除辅助数据文件，而不能删除主数据文件。因为在主数据文件中存放着数据库的启动信息，若将其删除，数据库将无法启动。

删除辅助数据文件的操作方法是：

打开“数据库属性-PXSCJ”对话框，在“选择页”列表中选择“文件”选择页，选中需删除的辅助数据文件 PXSCJ_2，单击对话框右下角的“删除”按钮，再单击“确定”按钮即可删除。

增加或删除日志文件的方法与增加或删除数据文件的方法类似。

3）增加或删除文件组

数据库管理员从系统管理策略的角度出发，有时可能需要增加或删除文件组。这里以例 2-3 来说明增加文件组的操作方法。

【例 2-3】 设要在数据库 PXSCJ 中增加一个名为 FGroup 的文件组。

操作方法如下。

打开“数据库属性-PXSCJ”对话框，选择“文件组”选择页。单击中间的“添加”按钮，这时在“PRIMARY”行的下面会出现新的一行。在新出现行的“名称”列中输入“FGroup”，单击“确定”按钮，如图 2-9 所示。

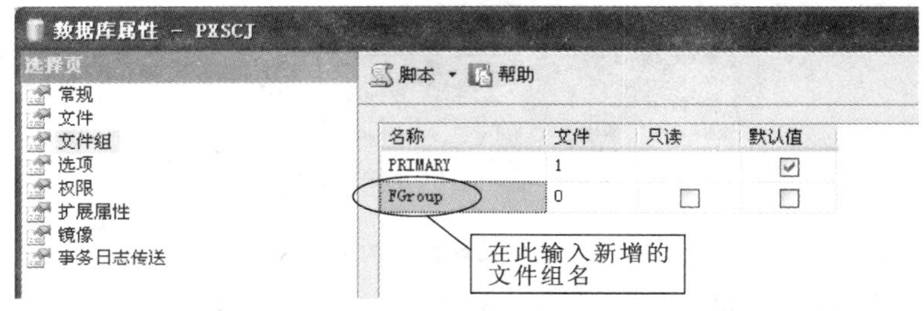

图 2-9　输入新增的文件组名

在增加了文件组后，就可以在新增文件组中添加数据文件了。

例如，要在 PXSCJ 数据库新增的文件组 FGroup 中增加数据文件 PXSCJ2。

其操作方法是：选择“文件”选择页，按增加数据文件的操作方法添加数据文件。在文件组下拉列表框中选择“FGroup”，如图 2-10 所示，单击“确定”按钮。

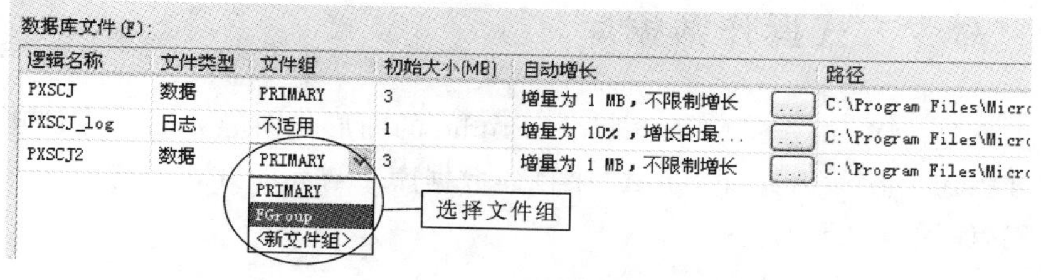

图 2-10　将数据文件加入新增的文件组中

4）数据库的重命名

使用图形化向导界面方式修改数据库名称的方法是：启动 SQL Server Management Studio，在对象资源管理器窗口中展开“数据库”，选择要重命名的数据库，在其上右击，在弹出的快捷菜单中选择“重命名”菜单项，输入新的数据库名称即可更改数据库的名称。

一般情况下，不建议用户更改已经创建好的数据库名称，因为许多应用程序可能已经使用了该名称，在更改了数据库名称之后，还需要修改相应的应用程序。

2. 数据库的删除

数据库在长时间使用之后，系统的资源消耗加剧，导致运行效率下降，因此数据库管理员需要适时地对数据库进行一定的调整。

通常的做法是把一些不需要的数据库删除，以释放被其占用的系统空间和消耗，用户可以利用图形化向导方式很轻松地完成数据库的删除工作。

【例 2-4】 删除 PXSCJ 数据库。

操作方法如下。

启动 SQL Server Management Studio，在对象资源管理器窗口中选择要删除的数据库“PXSCJ”，在其上右击，在弹出的快捷菜单中选择“删除”菜单项，打开图 2-11 所示的“删除对象”对话框，单击该对话框右下角的“确定”按钮，即可以删除数据库“PXSCJ”。

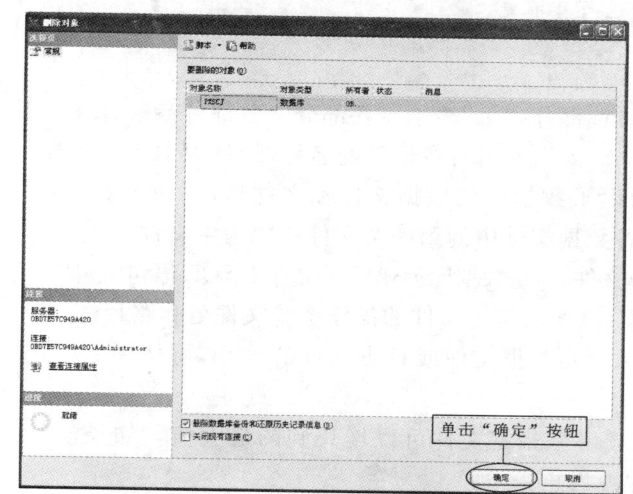

图 2-11　“删除对象”对话框

注意：删除数据库后，该数据库的所有对象均被删除，将不能再对该数据库做任何操作，因此删除时应十分慎重。

2.3 命令方式操作数据库

除了可以通过 SQL Server Management Studio 的图形化向导界面方式创建数据库外，还可以使用 T-SQL 命令(称为命令方式)来创建数据库。与界面方式创建数据库相比，命令方式更为常用，使用也更灵活。

2.3.1 创建数据库

命令方式创建数据库使用 CREATE DATABASE 命令，创建前要确保用户具有创建数据库的权限。

语法格式：

```
CREATE DATABASE database_name
[ON
  {[PRIMARY] (NAME=逻辑文件名,
  FILENAME=物理文件名
[,SIZE=大小]
[,MAXSIZE={最大容量|UNLIMITED}]
[,FILEGROWTH=增长量])
} [,…n]
]
[LOG ON
{(NAME=逻辑文件名,
FILENAME=物理文件名
[,SIZE=大小]
[,MAXSIZE={最大容量|UNLIMITED}]
[,FILEGROWTH=增长量])
} [,…n]
]
```

其中,“[]”表示可选部分,“{}”表示需要部分。各部分参数含义如下。

- database_name(数据库名)：数据库的名称，最长为 128 个字符。
- ON 子句：指出了数据库的数据文件和文件组，其中 PRIMARY 用来指定主文件。若不指定主文件，则各数据文件中的第一个文件将成为主文件。

(1) NAME：逻辑文件名，是数据库创建后在所有 T-SQL 语句中引用文件时所使用的名字。

(2) FILENAME：该参数指定文件的操作系统文件名和路径。

(3) SIZE：该参数指定数据文件或日志文件的大小，可使用 KB 或 MB 为单位，默认为 MB，最小为 3 MB。

(4) MAXSIZE：该参数指定文件可以增长到的最大值。如果没有指定大小，那么文件将增长到磁盘空间为零为止。

(5) FILEGROWTH：该参数指定文件的增长量。文件的 FILEGROWTH 设置不能超过 MAXSIZE 设置值，0 表示不增长。指定该值可以 KB、MB 或百分比(%)为单位。

- LOG ON 子句：用来指定数据库事务日志文件的属性，其定义格式与数据文件的格式相同。如果没有指定该子句，将自动创建一个日志文件。

注意：由语法格式可知，最简单的创建数据库的语句为：

```
CREATE DATABASE database_name
```

【例 2-5】 创建一个名为 TEST1 的数据库，其初始大小为 5 MB，最大文件大小不限制，允许数据库自动增长，增长方式为按 10%比例增长。日志文件初始大小为 2 MB，最大可增长到 5 MB，按 1 MB 增长。假设 SQL Server 服务已启动，并以系统管理员的身份登录计算机。

在"Microsoft SQL Server Management Studio"对话框中单击"新建查询"按钮，新建一个查询分析器窗口，如图 2-12 所示。

在查询分析器窗口中输入如下 T-SQL 语句：

```
CREATE DATABASE TEST1
    ON
    (
        NAME='TEST1_DATA',
        FILENAME='C:\Program Files\Microsoft SQL Server\MSSQL.1\MSSQL\Data\
TEST1.mdf',
        SIZE=5MB,
        FILEGROWTH=10%
    )
    LOG ON
    (
        NAME='TEST1_log',
        FILENAME='C:\Program Files\Microsoft SQL Server\MSSQL.1\MSSQL\Data\
TEST1.ldf',
        SIZE=2MB,
        MAXSIZE=5MB,
        FILEGROWTH=1MB
    )
```

输入完毕后，单击"执行"按钮。如图 2-13 所示，CREATE DATABASE 命令执行时，结果窗口将显示命令执行的进展情况。

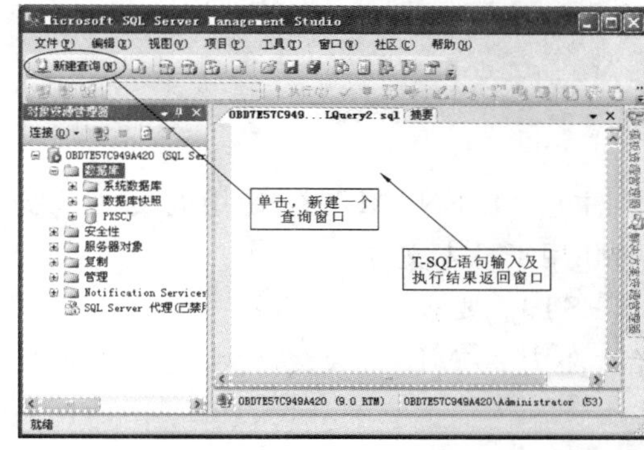

图 2-12　SQL Server 2008 查询分析器窗口

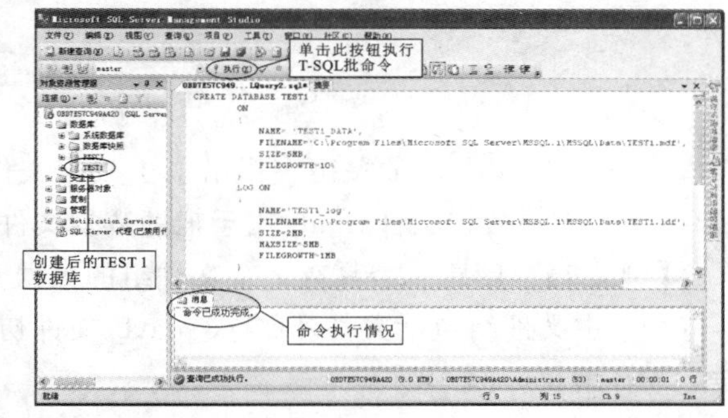

图 2-13　在查询分析器窗口中执行创建数据库命令

在命令成功执行后，在对象资源管理器窗口中展开“数据库”，可以看到新建的数据库“TEST1”就显示于其中。如果没有发现“TEST1”，则选择“数据库”，在其上右击，在弹出的快捷菜单中选择“刷新”菜单项即可。

在“数据库属性”对话框中可以看到新创建的 TEST1 数据库的各项属性，完全符合预定的要求。

【例 2-6】 创建一个名为 TEST2 的数据库，它有 2 个数据文件。其中：主数据文件的初始大小为 20 MB，不限制增长，按 10%增长；1 个辅助数据文件，初始大小为 20 MB，最大文件大小不限制，按 10%增长。有 1 个日志文件，初始大小为 50 MB，最大文件大小为 100 MB，按 10 MB 增长。

在查询分析器窗口中输入如下 T-SQL 语句并执行：

```
CREATE DATABASE TEST2
    ON
    PRIMARY
    (
        NAME='TEST2_data1',
        FILENAME='D:\data\test2_data1.mdf',
        SIZE=20MB,
        MAXSIZE=UNLIMITED,
        FILEGROWTH=10%
    ),
     (
        NAME='TEST2_data2',
        FILENAME='D:\data\test2_data2.ndf',
        SIZE=20MB,
        MAXSIZE=UNLIMITED,
        FILEGROWTH=10%
    )
    LOG ON
    (
        NAME='TEST2_log1',
        FILENAME='D:\data\test2_log1.ldf',
        SIZE=50MB,
        MAXSIZE=100MB,
        FILEGROWTH=10MB
    )
```

说明：

本例用 PRIMARY 关键字指出了主数据文件。注意 FILENAME 中，使用的文件扩展名.mdf 用于主数据文件，.ndf 用于辅助数据文件，.ldf 用于日志文件。

【例 2-7】 创建一个具有 2 个文件组的数据库 TEST3。要求：

（1）主文件组包括文件 TEST3_dat1，文件初始大小为 20 MB，最大文件大小为 60 MB，按 5 MB 增长；

（2）有 1 个文件组名为 TEST3Group1，包括文件 TEST3_dat2，文件初始大小为

10 MB，最大文件大小为 30 MB，按 10%增长；

(3) 数据库只有 1 个日志文件，初始大小为 20 MB，最大文件大小为 50 MB，按 5 MB 增长。

新建一个查询，在查询分析器窗口中输入如下 T-SQL 语句并执行：

```
CREATE DATABASE TEST3
    ON
    PRIMARY
    (
        NAME='TEST3_dat1',
        FILENAME='D:\data\TEST3_dat1.mdf',
        SIZE=20MB,
        MAXSIZE=60MB,
        FILEGROWTH=5MB
    ),
    FILEGROUP TEST3Group1
    (
        NAME='TEST3_dat2',
        FILENAME='D:\data\TEST3_dat2.ndf',
        SIZE=10MB,
        MAXSIZE=30MB,
        FILEGROWTH=10%
    )
    LOG ON
    (
        NAME='TEST3_log',
        FILENAME='D:\data\TEST3_log.ldf',
        SIZE=20MB,
        MAXSIZE=50MB,
        FILEGROWTH=5MB
    )
```

2.3.2 修改数据库

使用 ALTER DATABASE 命令可以对数据库进行以下修改：

- 增加或删除数据文件；
- 改变数据文件的大小和增长方式；
- 改变日志文件的大小和增长方式；
- 增加或删除日志文件；
- 增加或删除文件组。

语法格式：

```
ALTER DATABASE database_name
{  ADD FILE <filespec> [,…n][ TO FILEGROUP filegroup_name ]
                                /*在文件组中增加数据文件*/
 | ADD LOG FILE <filespec> [,…n]                    /*增加日志文件*/
 | REMOVE FILE logical_file_name                      /*删除数据文件*/
```

```
    | ADD FILEGROUP filegroup_name /*增加文件组*/
    | REMOVE FILEGROUP filegroup_name /*删除文件组*/
    | MODIFY FILE <filespec> /*更改文件属性*/
    | MODIFY NAME=new_dbname /*数据库更名*/
    | MODIFY FILEGROUP filegroup_name {filegroup_property | NAME=new_filegroup_
name }
    | SET <optionspec> [,…n] [WITH <termination> ]          /*设置数据库属性*/
    | COLLATE <collation_name>                        /*指定数据库排序规则*/
}
[;]
```

说明：

- database_name：数据库名。
- ADD FILE 子句：向数据库添加数据文件，文件的属性由<filespec>给出，<filespec>指定数据库文件属性，主要给出文件的逻辑名、存储路径、大小及增长特性。关键字 TO FILEGROUP 指出了添加的数据文件所在的文件组(filegroup_name)，若缺省，则为主文件组。
- ADD LOG FILE 子句：向数据库添加日志文件，日志文件的属性由<filespec>给出。
- REMOVE FILE 子句：从数据库中删除数据文件，被删除的数据文件由其中的参数 logical_file_name 给出，当删除一个数据文件时，逻辑文件与物理文件全部被删除。
- ADD FILEGROUP子句：向数据库中添加文件组，被添加的文件组名由参数 filegroup_name 给出。
- REMOVE FILEGROUP 子句：删除文件组，被删除的文件组名由参数 filegroup_name 给出。
- MODIFY FILE 子句：修改数据文件的属性，被修改文件的逻辑名由<filespec>的 NAME 参数给出，可以修改的文件属性包括 FILENAME、SIZE、MAXSIZE 和 FILEGROWTH。但要注意：一次只能修改一个文件，修改文件大小时，修改后的大小不能小于当前文件的大小。
- MODIFY NAME 子句：更改数据库名，新的数据库名由参数 new_dbname 给出。
- MODIFY FILEGROUP 子句：用于修改文件组的属性，filegroup_property 可以设为 READ_ONLY 或 READ_WRITE，表示将文件组设为只读或读/写模式。NAME 选项用于将文件组的名称修改为 new_filegroup_name。
- SET 子句：用于设置数据库的属性，<optionspec>中指定了要修改的属性，例如设为 READ_ONLY 时用户可以从数据库读取数据，但不能修改数据库。

【例 2-8】 假设已经创建了例 2-5 中的数据库 TEST1，它只有一个主数据文件，其逻辑文件名为 TEST1_DATA，初始大小为 5 MB，最大文件大小为 50 MB，增长方式为按 10%增长。

要求：修改数据库 TEST1 现有数据文件的属性，将主数据文件的最大文件大小改为 100 MB，增长方式改为按每次 5 MB 增长。

在查询分析器窗口中输入如下 T-SQL 语句：

```
ALTER DATABASE TEST1
    MODIFY FILE
    (
        NAME=TEST1_DATA,
        MAXSIZE=100MB,              /*将主数据文件的最大文件大小改为 100MB*/
        FILEGROWTH=5MB              /*将主数据文件的增长方式改为按 5MB 增长*/
    )
GO
```

单击“执行”按钮执行输入的 T-SQL 语句，右击对象资源管理器窗口中的“数据库”，选择“刷新”菜单项，之后右击数据库 TEST1 的图标，选择“属性”菜单项，在“文件”页上查看修改后的数据文件。

说明：

GO 命令不是 T-SQL 语句，但它是 SQL Server Management Studio 代码编辑器识别的命令。SQL Server 实用工具将 GO 命令解释为应该向 SQL Server 实例发送当前 T-SQL 批处理语句的信号，当前批语句由上一个 GO 命令后输入的所有语句组成，如果是第一条 GO 命令，则由会话或脚本开始后输入的所有语句组成。

注意：GO 命令和 T-SQL 语句不能在同一行中，否则运行时会发生错误。

【例 2-9】 先为数据库 TEST1 增加数据文件 TEST1BAK，然后删除该数据文件。

在查询分析器窗口中输入如下 T-SQL 语句并执行：

```
ALTER DATABASE TEST1
    ADD FILE
    (
        NAME='TEST1BAK',
        FILENAME='D:\data\TEST1BAK.ndf',
        SIZE=10MB,
        MAXSIZE=50MB,
        FILEGROWTH=5%
    )
```

通过“数据库属性”对话框中的文件属性来观察数据库 TEST1 是否增加了数据文件 TEST1BAK。

删除数据文件 TEST1BAK 的命令如下：

```
ALTER DATABASE TEST1
    REMOVE FILE TEST1BAK
GO
```

【例 2-10】 为数据库 TEST1 添加文件组 FGROUP，并为此文件组添加两个大小均为 10 MB 的数据文件。

在查询分析器窗口中输入如下 T-SQL 语句并执行：

```
ALTER DATABASE TEST1
    ADD FILEGROUP FGROUP
GO
ALTER DATABASE TEST1
    ADD FILE
    (
        NAME='TEST1_DATA2',
        FILENAME='D:\data\TEST1_Data2.ndf',
        SIZE=10MB,
        MAXSIZE=30MB,
        FILEGROWTH=5MB
    ),
```

```
        (
            NAME='TEST1_DATA3',
            FILENAME='D:\data\TEST1_Data3.ndf',
            SIZE=10MB,
            MAXSIZE=30MB,
            FILEGROWTH=5MB
        )
        TO FILEGROUP FGROUP
    GO
```

【例 2-11】 从数据库中删除文件组，将例 2-10 中添加到 TEST1 数据库中的文件组 FGROUP 删除。

注意：被删除的文件组中的数据文件必须先删除，且不能删除主文件组。

在查询分析器窗口中输入如下 T-SQL 语句并执行：

```
ALTER DATABASE TEST1
    REMOVE FILE TEST1_DATA2
GO
ALTER DATABASE TEST1
    REMOVE FILE TEST1_DATA3
GO
ALTER DATABASE TEST1
    REMOVE FILEGROUP FGROUP
GO
```

【例 2-12】 为数据库 TEST1 添加一个日志文件。

在查询分析器窗口中输入如下 T-SQL 语句并执行：

```
ALTER DATABASE TEST1
  ADD LOG FILE
  (
    NAME='TEST1_LOG2',
    FILENAME='D:\data\TEST1_Log2.ldf',
    SIZE=5MB,
    MAXSIZE=10MB,
    FILEGROWTH=1MB
  )
GO
```

【例 2-13】 从数据库 TEST1 中删除一个日志文件，将日志文件 TEST1_LOG2 删除。

注意：不能删除主日志文件。

将数据库 TEST1 的名称改为 JUST_TEST。进行此操作时，必须保证该数据库不被其他任何用户使用。

在查询分析器窗口中输入如下 T-SQL 语句并执行：

```
ALTER DATABASE TEST1
    REMOVE FILE TEST1_LOG2
GO
ALTER DATABASE TEST1
    MODIFY NAME=JUST_TEST
GO
```

2.3.3 删除数据库

删除数据库使用 DROP DATABASE 命令。

语法格式：

```
DROP DATABASE database_name[,…n][;]
```

其中，database_name 是要删除的数据库名。例如，要删除数据库 TEST2，使用命令：

```
DROP DATABASE TEST2
GO
```

注意：使用 DROP DATABASE 语句不会出现确认信息，所以要小心使用。另外，不能删除系统数据库，否则将导致服务器无法使用。

习　题

1. SQL Server 2008 数据库对象有哪些？
2. 简述 SQL Server 2008 物理数据库的结构。
3. 写出创建产品销售数据库 CPXS 的 T-SQL 语句：数据库初始大小为 10 MB，最大文件大小为 100 MB，数据库自动增长，增长方式是按 10%的比例增长；日志文件初始大小为 2 MB，最大文件大小可增长到 5 MB，按 1 MB 增长，其余参数自定。
4. 将上题中所创建的 CPXS 数据库的增长方式改为按 5 MB 增长。

第3章 表与表数据操作

创建数据库之后，下一步就需要建立数据表。表是数据库中最基本的数据对象，用于存放数据库中的数据。对表中数据的操作包括添加、修改、删除、查询等。

 3.1 表结构和数据类型

3.1.1 表和表结构

一个数据库包含若干个表。表是 SQL Server 中最主要的数据库对象，它是用来存储数据的一种逻辑结构。表由行和列组成，因此也称为二维表。表是在日常工作和生活中经常使用的一种表示数据及其关系的形式，表 3-1 就是用来表示学生情况的一个“学生”表。

表 3-1 “学生”表

学号	姓名	性别	出生时间	专业	总学分	备注
081101	王林	男	1990-02-01	计算机	50	
081103	王燕	女	1989-10-06	计算机	50	
081108	林一帆	男	1989-08-05	计算机	52	已提前修完一门课
081202	王林	男	1989-01-29	通信工程	40	有一门课不及格，待补考
081204	马琳琳	女	1989-02-10	通信工程	42	

每个表都有一个名字，以标识该表。表 3-1 的名字是“学生”，它共有 7 列，每一列也都有一个名字，称为列名(一般就用标题作为列名)，描述了学生的某一方面的属性。表由若干行组成，表的第一行为各列标题，其余各行都是数据。

下面简单介绍与表有关的几个概念。

(1) 表结构。组成表的各列的名称及数据类型，统称为表结构。

(2) 记录。每个表包含若干行数据，它们是表的“值”，表中的一行称为一个记录。因此，表是记录的有限集合。

(3) 字段。每个记录由若干个数据项构成，将构成记录的每个数据项称为字段。例如表 3-1 中，表结构为(学号，姓名，性别，出生时间，专业，总学分，备注)，包含 7 个字段，由 5 个记录组成。

(4) 空值。空值(NULL)通常表示未知、不可用或将在以后添加的数据。若一个列允许为空值，则向表中输入记录值时可不为该列给出具体值。而一个列若不允许为空值，则在输入时必须给出具体值。

(5) 关键字。若表中记录的某一字段或字段组合能唯一标识记录，则称该字段或字段组合为候选关键字(candidate key)。若一个表有多个候选关键字，则选定其中一个为主关键字(primary key)，也称为主键。当一个表仅有唯一的一个候选关键字时，该候选关键字就是主关键字。

这里的主关键字与第1章中的主码所起的作用是相同的，都用来唯一标识记录行。

例如，在“学生”表中，两个及两个以上的记录的“姓名”“性别”“出生时间”“专业”“总学分”和“备注”这6个字段的值有可能相同，但是“学号”字段的值对表中所有记录来说一定不同，即通过“学号”字段可以将表中的不同记录区分开来。所以，“学号”字段是唯一的候选关键字，“学号”就是主关键字。

注意：表的关键字不允许为空值，空值不能与数值数据0或字符类型的空字符混为一谈，任意两个空值都不相等。

3.1.2 数据类型

设计数据库表结构，除了表属性外，主要就是设计列属性。在表中创建列时，必须为其指定数据类型，列的数据类型决定了数据的取值、范围和存储格式。

列的数据类型可以是SQL Server提供的系统数据类型，也可以是用户定义的数据类型。SQL Server 2008提供了丰富的系统数据类型，如表3-2所示。

表3-2 系统数据类型表

数据类型	符号标识	数据类型	符号标识
整数型	bigint，int，smallint，tinyint	文本型	text，ntext
精确数值型	decimal，numeric	二进制型	binary，varbinary、varbinary(MAX)
浮点型	float，real	日期时间类型	datetime，smalldatetime
货币型	money，smallmoney	时间戳型	timestamp
位型	bit	图像型	image
字符型	char，varchar、varchar(MAX)	其他	cursor，sql_variant，table，uniqueidentifier，xml
Unicode字符型	nchar，nvarchar、nvarchar(MAX)		

在讨论数据类型时，使用了精度、小数位数和长度3个概念，前两个概念是针对数值型数据的。它们的含义如下。

- 精度：数值数据中所存储的十进制数据的总位数。
- 小数位数：数值数据中小数点右边可以有的数字位数的最大值。例如，数值数据3890.587的精度是7，小数位数是3。
- 长度：存储数据所使用的字节数。

下面分别说明常用的系统数据类型。

1. 整数型

整数型包括bigint、int、smallint和tinyint，从标识符的含义就可以看出，它们表示的数范围逐渐缩小。

bigint：大整数，数范围为−263(−9223372036854775808)～263−1(9223372036854775807)，其精度为19，小数位数为0，长度为8字节。

int：整数，数范围为−231(−2147483648)～231−1(2147483647)，其精度为10，小数位数为0，长度为4字节。

smallint:短整数,数范围为−215(−32768)～215−1(32767),其精度为5,小数位数为0,长度为2字节。

tinyint:微短整数,数范围为0～255,其精度为3,小数位数为0,长度为1字节。

2. 精确数值型

精确数值型数据由整数部分和小数部分构成,其所有的数字都是有效位,能够以完整的精度存储十进制数。精确数值型包括decimal和numeric两类。从功能上说两者完全等价,两者的唯一区别在于decimal不能用于带有identity关键字的列。

decimal和numeric可存储从−1038+1到1038−1的固定精度和小数位的数字数据,它们的存储长度随精度变化而变化,最少为5字节,最多为17字节。

精度为1～9时,存储字节长度为5。

精度为10～19时,存储字节长度为9。

精度为20～28时,存储字节长度为13。

精度为29～38时,存储字节长度为17。

例如:若有声明numeric(8,3),则存储该类型数据需5字节;而若有声明numeric(22,5),则存储该类型数据需13字节。

3. 浮点型

有两种近似数值数据类型:float[(n)]和real。两者通常都使用科学计数法表示数据,形为尾数E阶数,如5.6432E20、−2.98E10、1.287659E−9等。

real:使用4字节存储数据,表数范围为−3.40E+38～3.40E+38,数据精度为7位有效数字。

float:float型数据的数范围为−1.79E+308～1.79E+308。定义中的n取值范围是1～53,用于指示其精度和存储大小。

当n在1～24之间时,实际上是定义了一个real型数据,存储长度为4字节,精度为7位有效数字。当n在25～53之间时,存储长度为8字节,精度为15位有效数字。当缺省n时,代表n在25～53之间。

4. 货币型

SQL Server提供了两个专门用于处理货币的数据类型:money和smallmoney。它们用十进制数表示货币值。

money:数据的数范围为−263(−922337203685477.5808)～263−1(922337203685477.5807),其精度为19,小数位数为4,长度为8字节。money的数范围与bigint相同,不同的只是money型有4位小数。实际上,money就是按照整数进行运算的,只是将小数点固定在末4位。

smallmoney:数范围为−231(−214748.3648)～231−1(214748.3647),其精度为10,小数位数为4,长度为4字节。可见smallmoney与int的关系就如同money与bigint的关系。

5. 位型

SQL Server中的位(bit)型数据相当于其他语言中的逻辑型数据,它只存储0和1,长度为一个字节。但要注意,SQL Server对表中bit类型列的存储做了优化:如果一个表中有不多于8个的bit列,这些列将作为一个字节存储;如果表中有9到16个bit列,这些列将作为两个字节存储;更多列的情况依次类推。

当为bit类型数据赋0时,其值为0;而赋非0(如100)时,其值为1。

字符串值TRUE和FALSE可以转换为以下bit值:TRUE转换为1,FALSE转换为0。

6. 字符型

字符型数据用于存储字符串,字符串中可包括字母、数字和其他特殊符号(如#、@、&

等)。在输入字符串时,需将字符串中的符号用单引号或双引号括起来,如'abc'、"Abc<Cde"。

SQL Server 字符型包括两类:固定长度(char)和可变长度(varchar)字符数据类型。

char[(n)]:定长字符数据类型,其中 n 定义字符型数据的长度,n 在 1 到 8000 之间,缺省为 1。当表中的列定义为 char(n)类型时,若实际要存储的串长度不足 n 时,则在串的尾部添加空格以达到长度 n,所以 char(n)的长度为 n。

例如某列的数据类型为 char(20),而输入的字符串为"ahjm1922",则存储的是字符 ahjm1922 和 12 个空格。若输入的字符个数超出了 n,则超出的部分被截断。

varchar[(n)]:变长字符数据类型,其中 n 的规定与定长字符数据类型 char 中 n 完全相同,但这里 n 表示的是字符串可达到的最大长度。

7. Unicode 字符型

Unicode 是统一字符编码标准,用于支持国际上非英语语种的字符数据的存储和处理。SQL Server 的 Unicode 字符型可以存储 Unicode 标准字符集定义的各种字符。

Unicode 字符型包括 nchar[(n)]和 nvarchar[(n)]两类。nchar 是固定长度 Unicode 数据的数据类型,nvarchar 是可变长度 Unicode 数据的数据类型,二者均使用 Unicode UCS-2 字符集。

nchar[(n)]:nchar[(n)]为包含 n 个字符的固定长度 Unicode 字符型数据,n 的值在 1 与 4000 之间,缺省为 1,长度是 $2n$ 字节。若输入的字符串长度不足 n,将以空白字符补足。

nvarchar[(n)]:nvarchar[(n)]为最多包含 n 个字符的可变长度 Unicode 字符型数据,n 的值在 1 与 4000 之间,缺省为 1。长度是所输入字符个数的两倍。

实际上,nchar、nvarchar 与 char、varchar 的使用非常相似,只是字符集不同(前者使用 Unicode 字符集,后者使用 ASCII 字符集)。

8. 文本型

当需要存储大量的字符数据,如较长的备注、日志信息等,字符型数据的最长 8000 个字符的限制可能使它们不能满足这种应用需求,此时可使用文本型数据。

文本型包括 text 和 ntext 两类,分别对应 ASCII 字符和 Unicode 字符。

text 类型可以表示最大长度为 231-1(2147483647)个字符,其数据的存储长度为实际字符数个字节。

ntext 类型可表示最大长度为 230-1(1073741823)个 Unicode 字符,其数据的存储长度是实际字符个数的两倍(以字节为单位)。

9. 二进制型

二进制数据类型表示的是位数据流,包括 binary(固定长度)和 varbinary(可变长度)两种。

- binary [(n)]:固定长度的 n 个字节二进制数据。n 取值范围为 1 到 8000,缺省为 1。binary(n)数据的存储长度为 $n+4$ 字节。若输入的数据长度小于 n,则不足部分用 0 填充;若输入的数据长度大于 n,则多余部分被截断。
- varbinary [(n)]:n 个字节变长二进制数据。n 取值范围为 1 到 8000,缺省为 1。varbinary(n)数据的存储长度为实际输入数据长度+4 字节。

10. 日期时间类型

日期时间类型数据用于存储日期和时间信息,包括 datetime 和 smalldatetime 两类。

- datetime:datetime 类型可表示的日期范围从 1753 年 1 月 1 日到 9999 年 12 月 31

日的日期和时间数据，精确度为百分之三秒(3.33 毫秒或 0.003 33 秒)，例如 1 到 3 毫秒的值都表示为 0 毫秒，4 到 6 毫秒的值都表示为 4 毫秒。

datetime 类型的数据长度为 8 字节，日期和时间分别使用 4 个字节存储。

前 4 字节用于存储 datetime 类型数据中距 1900 年 1 月 1 日的天数。为正数表示日期在 1900 年 1 月 1 日之后，为负数则表示日期在 1900 年 1 月 1 日之前。

用户给出 datetime 类型数据值时，日期部分和时间部分分别给出。

日期部分的表示形式常用的格式如下：

年 月 日	2001 Jan 20、2001 January 20
年 日 月	2001 20 Jan
月 日[,]年	Jan 20 2001、Jan 20,2001、Jan 20,01
月 年 日	Jan 2001 20
日 月[,]年	20 Jan 2001、20 Jan,2001
日 年 月	20 2001 Jan
年(4 位数)	2001
年月日	20010120、010120
月/日/年	1/20/01、01/20/2001、1/20/2001
月-日-年	01-20-01、1-20-01、01-20-2001、1-20-2001
月.日.年	01.20.01、1.20.01、01.20.2001、1.20.2001

说明：

年可用 4 位或 2 位表示，月和日可用 1 位或 2 位表示。

时间部分常用的表示格式如下：

时:分	10:20、08:05
时:分:秒	20:15:18、20:15:18.2
时:分:秒:毫秒	20:15:18:200
时:分 AM|PM	10:10AM、10:10PM

- smalldatetime：smalldatetime 类型数据可表示从 1900 年 1 月 1 日到 2079 年 6 月 6 日的日期和时间，数据精确到分钟，即 29.998 秒或更低的值向下舍入为最接近的分钟，29.999秒或更高的值向上舍入为最接近的分钟。

11. 时间戳型

时间戳型的标识符是 timestamp。若创建表时定义一个列的数据类型为时间戳型，那么每当对该表加入新行或修改已有行时，都由系统自动将一个计数器值加到该列，即将原来的时间戳值加上一个增量。

记录 timestamp 列的值实际上反映了系统对该记录修改的相对(相对于其他记录)顺序。一个表只能有一个 timestamp 列。timestamp 类型数据的值实际上是二进制格式数据，其长度为 8 字节。

12. 图像型

图像型数据的标识符是 image，它用于存储图片、照片等。实际存储的是可变长度二进制数据，介于 0 与 $2^{31}-1$(2147483647)字节之间。在 SQL Server 2005 中该类型是为了向下兼容而保留的数据类型。微软推荐用户使用 varbinary(MAX)数据类型来替代 image 类型。

13. 其他数据类型

除了上面所介绍的常用数据类型外，SQL Server 还提供了其他几种数据类型：cursor、sql_variant、table、uniqueidentifier 和 xml。

cursor：游标数据类型，用于创建游标变量或定义存储过程的输出参数。

sql_ variant：一种存储 SQL Server 支持的各种数据类型（除 text、ntext、image、timestamp 和 sql_variant 外）值的数据类型。sql_variant 的最大长度可达 8016 字节。

table：用于存储结果集的数据类型，结果集可以供后续处理。

uniqueidentifier：唯一标识符类型。系统将为这种类型的数据产生唯一标识值，它是一个 16 字节长的二进制数据。

xml：用来在数据库中保存 xml 文档和片段的一种类型，但是此种类型的文件大小不能超过 2 GB。

3.1.3 表结构设计

创建表的实质就是定义表结构，设置表和列的属性。创建表之前，先要确定表的名字、表的属性，同时确定表所包含的列名、长度、是否可为空值、约束条件、默认值设置、规则，以及所需索引、哪些列是主键、哪些列是外键等，这些属性构成表结构。

本节以学生成绩管理系统的三个表"学生"表（表名为 XSB）、"课程"表（表名为 KCB）和"成绩"表（表名为 CJB）为例介绍如何设计表结构。

1. 表结构设计方案一

例如："081101"中"08"表示学生的年级，"11"表示所属班级，"01"表示学生在班级中的序号，所以"学号"列的数据类型可以是 6 位的定长字符型数据；"姓名"列记录学生的姓名，姓名一般不超过 4 个中文字符，所以可以是 8 位定长字符型数据；"性别"列只有"男""女"两种值，所以可以使用 bit 型数据，值 1 表示"男"，值 0 表示"女"，默认是 1；"出生时间"是日期时间型数据，列类型定为 datetime；"专业"列为 12 位定长字符型数据；"总学分"列是整数型数据，值在 0 到 160 之间，列类型定为 int，默认是 0；"备注"列需要存放学生的备注信息，备注信息的内容在 0 到 500 个字之间，所以应该使用 varchar 类型。在 XSB 中，只有"学号"列能唯一标识一个学生，所以将"学号"列设为该表的主键。最后设计的 XSB 的表结构如表3-3所示。

表 3-3 XSB 的表结构（方案一）

列名	数据类型	长度	是否可空	默认值	说明
StudentId	定长字符型(char)	6	×	无	学号，主键，前 2 位年级，中间 2 位班级号，后 2 位序号
Sname	定长字符型(char)	8	×	无	姓名
Sex	定长字符型(char)	5	√	男	
Birthday	日期时间型(datetime)	系统默认	√	无	出生时间
Speciality	定长字符型(char)	12	√	无	专业
Total	整数型(int)	4	√	0	0≤总学分<160
Remark	不定长字符型(varchar)	500	√	无	备注

参照 XSB 表结构的设计方法，同样可以设计出其他两个表的结构，表 3-4 所示的是 KCB 的表结构，表 3-5 所示的是 CJB 的表结构。

表 3-4　KCB 的表结构(方案一)

列名	数据类型	长度	是否可空	默认值	说明
CourseId	定长字符型(char)	3	×	无	课程号，主键
CourseName	定长字符型(char)	16	×	无	课程名
CourseYear	整数型(tinyint)	1	√	1	开课学期，只能为 1～8
Period	整数型(tinyint)	1	√	0	学时
Credit	整数型(tinyint)	1	×	0	学分

表 3-5　CJB 的表结构(方案一)

列名	数据类型	长度	是否可空	默认值	说明
StudentId	定长字符型(char)	6	×	无	学号，主键
CourseId	定长字符型(char)	3	×	无	课程号，主键
Grade	整数型(int)	默认值	√	0	成绩

2. 表结构设计方案二

学生成绩管理系统的表 XSB、表 KCB 和表 CJB 的表结构还可按如下方案进行设计(见表 3-6、表 3-7 和表 3-8)。

表 3-6　XSB 的表结构(方案二)

列名	数据类型	是否为空
StudentId	char(6)	×
Sname	char(8)	×
Speciality	char(10)	√
Sex	char(5)	√
Birthday	datatime	×
Total	int	×
Remark	text	√

表 3-7　KCB 的表结构(方案二)

列名	数据类型	是否为空
CourseId	char(3)	×
CourseName	char(16)	×
CourseYear	int	×
Period	int	×
Credit	int	×

表 3-8　CJB 的表结构(方案二)

列名	数据类型	是否为空
GradeId	int	×
StudentId	char(6)	×
CourseId	char(3)	×
Grade	int	×

表结构设计完后就可以开始在数据库中创建表了，本书使用的学生成绩管理系统的表都在 PXSCJ 数据库中创建，并都使用设计方案二的表结构。创建和操作数据库中的表既可以通过 SQL Server Management Studio 中的界面方式进行，又可以通过 T-SQL 命令方式进行。

3.2 界面方式操作表

3.2.1 创建表

以下是通过对象资源管理器窗口创建表 XSB 的操作步骤。

第 1 步，启动 SQL Server Management Studio，在对象资源管理器窗口中展开“数据库”，右击“PXSCJ”数据库菜单下的“表”选项，在弹出的快捷菜单中选择“新建表”菜单项（见图 3-1），打开如图 3-2 所示的表设计器窗口。

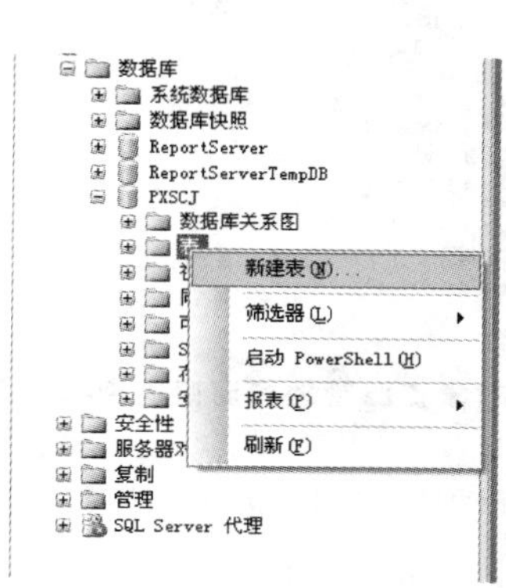

图 3-1 选择“新建表”菜单项

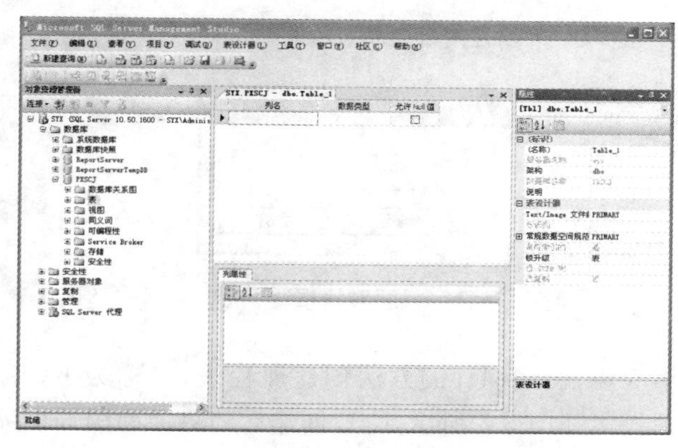

图 3-2 表设计器窗口

第 2 步，在表设计器窗口中，根据已经设计好的 XSB 的表结构分别输入或选择各列的名称、数据类型、是否允许为空值等属性。根据需要，可以在列属性表格填入相应的内容。

第 3 步，在学号列上右击，选择“设置主键”菜单项，如图 3-3 所示。这时学号行前面会出现钥匙图标，如图 3-4 所示。在列属性窗口中的“默认值或绑定”和“说明”项中分别填写各列的默认值和说明。

列名 | 数据类型 | 允许 Null 值
StudentId | char(6)
Sname
Speciality
Sex
Birthday
Total
Remark

设置主键(Y)
插入列(M)
删除列(N)
关系(H)...
索引/键(I)...
全文索引(F)...
XML 索引(X)...
CHECK 约束(O)...
空间索引(P)...
生成更改脚本(S)...

图 3-3 设置主键

列名	数据类型	允许 Null 值
StudentId	char(6)	☐
Sname	char(8)	☐
Speciality	char(10)	☑
Sex	char(5)	☑
Birthday	datetime	☑
Total	int	☐
Remark	text	☑
		☐

图 3-4 设置主键后的效果

表 XSB 的表结构设计完成后的效果如图 3-5 所示。

第 4 步，在表的各列的属性均编辑完成后，单击工具栏中的“保存”按钮，出现“选择名称”对话框(见图 3-6)。在“选择名称”对话框中输入表名“XSB”，单击“确定”按钮，这样表 XSB 就创建好了。在对象资源管理器窗口中可以找到新创建的表 XSB，如图 3-7 所示。

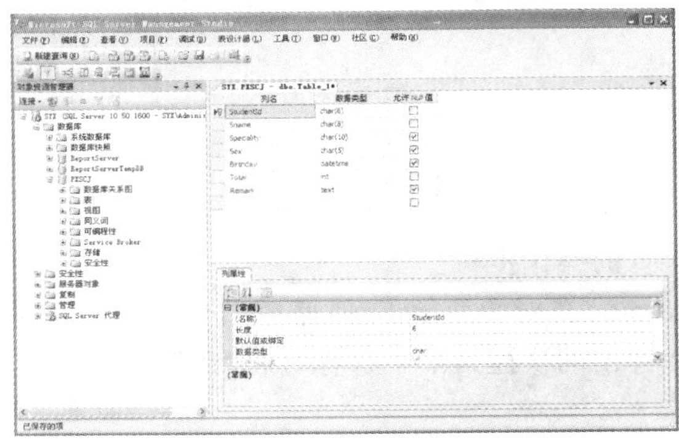

图 3-5　表属性编辑完成后的效果

图 3-6　“选择名称”对话框

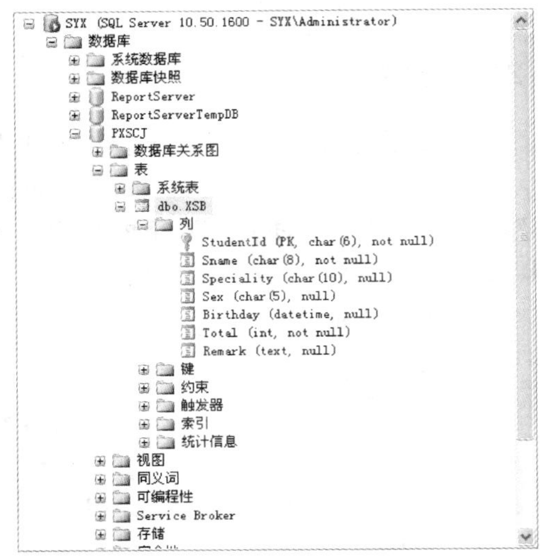

图 3-7　在对象资源管理器窗口中查看表 XSB

第 5 步，使用同样的方法创建课程表，名称为 KCB；创建成绩表，名称为 CJB。KCB 创建后的界面如图 3-8 所示，CJB 创建后的界面如图 3-9 所示。

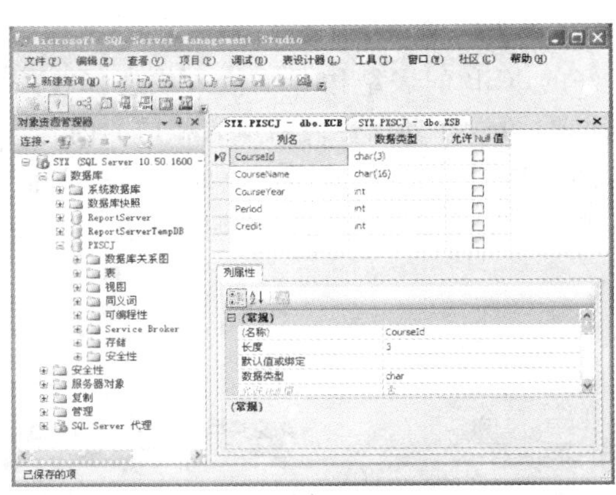

图 3-8　创建表 KCB

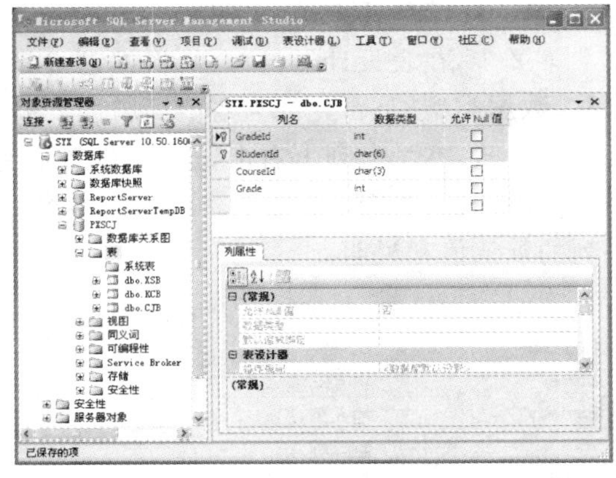

图 3-9　创建表 CJB

说明：

在创建表时，如果遇到主键是由两个或两个以上的列组成的，在设置主键时需要按住 Ctrl 键选择多个列，然后右击选择“设置主键”菜单项，将多个列设置为表的主键。

3.2.2　修改表结构

在创建一个表之后，使用过程中可能需要对表结构进行修改，对一个已经存在的表可以进行的修改操作包括更改表名、增加列、删除列、修改已有列的属性(列名、数据类型、是否为空等)。

1. 更改表名

【例 3-1】 将 XSB 表的表名改为 student。

在对象资源管理器窗口中选择需要更名的表 XSB,在其上右击,在弹出的快捷菜单中选择“重命名”菜单项,如图 3-10 所示,输入新的表名 student,按下回车键即可更改表名。

说明:

如果系统弹出“重命名”对话框,提示用户若更改了表名,那么将导致引用该表的存储过程、视图或触发器无效,要求用户对更名操作予以确认,单击“是”按钮可以确认该操作。

> **注意:** 根据本书举例的需要,按照表更名的操作过程将表 student 仍更名为 XSB。

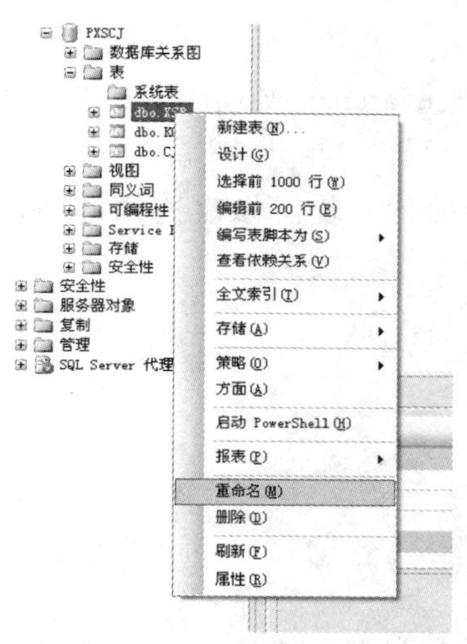

图 3-10 选择“重命名”菜单项

列名	数据类型	允许 Null 值
StudentId	char(6)	☐
Sname	char(8)	☐
Speciality	char(10)	☑
Sex	char(5)	☑
Birthday	datetime	☐
Total	int	☐
Remark	text	☑
Address	varchar(50)	☑
		☐

图 3-11 增加新列

2. 增加列

当原来所创建的表中需要增加项目时,就要向表中增加列。

【例 3-2】 向表 XSB 中添加一个“Address”(地址)列,“Address”列为“varchar”,长度为 50 字符,允许为空值。

第 1 步,启动 SQL Server Management Studio,在对象资源管理器窗口中展开“数据库”,选择“PXSCJ”,在“PXSCJ”数据库中选择表“dbo. XSB”,在其上右击,在弹出的快捷菜单中选择“设计”菜单项,打开表设计器窗口。

第 2 步,在表设计器窗口中选择第一个空白行,输入列名“Address”,选择数据类型“varchar”,如图 3-11 所示。如果要在某列之前加入新列,可以右击该列,选择“插入列”,在空白行填写列信息即可。

3. 删除列

在表 dbo. XSB 设计器窗口中选择需删除的列(例如表 XSB 中的“Address”列),此时箭头指在该列上,右击,在弹出的快捷菜单中选择“删除列”菜单项,该列即被删除。

注意：在 SQL Server 中，被删除的列是不可恢复的，所以在删除列之前需要慎重考虑。并且，在删除一个列以前，必须保证基于该列的所有索引和约束都已被删除。

4. 修改列

表中尚未有记录值时，可以修改表结构，如更改列名、列的数据类型、长度和是否允许空值等属性。但在表中有了记录后，建议不要轻易改变表结构，特别不要改变数据类型，以免产生错误。

(1) 具有以下特性的列不能被修改。

具有 text、ntext、image 或 timestamp 数据类型的列。

- 计算列。
- 全局标识符列。
- 复制列。
- 用于索引的列(但若用于索引的列为 varchar、nvarchar 或 varbinary 数据类型时，可以增加列的长度)。
- 用于由 CREATE STATISTICS 生成统计的列。若需修改这样的列，必须先用 DROP STATISTICS 语句删除统计。
- 用于主键或外键约束的列。
- 用于 CHECK 或 UNIQUE 约束的列。
- 关联有默认值的列。

(2) 当改变列的数据类型时，要求满足下列条件：

- 原数据类型必须能够转换为新数据类型；
- 新类型不能为 timestamp 类型；
- 如果被修改列属性中有"标识规范"，则新数据类型必须是有效的"标识规范"数据类型。

【例 3-3】 在表 XSB 中，将"姓名"列名改为"name"，数据长度由 8 改为 10，允许为空值。将"出生时间"列名改为"birthday"，数据类型由"datetime"改为"smalldatetime"。

因尚未输入记录值，所以可以改变 XSB 的表结构。右击需要修改的表 XSB，选择"设计"选项进入表 XSB 的设计窗口，单击需要修改的列，修改相应的属性。修改完后保存。

3.2.3 删除表

删除一个表时，表的定义、表中的所有数据，以及表的索引、触发器、约束等均被删除。

注意：不能删除系统表和有外键约束所参照的表。

【例 3-4】 使用界面方式删除表 XSB。

启动 SQL Server Management Studio，在对象资源管理器窗口中依次展开"数据库""PXSCJ""表"，选择要删除的表 XSB，右击，在弹出的快捷菜单中选择"删除"菜单项。系统弹出"删除对象"对话框，单击"确定"按钮，即可删除表 XSB。

3.3 命令方式操作表

3.3.1 创建表

创建表使用CREATE TABLE语句。

语法格式：

```
CREATE TABLE [ database_name.[ schema_name ] . | schema_name . ] table_name
    (
        { <column_definition>      /*列的定义*/
        | column_name AS computed_column_expression [PERSISTED [NOT NULL]]
              /*定义计算列*/
    }
    [ <table_constraint>] [,…n ]       /*指定表的约束*/
    )
  [ ON { partition_scheme_name ( partition_column_name ) | filegroup | "default" } ]
              /*指定分区方案和存储表的文件组*/
  [ { TEXTIMAGE_ON { filegroup |"default" } ] /*指定存储 text、ntext 和 image 类型数据的文件组*/
  [ ; ]
```

说明：

database_name是数据库名，schema_name是新表所属架构的名称，table_name是表名，表的标识按照对象命名规则。如果省略数据库名则默认在当前数据库中创建表；如果省略架构名，则默认是“dbo”。

- <table_constraint>：表的完整性约束。
- column_name AS computed_column_expression：用于定义计算字段，计算字段是由同一表中的其他字段通过表达式计算得到的。其中，column_name为计算字段的列名。computed_column_expression是表其他字段的表达式。
- ON子句：filegroup | "default"指定存储表的文件组。如果指定了filegroup，则表将存储在指定的文件组中，数据库中必须存在该文件组。如果指定"default"，或者未指定ON参数，则表存储在默认文件组中。
- TEXTIMAGE_ON { filegroup |"default" }：TEXTIMAGE_ON是表示text、ntext和image数据类型的列存储在指定文件组中的关键字。如果表中没有text、ntext和image类型的列，则不能使用TEXTIMAGE_ON。如果没有指定TEXTIMAGE_ON或指定了default，则text、ntext和image类型的列将与表存储在同一文件组中。

```
<column_definition> ::=
column_name data_type       /*指定列名、类型*/
[ COLLATE collation_name ]        /*指定排序规则*/
[ NULL | NOT NULL ]       /*指定是否为空*/
[
[ CONSTRAINT constraint_name ]
[ DEFAULT constant_expression ]      /*指定默认值*/
| [ IDENTITY [ ( seed,increment ) ] [ NOT FOR REPLICATION ] ]/*指定列为标识列*/
```

```
    ]
    [ ROWGUIDCOL ]          /*指定列为全局标识符列*/
    [<column_constraint> [ …n ] ]/*指定列的约束*/
```

- column_name：为列名，data_type 为列的数据类型。
- NULL：表示列可取空值，NOT NULL 表示列不可取空值。
- DEFAULT constant_expression：为所在列指定默认值，默认值 constant_expression 必须是一个常量值或 NULL 值。
- IDENTITY：指出该列为标识符列，为该列提供一个唯一的、递增的值。seed 是标识字段的起始值，默认值为 1；increment 是标识增量，默认值为 1。
- ROWGUIDCOL：表示新列是行的全局唯一标识符列，该属性并不强制列中所存储值的唯一性，也不会为插入到表中的新行自动生成值。
- <column_constraint>：列的完整性约束，指定主键、替代键、外键等，如指定该列为主键使用 PRIMARY KEY 关键字。

【例 3-5】 设已经创建了数据库 PXSCJ，现在该数据库中需创建学生情况表 XSB，该表的结构如表 3-6 所示。

创建表 XSB 的 T-SQL 语句如下：

```
USE PXSCJ
GO
CREATE TABLE XSB
(
    StudentId  char(6)  PRIMARY KEY,   /*学生编号，主键（唯一，非空）*/
    Sname  char (8)  NOT NULL,       /*学生姓名，非空（必填）*/
    Speciality  char (10),           /*所学专业*/
    Sex  char(5),                    /*性别*/
    Birthday  datetime  NOT NULL,    /*出生时间，非空（必填）*/
    Total  int  NOT NULL,       /*总学分，非空（必填）*/
    Remark  text  NULL      /*备注*/
)
GO
```

【例 3-6】 创建一个带计算列的表，表中包含课程的课程号、总成绩和学习该课程的人数以及课程的平均成绩。

创建表的 T-SQL 语句如下：

```
CREATE TABLE PJCJ
(
    CourseId  char(3) PRIMARY KEY,     /*课程号*/
    Grade real NOT NULL,               /*总成绩*/
    Num  int NOT NULL,                 /*人数*/
    Avggrade AS Grade/Num PERSISTED    /*平均成绩*/
)
GO
```

说明：

如果没有使用 PERSISTED 关键字，则在计算列上不能添加如 PRIMARY KEY、UNION、DEFAULT 等约束条件。由于计算列上的值是通过服务器计算得到的，所以在插入或修改数据时不能对计算列赋值。

SQL Server 中创建的表通常称为持久表，在数据库中持久表一旦创建将一直存在，多个用户或者多个应用程序可以同时使用持久表。

3.3.2 修改表结构

修改表结构可以使用 ALTER TABLE 语句。

语法格式：

```
ALTER TABLE [ database_name.[ schema_name ] . | schema_name . ] table_name
{
[ ALTER COLUMN column_name                          /*修改已有列的属性*/
    { new_data_type [ ( precision [,scale ] ) ]
    [ COLLATE <collation_name> ]
    [ NULL | NOT NULL ]
    | {ADD | DROP } [ ROWGUIDCOL | PERSISTED ]
}
]
| [ WITH { CHECK | NOCHECK } ] ADD                    /*添加列*/
{
    <column_definition>
    | column_name AS computed_column_expression [PERSISTED [NOT NULL]]
    | <table_constraint>
} [,…n ]
| DROP                                  /*删除列*/
{
    [ CONSTRAINT ] constraint_name [ WITH ( <drop_clustered_constraint_option
> [,…n ] ) ]
    | COLUMN column_name
} [,…n ]
| [ WITH { CHECK | NOCHECK } ] { CHECK | NOCHECK } CONSTRAINT
    { ALL | constraint_name [,…n ] }
| { ENABLE | DISABLE } TRIGGER
    { ALL | trigger_name [,…n ] }
| SWITCH [ PARTITION source_partition_number_expression ]
    TO [ schema_name.] target_table
    [ PARTITION target_partition_number_expression ]
}
```

- table_name：表名。
- ALTER COLUMN：修改表中列的属性，要修改的列名由 column_name 给出。new_data_type 为被修改列的新的数据类型。
- NULL | NOT NULL：表示将列设置为是否可为空，设置成 NOT NULL 时要注意表中该列是否有空数据。
- ADD：向表中增加新列，新列的定义方法与 CREATE TABLE 语句中定义列的方法

相同。其中,[WITH { CHECK | NOCHECK }]指定表中的数据是否用新添加的或重新启用的 FOREIGN KEY 或 CHECK 约束进行验证。

- DROP:从表中删除列或约束,column_name 是要删除的列名,constraint_name 是要删除的约束名。
- { ENABLE | DISABLE } TRIGGER:启用或禁用触发器,ENABLE 表示启用,DISABLE 表示禁用。trigger_name 为要启用或禁用的触发器名,ALL 表示启用或禁用表中所有的触发器。
- SWITCH:用于切换分区。可以将表的所有数据作为分区重新分配给现有的已分区表,或将分区从一个已分区表切换到另一个已分区表,或将已分区表的一个分区中的所有数据重新分配给现有的未分区的表。

【例 3-7】 设已经在数据库 PXSCJ 中创建了表 XSB。先在表 XSB 中增加 1 个新列 Address(地址),然后在表 XSB 中删除名为"Address"的列。

在 SQL Server Management Studio 中新建一个查询,并输入脚本如下:

```
USE PXSCJ
GO
ALTER TABLE XSB
    ADD Address varchar(50)  NULL
GO
```

输入完成后执行该脚本,然后可以在对象资源管理器窗口展开"PXSCJ"的表 dbo. XSB 的结构查看运行结果。

【例 3-8】 修改表 XSB 中已有列的属性:将名为"Sname"的列长度由原来的 8 改为 10;将名为"Birthday"的列的数据类型由原来的 datetime 改为 smalldatetime。

新建一个查询,在查询分析器窗口中输入并执行如下脚本:

```
USE PXSCJ
GO
ALTER TABLE XSB
    ALTER COLUMN Sname char(10)
GO
ALTER TABLE XSB
    ALTER COLUMN Birthday smalldatetime
```

3.3.3 删除表

语法格式:

```
DROP TABLE table_name
```

其中,table_name 是要被删除的表名。

例如,要删除表 XSB,使用的 T-SQL 语句为:

```
USE PXSCJ
GO
DROP TABLE XSB
GO
```

说明:

为了便于后面的操作,在修改了本书所使用的例表(XSB、KCB、CJB)的表结构后请将其恢复到原来的状态。如无特殊说明，本书后面所举的例子使用的都是最初设计的表结构。

3.4 界面方式操作表数据

与创建数据库和表一样，把不直接使用 T-SQL 语句对表数据的操作称为界面方式操作表数据。界面方式操作表数据主要在 SQL Server Management Studio 中进行。

下面以对前面所创建的 PXSCJ 数据库中的 XSB 表进行记录的插入、修改和删除操作为例说明在 SQL Server Management Studio 中操作表数据的方法。

通过 SQL Server Management Studio 操作表数据的方法如下。

启动 SQL Server Management Studio，在对象资源管理器窗口中依次展开“数据库”“PXSCJ”，选择要进行操作的表“dbo. XSB”，右击，在弹出的快捷菜单中选择“编辑前 200 行”菜单项，打开图 3-12 所示的表数据窗口。

在图 3-12 所示窗口中，表中的记录将按行显示，每个记录占一行。可以看到，此时表中还没有数据，可向表中插入记录，之后可以删除和修改记录。

3.4.1 插入数据

插入记录将新记录添加在表尾，可以向表中插入多条记录，插入记录的操作方法如下。

将光标定到当前行的行首，然后依次输入列的值，每输入完一列的值，按回车键，光标将自动跳到下一列，继续编辑。若当前列是表的最后一列，则该列编辑完后按回车键，光标将自动跳到下一行的第一列，同时上一行输入的数据已自动保存。若表的某列不允许为空值，则必须为该列输入值。

用户可以自己根据需要向表中插入数据，插入的数据要符合列的约束条件，例如，不可以向非空的列插入 NULL 值。图 3-13 所示是插入数据后的表 XSB。

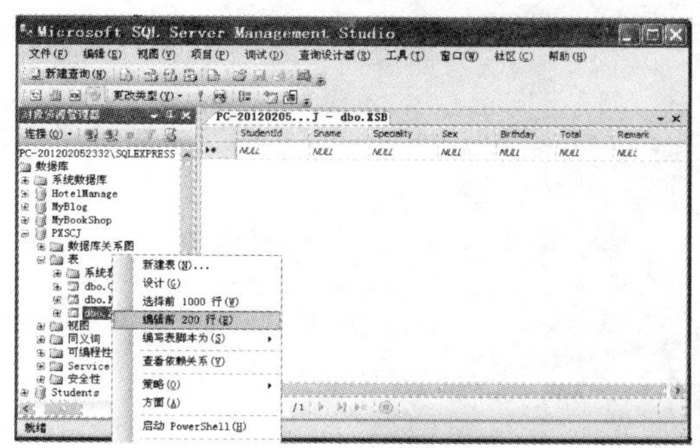

图 3-12 操作表数据窗口

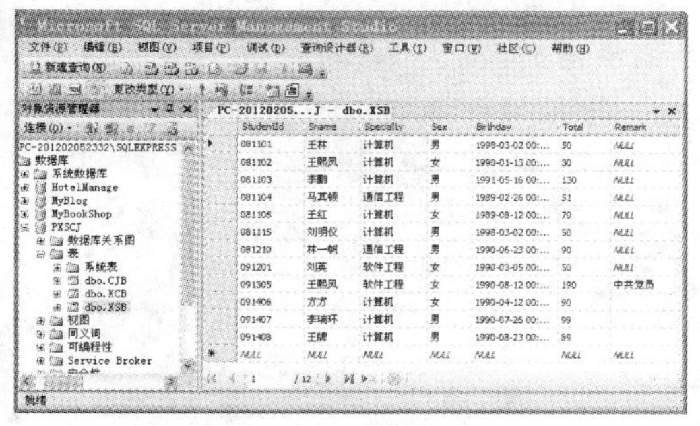

图 3-13 向表中插入记录

注意：在界面中插入 bit 类型数据的值时不可以直接输入 1 或 0，而是用 True 或 False 代替，True 表示 1，False 表示 0，否则会出错。

3.4.2 删除记录

当表中的某些记录不再需要时，要将其删除。在对象资源管理器窗口中删除记录的方法是：在表数据窗口中定位需被删除的记录行，单击该行最前面的黑色三角形以选择全行，右击，在弹出的右键菜单中选择“删除”菜单项，如图 3-14 所示。

	StudentId	Sname	Speciality	Sex	Birthday	Total	Remark
	081102	王熙凤	计算机	女	1990-01-13 00:...	30	NULL
	081103	李鹏	计算机	男	1991-05-16 00:...	130	NULL
	081104	马其顿	通信工程	男	1989-02-26 00:...	51	NULL
▶			计算机	女	1989-08-12 00:...	70	NULL
		明仪	计算机	男	1998-03-02 00:...	50	NULL
		明仪	计算机	男	1998-03-02 00:...	50	NULL
		一帆	通信工程	男	1990-06-23 00:...	90	NULL
			软件工程	女	1990-03-05 00:...	50	NULL
		熙凤	软件工程	女	1990-08-12 00:...	190	中共党员
			计算机	女	1990-04-12 00:...	90	
		梅环	计算机	男	1990-07-26 00:...	99	
	091408	王牌	计算机	男	1990-08-23 00:...	89	

执行 SQL(X)
剪切(T)
复制(Y)
粘贴(P)
删除(D)
窗格(N)
清除结果(L)

图 3-14　删除记录

选择“删除”后，将出现一个确认对话框，单击“是”按钮将删除所选择的记录，单击“否”按钮将不删除该记录。

3.4.3　修改记录

在操作表数据的窗口中修改记录数据的方法：先定位被修改的记录字段，然后对该字段值进行修改，修改之后将光标移到下一行即可保存修改的内容。

3.5　命令方式操作表数据

对表数据的插入、删除和修改还可以通过 T-SQL 语句来进行，与界面方式操作表数据相比，通过 T-SQL 语句操作表数据更为灵活，功能更为强大。

3.5.1　插入记录

插入记录使用 INSERT 语句。

语法格式：

```
[ WITH <common_table_expression> [,…n ] ]  /*指定临时结果集，在 SELECT 语句中介绍*/
INSERT [ TOP ( expression ) [ PERCENT ] ]
[INTO]
{  table_name            /*表名*/
   | view_name            /*视图名*/
   | rowset_function_limited        /*可以是 OPENQUERY 或 OPENROWSET 函数*/
     [WITH (<table_hint_limited> [,…n])]     /*指定表提示，可省略*/
}
{ [ (column_list)]                  /*列列表*/
  [ <OUTPUT Clause> ]              /*OUTPUT 子句*/
   { VALUES          /*指定列值的子句*/
     ({DEFAULT | NULL |expression} [,…n])     /*列值的构成形式*/
     | derived_table                 /*结果集*/
     | exectute_statement            /*有效的 EXECTUTE 语句*/
   }
}
| DEFAULT VALUES           /*所有列均取默认值*/
```

说明：

- table_name：被操作的表名。
- view_name：视图名。
- column_list：需要插入数据的列的列表，包含了新插入行的各列的名称。如果只给表的部分列插入数据，需要用 column_list 指出这些列。
- OUTPUT 子句：用于在执行插入数据时返回插入的行，可用于数据比较等场合，可省略。
- VALUES 子句：包含各列需要插入的数据清单，数据的顺序要与列的顺序相对应，若省略 column_list，则 VALUES 子句给出每一列的值。VALUES 子句中的值可有以下三种。

(1) DEFAULT：指定为该列的默认值。

(2) NULL：指定该列为空值。

(3) Expression：可以是一个常量、变量或一个表达式，其值的数据类型要与列的数据类型一致。例如，列的数据类型为 int，插入的数据是'AAA'就会出错，当数据为字符型时要用单引号括起来。

- derived_table：一个由 SELECT 语句查询所得的结果集。利用该参数，可把一个表中的部分数据插入到另一个表中。结果集中每行数据的字段数、字段的数据类型要与被操作的表完全一致。
- DEFAULT VALUES：该关键字说明向当前表中的所有列均插入其默认值。此时，要求所有列均定义了默认值。

【例 3-9】 向 PXSCJ 数据库的表 XSB 中插入如下的一行数据(假设表 XSB 没有该行数据)：

```
081101,王林,1,1990-02-10,计算机,50,NULL
```

使用下列语句：

```
USE PXSCJ
GO
INSERT INTO XSB
    VALUES('081101','王林','男','1990-02-10','计算机',50,NULL)
GO
```

语句的运行结果如图 3-15 所示。

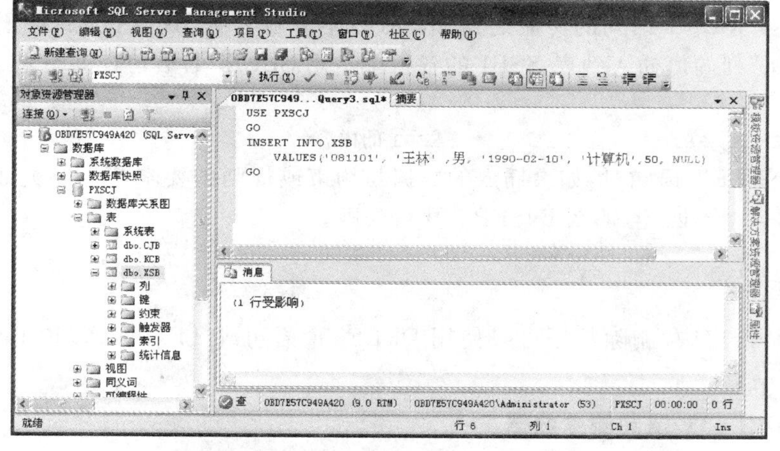

图 3-15　使用 T-SQL 语句向表中插入数据

【例 3-10】 假设表 XSB 中专业的默认值为“计算机”，备注默认值为 NULL，插入例3-9中的那行数据可以使用以下命令：

```
INSERT INTO XSB (StudentId,Sname,Sex,Birthday,Total)
    VALUES('081101','王林','男','1990-02-10',50)
```

下列命令的运行效果相同：

```
INSERT INTO XSB
    VALUES('081101','王林','男','1990-02-10',DEFAULT,50,NULL);
```

注意：若原有行中存在关键字，而插入的数据行中含有与原有行中关键字相同的列值，则 INSERT 语句无法插入此行。

【例 3-11】 向学生成绩管理系统涉及的其他表中插入数据。

向表 KCB 加入数据的 T-SQL 语句示例如下：

```
INSERT INTO KCB
    VALUES('101','计算机基础',1,80,5)
```

向表 CJB 加入数据的 T-SQL 语句示例如下：

```
INSERT INTO CJB
    VALUES('081101',101,80)
```

【例 3-12】 从表 XSB 中生成计算机专业的学生表，包含学号、姓名、专业，要求新表中的数据为结果集中的前 5 行。

用 CREATE 语句建立表 XSB1：

```
CREATE TABLE XSB1
(   num   char(6) NOT NULL PRIMARY KEY,
    name   char(8) NOT NULL,
    speciality char(10) NULL
)
```

用 INSERT 语句向表 XSB1 中插入数据：

```
INSERT TOP(5) INTO XSB1
        SELECT StudentId,Sname,Speciality
           FROM XSB
           WHERE Speciality='计算机'
```

上面这条 INSERT 语句的功能是：将表 XSB 中专业名为“计算机”的各记录的“学号”“姓名”和“专业”列的值插入到表 XSB1 的各行中。用 SELECT 语句查询结果：

```
SELECT  *
    FROM XSB1                  /*表 XSB1 的内容*/
```

在执行 INSERT 语句时，如果插入的数据与约束或规则的要求产生冲突或值的数据类型与列的数据类型不匹配，那么 INSERT 执行失败。

3.5.2 删除记录

在 T-SQL 语言中，删除数据可以使用 DELETE 语句或 TRUNCATE TABLE 语句来实现。

1. 使用 DELETE 语句删除数据

语法格式：

```
[ WITH <common_table_expression> [,…n ] ]
DELETE  [ TOP ( expression ) [ PERCENT ] ]
[FROM]
{     table_name              /*从表中删除数据*/
    | view_name                  /*从视图删除数据*/
    | rowset_function_limited      /*可以是 OPENQUERY 或 OPENROWSET 函数*/
   [WITH (<table_hint_limited> [,…n ] )]      /*指定表提示,可省略*/
}
[ FROM  {<table_source> }[,…n]]     /*从 table_source 删除数据*/
[ <OUTPUT Clause>  ]     /*OUTPUT 子句*/
[ WHERE {<search_condition>       /*指定条件*/
    |{ [CURRENT OF { {[GLOBAL] cursor_name} | cursor_variable_name}]}
                 /*游标*/
    }]
[OPTION (<query_hint> [,…n])] /*使用优化程序*/
```

说明:

- [TOP (expression) [PERCENT]]:指定将要删除的任意行数或任意行的百分比。
- FROM 子句:用于说明从何处删除数据,可以从三种类型的对象中删除数据。

(1) 表:由 table_name 指定要从其中删除的表名。关键字 WITH 指定目标表所允许的一个或多个表提示,一般情况下不需要使用 WITH 关键字。

(2) 视图:由 view_name 指定要从其中删除数据的视图名,要注意该视图必须可以更新,并且正确引用了一个基本表。

(3) <table_source>:将在介绍 SELECT 语句时详细讨论。

- WHERE 子句:为删除操作指定条件,<search_condition>给出了删除条件,若省略 WHERE 子句,则 DELETE 将删除所有数据。关键字 CURRENT OF 用于说明在指定游标的当前位置完成删除操作。

【例 3-13】 将 PXSCJ 数据库的表 XSB 中总学分大于 52 的行删除,使用如下的 T-SQL 语句:

```
USE PXSCJ
GO
DELETE
    FROM XSB
    WHERE Total>52
GO
```

注意:本书例题中的数据在按题目要求修改后应该尽快将其恢复。

【例 3-14】 将 PXSCJ 数据库的表 XSB 中"备注"为空的行删除。

使用以下语句:

```
DELETE FROM XSB
    WHERE Remark IS NULL
```

要删除 PXSCJ 数据库的表 XSB 中的所有行,可使用以下语句:

```
DELETE XSB
```

2. 使用 TRUNCATE TABLE 语句删除表数据

使用 TRUNCATE TABLE 语句将删除指定表中的所有数据，因此也称其为清除表数据语句。

语法格式：

```
TRUNCATE TABLE  tb_name
```

说明：

这里的 tb_name 为所要删除数据的表名。由于 TRUNCATE TABLE 语句将删除表中的所有数据，且无法恢复，因此使用时必须十分当心。

使用 TRUNCATE TABLE 删除了指定表中的所有行，但表的结构及列、约束、索引等保持不变，而新行标识所用的计数值重置为该列的初始值。如果想保留标识计数值，则要使用 DELETE 语句。

TRUNCATE TABLE 在功能上与不带 WHERE 子句的 DELETE 语句相同，二者均删除表中的全部行，但 TRUNCATE TABLE 比 DELETE 速度快，且使用的系统和事务日志资源少。DELETE 语句每次删除一行，并在事务日志中为所删除的每行记录一项。而 TRUNCATE TABLE 是通过释放存储表数据所用的数据页来删除数据的，并且只在事务日志中记录页的释放。

3.5.3 修改记录

在 T-SQL 中，UPDATE 语句可以用来修改表中的数据行。

语法格式：

```
[ WITH <common_table_expression> [,…n ] ]
UPDATE  [ TOP ( expression ) [ PERCENT ] ]
{     table_name  WITH ( <table_hint_limited> [,…n ] )        /*修改表数据*/
    | view_name                               /*修改视图数据*/
    | rowset_function_limited          /*可以是 OPENQUERY 或 OPENROWSET 函数*/
}
SET                                   /*赋予新值*/
{     column_name= { expression | DEFAULT | NULL }        /*为列重新指定值*/
    | @variable= expression     /*指定变量的新值*/
    | @variable= column= expression     /*指定列和变量的新值*/
}[,…n]
{  {[ FROM {< table_source> }[,…n]]
    [ WHERE < search_condition> ]                /*指定条件*/
    }
    |[ WHERE  CURRENT OF                /*游标*/
      { {[GLOBAL] cursor_name} | cursor_variable_name}]
}
[OPTION(<query_hint> [,…n])]          /*使用优化程序*/
```

- SET 子句：用于指定要修改的列或变量名及其新值，共有以下三种可能情况。

（1）column_name{ expression | DEFAULT | NULL }：将指定的列值改变为所指定的值。

（2）@variable=expression ：将变量的值改变为表达式的值。@variable 为已声明的变量，expression 为表达式。

（3）@variable=column=expression：将变量和列的值改变为表达式的值。

- FROM 子句：指定用表来为更新操作提供数据。

● WHERE 子句：WHERE 子句中的＜search_condition＞指明只对满足条件的行进行修改，若省略该子句，则对表中的所有行进行修改。

【例 3-15】 将 PXSCJ 数据库的表 XSB 中"学号"为"081102"的学生的"备注"值改为"三好生"。

```
USE PXSCJ
GO
UPDATE XSB
    SET Remark= '三好生'
    WHERE StudentId= '081102'
GO
```

在对象资源管理器窗口中打开表 XSB，可以发现表中"学号"为"081102"的行的"备注"字段值已被修改，如图 3-16 所示。

	StudentId	Sname	Speciality	Sex	Birthday	Total	Remark
1	081102	王熙凤	计算机	女	1990-01-13 00:00:00.000	30	三好生
2	081103	李鹏	计算机	男	1991-05-16 00:00:00.000	130	NULL
3	081104	马其顿	通信工程	男	1989-02-26 00:00:00.000	51	NULL
4	081106	王红	计算机	女	1989-08-12 00:00:00.000	70	NULL
5	081115	刘明仪	计算机	男	1998-03-02 00:00:00.000	50	NULL

图 3-16 修改数据以后的表

【例 3-16】 将表 XSB 中的所有学生的"总学分"都增加 10。将"姓名"为"王红"的同学的"专业"改为"软件工程"，"备注"改为"提前修完学分"，"学号"改为"081101"。

```
USE PXSCJ
GO
UPDATE XSB
    SET Total= Total + 10
GO
UPDATE XSB
    SET Speciality= '软件工程',
        Remark= '提前修完学分',
        StudentId= '081101'
    WHERE Sname= '王红'
GO
SELECT *  FROM XSB
GO
```

执行结果如图 3-17 所示。

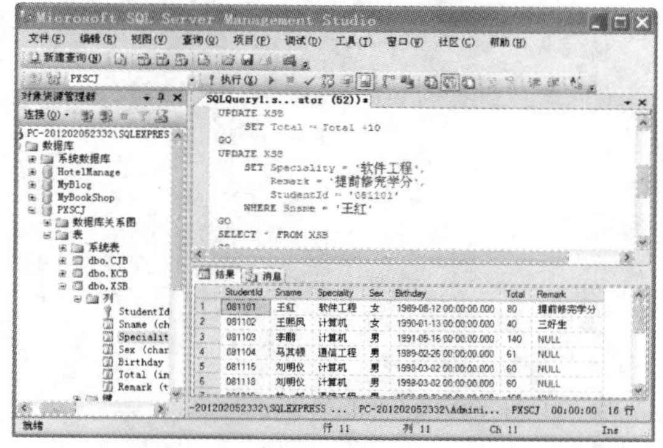

图 3-17 执行结果(例 3-16)

注意:若 UPDATE 语句中未使用 WHERE 子句限定范围,UPDATE 语句将更新表中的所有行。使用 UPDATE 可以一次更新多列的值,这样可以提高效率。

习　　题

1. SQL Server 的系统数据类型有哪些?

2. 简要说明空值的概念及其作用。

3. 写出创建产品数据库 CPXS 中的所有表的 T-SQL 语句,包含的表如下:

产品表:产品编号,产品名称,价格,库存量

销售商表:客户编号,客户名称,地区,负责人,电话

产品销售表:销售日期,产品编号,客户编号,数量,销售额

4. 在上题所创建的 CPXS 数据库的产品表中增加“产品简介”列,之后再删除该列。

5. 写出对产品数据库产品表进行如下操作的 T-SQL 语句。

(1) 插入如下记录:

0001	空调	3000	200
0023	冰箱	1800	100
0218	彩电	6900	90

(2) 将产品数据库的产品表中的每种商品的价格打 8 折。

(3) 将产品数据库的产品表中的价格打 8 折后小于 50 的商品删除。

6. 试说明 PRIMARY KEY 约束与 UNIQUE 约束的异同点。

7. 试说明数据完整性的含义与分类。

8. 试说明规则与 CHECK 约束的不同之处。

第4章 数据库查询和视图

在数据库应用中,最常用的操作是查询,它是数据库的其他操作(如统计、插入、删除及修改)的基础。在 SQL Server 2008 中,对数据库的查询使用 SELECT 语句。SELECT 语句的功能非常强大,使用起来也很灵活。本章重点讨论利用该语句对数据库进行各种查询的方法。

4.1 关系运算

4.1.1 选择

选择是单目运算,其运算对象是一个表。该运算按给定的条件,从表中选出满足条件的行形成一个新表作为运算结果。

选择运算的记号为 $\sigma_F(R)$。其中 σ 是选择运算符,下标 F 是一个条件表达式,R 是被操作的表。

例如,要从 T 表(见表 4-1)中找出表中 T1<20 的行形成一个新表,其运算式为 $\sigma_F(T)$。

表 4-1 T 表

T1	T2	T3	T4	T5
1	A1	3	3	M
2	B1	2	0	N
3	A2	12	12	O
5	D	10	24	P
20	F	1	4	Q
100	A3	2	8	N

式 $\sigma_F(T)$中 F 为 T1<20,该选择运算的结果如表 4-2 所示。

表 4-2 $\sigma_F(T)$

T1	T2	T3	T4	T5
1	A1	3	3	M
2	B1	2	0	N
3	A2	12	12	O
5	D	10	24	P

4.1.2 投影

投影也是单目运算,该运算从表中选出指定的属性值组成一个新表,记为 ΠA(R)。其中，A 是属性名（即列名）表，R 是表名。

例如，在 T 表中对 T1、T2 和 T5 投影，运算式为

$$\Pi T1,T2,T5(T)$$

该运算得到表 4-3 所示的新表。

表 4-3　ΠT1,T2,T5(T)

T1	T2	T5	T1	T2	T5
1	A1	M	3	A2	O
2	B1	N	5	D	P

4.1.3　连接

连接是把两个表中的行按照给定的条件进行拼接而形成新表，记为$R\underset{F}{\bowtie}S$。其中，R、S 是被操作的表，F 是条件。

例如，若 A 表和 B 表分别如表 4-4 和表 4-5 所示，则$R\underset{F}{\bowtie}S$如表 4-6 所示，其中 F 为 T1=T3。

表 4-4　A 表

T1	T2	T1	T2	T1	T2
1	A	6	F	2	B

表 4-5　B 表

T3	T4	T5	T3	T4	T5
1	3	M	2	0	N

表 4-6　$R\underset{F}{\bowtie}S$

T1	T2	T3	T4	T5
1	A	1	3	M
2	B	2	0	N

两个表连接最常用的条件是两个表的某些列值相等，这样的连接称为等值连接，上面的例子就是等值连接。

数据库应用中最常用的是自然连接。进行自然连接运算要求两个表有共同属性（列），自然连接运算的结果表是在参与操作两个表的共同属性上进行等值连接后再去除重复的属性后所得的新表。自然连接运算记为$R\bowtie S$，其中 R 和 S 是参与运算的两个表。

例如，若 A 表和 B 表分别如表 4-7 和表 4-8 所示，则$A\bowtie B$如表 4-9 所示。

表 4-7　A 表

T1	T2	T3	T1	T2	T3	T1	T2	T3
10	A1	B1	5	A1	C2	20	D2	C2

表 4-8　B 表

T1	T4	T5	T6
1	100	A1	D1
100	2	B2	C1
20	0	A2	D1
5	10	A2	C2

表 4-9　A ⋈ B

T1	T2	T3	T4	T5	T6
5	A1	C2	10	A2	C2
20	D2	C2	0	A2	D1

在实际的数据库管理系统中，对表的连接大多是自然连接，所以自然连接也简称连接。本书中若不特别指明，名词“连接”均指自然连接，而普通的连接运算则是按条件连接进行的。

 4.2　数据库的查询

用户登录到 SQL Server 后，即被指定一个缺省数据库，通常是 master 数据库。使用 USE database_name 语句可以选择当前要操作的数据库，其中 database_name 是要作为当前数据库的名字。

例如，要选择 PXSCJ 为当前数据库，可以使用如下语句实现：

```
USE PXSCJ
GO
```

选择了当前数据库后，若对操作的数据库对象加以限定，则其后的命令均是针对当前数据库中的表或视图等进行的。

下面介绍 SELECT 语句，它是 T-SQL 的核心。

语法格式：

```
[ WITH < common_table_expression> ]          /*指定临时命名的结果集*/
SELECT  [ ALL | DISTINCT ]
        [ TOP expression [ PERCENT ] [ WITH TIES ] ]
    < select_list>            /*指定要选择的列及其限定*/
[ INTO new_table ]           /*INTO 子句，指定结果存入新表*/
[ FROM table_source ]            /*FROM 子句，指定表或视图*/
[ WHERE search_condition ]           /*WHERE 子句，指定查询条件*/
[ GROUP BY group_by_expression]           /*GROUP BY 子句，指定分组表达式*/
[ HAVING search_condition]          /*HAVING 子句，指定分组统计条件*/
[ ORDER BY order_expression [ ASC | DESC ] ] /*ORDER BY 子句，指定排序表达式和顺序*/
```

说明：

- 这是最基本的语法，是对单个表的查询。
- SELECT 后接要筛选的字段名，多个字段之间用逗号分隔。
- WHERE 条件部分是可选的，如果筛选的记录有条件就加，并且可以由多个条件组合查询，多个条件之间根据需要用逻辑运算符 AND 和 OR 连接。

● ORDER BY 关键字可选，排序默认是按照升序的即 ASC 关键字，也可以省略。如果要按降序排列，需明确使用 DESC 关键字。排序可以按照多个字段进行。

4.2.1 选择列

通过 SELECT 语句的<select_list> 项组成结果表的列。

语法格式：

```
<select_list> ::=
{
    *       /*选择当前表或视图的所有列*/
    | { table_name | view_name | table_alias }.*      /*选择指定的表或视图的所有列*/
    | { column_name | [ ] expression | $ IDENTITY | $ ROWGUID }
                                    /*选择指定的列*/
[ [ AS ] column_alias ]                  /*AS 子句,定义列别名*/
| udt_column_name [ { . | :: } { { property_name | field_name } | method_name
(argument [,…n] ) } ]
                        /*选择用户定义的数据类型的属性、方法和字段*/
    | column_alias= expression       /*选择指定列并更改列标题*/
} [,…n ]
```

1. 选择所有列

使用"＊"表示选择一个表或视图中的所有列。

【例 4-1】 查询 PXSCJ 数据库的表 XSB 中的所有数据。

在查询分析器窗口中执行如下语句：

```
USE PXSCJ
GO
SELECT *
    FROM XSB
GO
```

执行完后 SQL Server Management Studio 的结果窗口中将显示表 XSB 中的所有数据，如图 4-1 所示。

StudentId	Sname	Speciality	Sex	Birthday	Total	Remark
081102	王熙凤	计算机	女	1990-01-13 00:...	30	NULL
081103	李鹏	计算机	男	1991-05-16 00:...	130	NULL
081104	马其顿	通信工程	男	1989-02-26 00:...	51	NULL
081106	王红	计算机	女	1989-08-12 00:...	70	NULL
081101	刘明仪	计算机	男	1998-03-02 00:...	50	NULL
081210	林一帆	通信工程	男	1990-06-23 00:...	90	NULL
091201	刘英	软件工程	女	1990-03-05 00:...	50	NULL
091305	王熙凤	软件工程	女	1990-08-12 00:...	190	中共党员
091406	方方	计算机	女	1990-04-12 00:...	90	
091407	李瑞环	计算机	男	1990-07-26 00:...	99	
091408	王牌	计算机	男	1990-08-23 00:...	89	

图 4-1 执行结果(例 4-1)

用 * 号代替所有的字段名可以节省很多代码，但是在实际应用中根据需要筛选必要的字段就可以了，否则返回所有的字段会占用网络资源，使效率降低。

2. 选择一个表中指定的列

使用 SELECT 语句选择一个表中的某些列，各列名之间要以逗号分隔。

【例 4-2】 查询 PXSCJ 数据库的表 XSB 中各个同学的姓名、专业和总学分。

```
USE  PXSCJ
GO
SELECT Sname,Speciality,Total
    FROM XSB
GO
```

该语句的执行结果如图 4-2 所示。

3. 查询中使用别名

数据库中表结构字段都用拼音或英文，但是用户期望看到的结果是用中文来表示字段名，这可以通过别名来解决。

【例 4-3】 用中文列名来显示学生信息。

方法一　用 AS 关键字

```
SELECT StudentId AS '学号',Sname AS '姓名',Sex AS '性别'
    FROM XSB
    WHERE Speciality='计算机'
```

该语句的执行结果如图 4-3 所示。

方法二　用空格

```
SELECT StudentId  '学号',Sname  '姓名',Sex  '性别'
    FROM XSB
    WHERE Speciality='计算机'
```

该语句的执行结果如图 4-4 所示。

Sname	Speciality	Total
刘明仪	计算机	50
王熙凤	计算机	30
李鹏	计算机	130
马其顿	通信工程	51
王红	计算机	70
林一帆	通信工程	90
刘英	软件工程	50
王熙凤	软件工程	190
方方	计算机	90
李瑞环	计算机	99
王牌	计算机	89

图 4-2　执行结果(例 4-2)

学号	姓名	性别
081101	刘明仪	男
081102	王熙凤	女
081103	李鹏	男
081106	王红	女
091406	方方	女
091407	李瑞环	男
091408	王牌	男

图 4-3　执行结果(方法一)

学号	姓名	性别
081101	刘明仪	男
081102	王熙凤	女
081103	李鹏	男
081106	王红	女
091406	方方	女
091407	李瑞环	男
091408	王牌	男

图 4-4　执行结果(方法二)

方法三　用＝号

```
SELECT '学号'= StudentId,'姓名'= Sname,'性别'= Sex
    FROM XSB
    WHERE Speciality='计算机'
```

该语句的执行结果如图 4-5 所示。

4. 替换查询结果中的数据

在对表进行查询时，有时对所查询的某些列希望得到的是一种概念而不是具体的数据。例如查询表 XSB 的总学分，所希望知道的是学习的总体情况，这时就可以用等级来替换总学分的具体数字。

要替换查询结果中的数据，则要使用查询中的 CASE 表达式，格式为：

```
CASE
  WHEN 条件 1 THEN 表达式 1
  WHEN 条件 2 THEN 表达式 2
     ⋮
  ELSE 表达式
  END
```

【例 4-4】 查询表 XSB 中计算机系各同学的学号、姓名和总学分，对其总学分按以下规则进行替换：若总学分为空值，替换为“尚未选课”；若总学分小于 50，替换为“不及格”；若总学分在 50 与 52 之间，替换为“合格”；若总学分大于 52，替换为“优秀”。列标题更改为“等级”。

```
USE PXSCJ
GO
SELECT StudentId AS 学号,Sname AS 姓名,等级=
    CASE
      WHEN Total IS NULL THEN '尚未选课'
      WHEN Total < 50 THEN '不及格'
      WHEN Total> = 50 and Total < = 52 THEN '合格'
      ELSE '优秀'
    END
    FROM  XSB
    WHERE Speciality='计算机'
GO
```

该语句的执行结果如图 4-6 所示。

学号	姓名	性别
081101	刘明仪	男
081102	王熙凤	女
081103	李鹏	男
081106	王红	女
091406	方方	女
091407	李瑞环	男
091408	王牌	男

图 4-5　执行结果(方法三)

学号	姓名	等级
081101	刘明仪	合格
081102	王熙凤	不及格
081103	李鹏	优秀
081106	王红	优秀
091406	方方	优秀
091407	李瑞环	优秀
091408	王牌	优秀

图 4-6　执行结果(例 4-4)

5. 计算列值

使用 SELECT 对列进行查询时，在结果中可以输出对列值计算后的值，即 SELECT 子句可使用表达式作为结果，格式为：

```
SELECT expression [,expression ]
```

【例 4-5】 按 120 分制计算成绩并显示学号为 081101 的学生的成绩情况。

```
USE PXSCJ
GO
SELECT StudentId,CourseId,Grade120= Grade * 1.20
  FROM CJB
  WHERE StudentId='081101'
```

StudentId	CourseId	Grade120
081101	101	108.00
081101	206	72.00
081101	210	84.00

图 4-7 执行结果(例 4-5)

该语句的执行结果如图 4-7 所示。

计算列值使用算术运算符+(加)、-(减)、*(乘)、/(除)和%(取余),其中:算术运算符(+、-、*、/)可以用任何数据类型的列,包括 int、tinyint、smallint、decimal、numeric、float、real、money 和 smallmoney;%可以用于上述除 money 和 smallmoney 以外的数据类型的列。

6. 消除结果集中的重复行

对表只选择其中某些列时,可能会出现重复行。例如,若对 PXSCJ 数据库的表 XSB 只选择专业名和总学分,则会出现多行重复的情况。可以使用 DISTINCT 关键字消除结果集中的重复行,其格式是:

```
SELECT  DISTINCT | ALL  column_name [,column_name,…]
```

关键字 DISTINCT 的含义是对结果集中的重复行只选择一个,保证行的唯一性。

【例 4-6】 查看所有参加了考试的学生学号。

```
SELECT StudentId AS '学号'
FROM CJB
```

查询结果如图 4-8 所示,可以看出有很多重复行。

```
SELECT DISTINCT  StudentId AS '学号'
FROM CJB
```

结果如图 4-9 所示,重复已经被过滤。

7. 限制结果集的返回行数

如果 SELECT 语句返回的结果集的行数非常多,可以使用 TOP 选项限制其返回的行数。TOP 选项的基本格式为:

```
[ TOP expression [ PERCENT ] [ WITH TIES ] ]
```

指示只能从查询结果集返回指定的第一组行或指定的百分比数目的行。expression 可以是指定数目或百分比数目的行。若带 PERCENT 关键字,则表示返回结果集的前 expression%行。TOP 子句可以用于 SELECT、INSERT、UPDATE 和 DELETE 语句中。

【例 4-7】 对 PXSCJ 数据库的表 XSB 选择姓名、专业和总学分,只返回结果集的前 6 行。

```
SELECT TOP 6 Sname,Speciality,Total
   FROM XSB
```

该语句的执行结果如图 4-10 所示。

	学号
1	081106
2	081106
3	081106
4	081102
5	081102
6	081103
7	081103
8	081104
9	081104

图4-8 查询结果(有重复行)

	学号
1	081102
2	081103
3	081104
4	081106

图 4-9 执行结果(无重复行)

Sname	Speciality	Total
刘明仪	计算机	50
王熙凤	计算机	30
李鹏	计算机	130
马其顿	通信工程	51
王红	计算机	70
林一帆	通信工程	90

图 4-10 执行结果(例 4-7)

8. 聚合函数

SELECT 子句中的表达式还可以包含聚合函数。聚合函数常常用于对一组值进行计算，然后返回单个值。聚合函数通常与 GROUP BY 子句一起使用。如果一个 SELECT 语句中有一个 GROUP BY 子句，则这个聚合函数对所有列起作用；如果没有，则 SELECT 语句只产生一行作为结果。SQL Server 2008 所提供的聚合函数列于表 4-10 中。

表 4-10 聚合函数表

函数名	说明
AVG	求组中值的平均值
BINARY_CHECKSUM	返回对表中的行或表达式列表计算的二进制校验值，可用于检测表中行的更改
CHECKSUM	返回在表的行上或在表达式列表上计算的校验值，用于生成哈希索引
CHECKSUM_AGG	返回组中值的校验值
COUNT	求组中项数，返回 int 类型整数
COUNT_BIG	求组中项数，返回 bigint 类型整数
GROUPING	产生一个附加的列
MAX	求最大值
MIN	求最小值
SUM	返回表达式中所有值的和
STDEV	返回给定表达式中所有值的统计标准偏差
STDEVP	返回给定表达式中所有值的填充统计标准偏差
VAR	返回给定表达式中所有值的统计方差
VARP	返回给定表达式中所有值的填充的统计方差

1）SUM 和 AVG

SUM 与 AVG 分别用于求表达式中所有值项的总和与平均值，语法格式为：

```
SUM/AVG([ALL|DISTINCT] expression)
```

其中：expression 是常量、列、函数或表达式，其数据类型只能是 int、smallint、tinyint、bigint、numeric、float、real、money 和 smallmoney；ALL 表示对所有值进行运算；DISTINCT 表示去除重复值，缺省为 ALL；SUM/AVG 忽略 NULL 值。

【例 4-8】 统计全班的总分。

```
SELECT SUM (Grade) '总分'
  FROM CJB
```

【例 4-9】 求全班的平均成绩。

```
SELECT AVG(Grade) AS '平均成绩'
  FROM CJB
```

使用聚合函数作为 SELECT 的选择列时，若不为其指定列标题，则系统将对该列输出标题"（无列名）"。

2）MAX 和 MIN

MAX 和 MIN 分别用于求表达式中所有值项的最大值和最小值，语法格式为：

```
MAX/MIN([ALL|DISTINCT] expression)
```

其中:expression 是常量、列、日期时间类型,其数据类型可以是数字、字符;ALL 表示对所有值进行运算;DISTINCT 表示去除重复值,缺省为 ALL。MAX/MIN 忽略 NULL 值。

【例 4-10】 求全班的最高分和最低分。

```
SELECT MAX(Grade) AS '最高分',MIN(Grade) AS '最低分'
  FROM CJB
```

3) COUNT

COUNT 用于统计组中满足条件的行数或总行数,语法格式为:

```
COUNT({[ALL|DISTINCT] expression}|* )
```

其中:expression 是一个表达式,其数据类型是除 uniqueidentifier、text、image 或 ntext 之外的任何类型;ALL 表示对所有值进行运算;DISTINCT 表示去除重复值,缺省为 ALL。COUNT 忽略 NULL 值。

【例 4-11】 统计全班的学生人数。

```
SELECT COUNT(* ) '总人数'
  FROM XSB
```

【例 4-12】 统计参加考试科目"101"的人数。

```
SELECT COUNT(StudentId) '人数'
  FROM CJB
  WHERE CourseId='101'
```

或

```
SELECT COUNT(* ) '人数'
  FROM CJB
  WHERE CourseId='101'
```

4.2.2 WHERE 子句

在 SQL Server 中,选择行是通过在 SELECT 语句中 WHERE 子句指定选择的条件来实现的。这一节将详细讨论 WHERE 子句中查询条件的构成。WHERE 子句必须紧跟 FROM 子句之后,其基本格式为:

```
WHERE < search_condition>
```

其中 search_condition 为查询条件。

```
< search_condition> ::=
  { [ NOT ] < predicate> | (< search_condition> ) }
  [ { AND | OR } [ NOT ] { < predicate> | (< search_condition> ) } ]
[,…n ]
```

其中,<predicate>为判定运算,结果为 TRUE、FALSE 或 UNKNOWN。NOT 表示对判定的结果取反;AND 用于组合两个条件,两个条件都为 TRUE 时值才为 TRUE;OR 也用于组合两个条件,两个条件有一个条件为 TRUE 时值就为 TRUE。

```
< predicate> ::=
{
  expression {= | < | < = |> |> = | < > | ! = | ! < | ! > } expression        /*比较运算*/
  | match_expression [ NOT ] LIKE pattern [ ESCAPE escape_character ]        /*字符串模式匹配*/
  | expression [ NOT ] BETWEEN expression AND expression        /*指定范围*/
```

```
    | expression IS [ NOT ] NULL          /*是否空值判断*/
    | CONTAINS ( { column | *  },'< contains_search_condition> ')    /*包含式查询*/
    | FREETEXT ({ column | *  },'freetext_string')         /*自由式查询*/
    | expression [ NOT ] IN ( subquery | expression [,…n] )        /*IN子句*/
    | expression {= | < | < = |>  |> = | < >  | ! = | ! < | ! >  } { ALL | SOME | ANY } (
subquery )          /*比较子查询*/
    | EXIST ( subquery )/*EXIST子查询*/
  }
```

1. 表达式比较

比较运算符用于比较两个表达式值，共有9个，分别是：=(等于)、<(小于)、<=(小于等于)、>(大于)、>=(大于等于)、<>(不等于)、! =(不等于)、! <(不小于)、! >(不大于)。比较运算的格式为：

```
expression {= | < | < = |>  |> = | < >  | ! = | ! < | ! >  } expression
```

其中 expression 是除 text、ntext 和 image 以外类型的表达式。

当两个表达式值均不为空值(NULL)时，比较运算返回逻辑值 TRUE(真)或 FALSE(假)。而当两个表达式值中有一个为空值或都为空值时，比较运算将返回 UNKNOWN。

【例 4-13】 查询 PXSCJ 数据库表 XSB 中学号为 081101 的同学的情况。

```
USE PXSCJ
GO
SELECT Sname,StudentId,Total
  FROM XSB
  WHERE StudentId='081101'
```

执行结果如图 4-11 所示。

Sname	StudentId	Total
刘明仪	081101	50

图 4-11 执行结果(例 4-13)

Sname	StudentId	Birthday	Total
李鹏	081103	1991-05-16 00:00:00.000	130
马其顿	081104	1989-02-26 00:00:00.000	51
王红	081106	1989-08-12 00:00:00.000	70
林一帆	081210	1990-06-23 00:00:00.000	90
王熙凤	091305	1990-08-12 00:00:00.000	190
方方	091406	1990-04-12 00:00:00.000	90
李瑞环	091407	1990-07-26 00:00:00.000	99
王牌	091408	1990-08-23 00:00:00.000	89

图 4-12 执行结果(例 4-14)

【例 4-14】 查询表 XSB 中总学分大于 50 的同学的情况。

```
SELECT Sname,StudentId,Birthday,Total
  FROM XSB
  WHERE Total> 50
```


执行结果如图 4-12 所示。

【例 4-15】 查询表 XSB 中通信工程专业总学分大于等于 42 的同学的情况。

```
USE PXSCJ
GO
SELECT *
  FROM  XSB
  WHERE Speciality='通信工程'  AND Total> = 42
```

执行结果如图 4-13 所示。

StudentId	Sname	Speciality	Sex	Birthday	Total	Remark
081104	马其顿	通信工程	男	1989-02-26 00:00:00.000	51	NULL
081210	林一帆	通信工程	男	1990-06-23 00:00:00.000	90	NULL

图 4-13　执行结果(例 4-15)

2. 模式匹配

LIKE 谓词用于指出一个字符串是否与指定的字符串相匹配，其运算对象可以是 char、varchar、text、ntext、datetime 和 smalldatetime 类型的数据，返回逻辑值 TRUE 或 FALSE。LIKE 谓词表达式的格式为：

```
match_expression [ NOT ] LIKE pattern [ ESCAPE escape_character ]
```

说明：

- match_expression：匹配表达式，一般为字符串表达式，在查询语句中可以是列名。
- pattern：在 match_expression 中的搜索模式串。在搜索模式串中可以使用通配符，表 4-11 列出了 LIKE 谓词可以使用的通配符及其说明。

表 4-11　LIKE 谓词可以使用的通配符列表

通配符	说明
%	代表 0 个或多个字符
_(下划线)	代表单个字符
[ ]	指定范围(如[a—f]、[0—9])或集合(如[abcdef])中的任何单个字符
[^]	指定不属于范围(如 [^a—f]、[^0—9])或集合(如[^abcdef])的任何单个字符

- escape_character：转义字符，应为有效的 SQL Server 字符，escape_character 没有默认值，且必须为单个字符。当模式串中含有与通配符相同的字符时，此时应通过该字符前的转义字符指明其为模式串中的一个匹配字符。使用关键字 ESCAPE 可指定转义符。
- NOT LIKE：NOT LIKE 与 LIKE 的作用相反。

使用带%通配符的 LIKE 时，若使用 LIKE 进行字符串比较，模式字符串中的所有字符都有意义，包括起始或尾随空格。

【例 4-16】　查询表 XSB 中姓“王”且名字是一个字的学生情况。

```
SELECT  *
  FROM XSB
  WHERE Sname LIKE '王_'
```

执行结果如图 4-14 所示。

【例 4-17】　查询表 XSB 中学号中倒数第 3 个数字为 1 且倒数第 1 个数字在 1 到 5 之间的学生学号、姓名及专业。

```
SELECT StudentId,Sname,Speciality
   FROM XSB
   WHERE StudentId LIKE '% 1_[12345]'
```

执行结果如图 4-15 所示。

StudentId	Sname	Speciality	Sex	Birthday	Total	Remark
081106	王红	计算机	女	1989-08-12 00:00:00.000	70	NULL
091408	王牌	计算机	男	1990-08-23 00:00:00.000	89	

图 4-14 执行结果(例 4-16)

StudentId	Sname	Speciality
081101	刘明仪	计算机
081102	王熙凤	计算机
081103	李鹏	计算机
081104	马其顿	通信工程

图 4-15 执行结果(例 4-17)

3. 范围比较

用于范围比较的关键字有两个：BETWEEN 和 IN。当要查询的条件是某个值的范围时，可以使用 BETWEEN 关键字。BETWEEN 关键字指出查询范围，格式为：

```
expression [ NOT ] BETWEEN expression1 AND expression2
```

当不使用 NOT 时，若表达式 expression 的值在表达式 expression1 与 expression2 之间(包括这两个值)，则返回 TRUE，否则返回 FALSE；当使用 NOT 时，返回值刚好相反。

注意：expression1 的值不能大于 expression2 的值。

使用 IN 关键字可以指定一个值表，值表中列出所有可能的值，当与值表中的任一个匹配时，即返回 TRUE，否则返回 FALSE。使用 IN 关键字指定值表的格式为：

```
expression IN ( expression [,…n])
```

【例 4-18】 查询表 XSB 中不在 1989 年出生的学生的情况。

```
SELECT  StudentId,Sname,Speciality,Birthday
   FROM XSB
   WHERE Birthday NOT BETWEEN '1989- 1- 1' and '1989- 12- 31'
```

执行结果如图 4-16 所示。

StudentId	Sname	Speciality	Birthday
081101	刘明仪	计算机	1998-03-02 00:00:00.000
081102	王熙凤	计算机	1990-01-13 00:00:00.000
081103	李鹏	计算机	1991-05-16 00:00:00.000
081210	林一帆	通信工程	1990-06-23 00:00:00.000
091201	刘英	软件工程	1990-03-05 00:00:00.000
091305	王熙凤	软件工程	1990-08-12 00:00:00.000
091406	方方	计算机	1990-04-12 00:00:00.000
091407	李瑞环	计算机	1990-07-26 00:00:00.000
091408	王牌	计算机	1990-08-23 00:00:00.000

图 4-16 执行结果(例 4-18)

StudentId	Sname	Speciality	Sex	Birthday	Total	Remark
081101	刘明仪	计算机	男	1998-03-02 00:00:00.000	50	NULL
081102	王熙凤	计算机	女	1990-01-13 00:00:00.000	30	NULL
081103	李鹏	计算机	男	1991-05-16 00:00:00.000	130	NULL
081104	马其顿	通信工程	男	1989-02-26 00:00:00.000	51	NULL
081106	王红	计算机	女	1989-08-12 00:00:00.000	70	NULL
081210	林一帆	通信工程	男	1990-06-23 00:00:00.000	90	NULL
091406	方方	计算机	女	1990-04-12 00:00:00.000	90	
091407	李瑞环	计算机	男	1990-07-26 00:00:00.000	99	
091408	王牌	计算机	男	1990-08-23 00:00:00.000	89	

图 4-17 执行结果(例 4-19)

【例 4-19】 查询表 XSB 中专业为“计算机”或“通信工程”或“无线电”的学生的情况。

```
SELECT  *
  FROM XSB
  WHERE Speciality IN ('计算机','通信工程','无线电')
```

该语句与下列语句等价：

```
SELECT  *
  FROM  XSB
  WHERE Speciality='计算机' or Speciality='通信工程' or Speciality='无线电'
```

执行结果如图 4-17 所示。

4. 空值比较

当需要判定一个表达式的值是否为空值时，使用 IS NULL 关键字，其格式为：

```
expression IS [ NOT ] NULL
```

当不使用 NOT 时，若表达式 expression 的值为空值，返回 TRUE，否则返回 FALSE；当使用 NOT 时，结果刚好相反。

【例 4-20】 查询总学分尚不定的学生情况。

```
SELECT  *
  FROM  XSB
  WHERE Total IS NULL
```

查找总学分为空的学生，结果为空。

5. 子查询

查询条件中可以使用另一个查询的结果作为条件的一部分，例如判定列值是否与某个查询的结果集中的值相等。作为查询条件一部分的查询称为子查询。

T-SQL 允许 SELECT 多层嵌套使用，用来表示复杂的查询。子查询除了可以用在 SELECT 语句中，还可以用在 INSERT、UPDATE 及 DELETE 语句中。子查询通常与 IN、EXIST 谓词及比较运算符结合使用。

1) IN 子查询

IN 子查询用于进行一个给定值是否在子查询结果集中的判断，格式为：

```
expression [ NOT ] IN  ( subquery )
```

其中 subquery 是子查询。当表达式 expression 与子查询 subquery 的结果表中的某个值相等时，IN 谓词返回 TRUE，否则返回 FALSE；若使用了 NOT，则返回的值刚好相反。

【例 4-21】 查找选修了课程号为“206”的课程的学生的情况。

在 SQL Server Management Studio 中新建查询，并在查询分析器窗口中输入查询脚本如下：

```
USE  PXSCJ
GO
SELECT *
  FROM  XSB
  WHERE StudentId IN
          ( SELECT StudentId
              FROM CJB
              WHERE CourseId='206')
```

执行结果如图 4-18 所示。

StudentId	Sname	Speciality	Sex	Birthday	Total	Remark
081101	刘明仪	计算机	男	1998-03-02 00:00:00.000	50	NULL
081104	马其顿	通信工程	男	1989-02-26 00:00:00.000	51	NULL

图 4-18 执行结果(例 4-21)

在执行包含子查询的 SELECT 语句中，系统先执行子查询，产生一个结果集，再执行查询。在例 4-21 中，先执行括号里面的子查询：

```
SELECT StudentId
       FROM CJB
       WHERE CourseId='206'
```

得到一个只含有学号列的表，表 CJB 中的每个课程名列值为“206”的行在结果表中都有一行。再执行外查询，若表 XSB 中某行的学号列值等于子查询结果表中的任一个值，则该行就被选择。

【例 4-22】 查找未选修离散数学的学生的情况。

```
SELECT  *
  FROM  XSB
  WHERE StudentId NOT IN
    (
      SELECT StudentId
        FROM CJB
        WHERE CourseId IN
        (
            SELECT CourseId
              FROM KCB
              WHERE  CourseName='离散数学'
    )
      )
```

执行结果如图 4-19 所示。

2) 比较子查询

比较子查询可以认为是 IN 子查询的扩展，它使表达式的值与子查询的结果进行比较运算，格式为：

```
expression { < | < = |= |>  |> = | ! = | < >  | ! < | ! >  } { ALL | SOME | ANY } ( subquery )
```

其中 expression 为要进行比较的表达式，subquery 是子查询。ALL、SOME 和 ANY 说明对比较运算的限制。

ALL 指定表达式要与子查询结果集中的每个值都进行比较，当表达式与每个值都满足比较的关系时，才返回 TRUE，否则返回 FALSE。

SOME 或 ANY 表示表达式只要与子查询结果集中的某个值满足比较的关系，就返回 TRUE，否则返回 FALSE。

【例 4-23】 查找选修了离散数学的学生的学号。

```
SELECT StudentId AS 学号
  FROM CJB
    WHERE CourseId=
      (
          SELECT CourseId
            FROM KCB
            WHERE CourseName='离散数学'
      )
```

执行结果如图 4-20 所示。

StudentId	Sname	Speciality	Sex	Birthday	Total	Remark
081101	刘明仪	计算机	男	1998-03-02 00:00:00.000	50	NULL
081104	马其顿	通信工程	男	1989-02-26 00:00:00.000	51	NULL
081106	王红	计算机	女	1989-08-12 00:00:00.000	70	NULL
081210	林一帆	通信工程	男	1990-06-23 00:00:00.000	90	NULL
091201	刘英	软件工程	女	1990-03-05 00:00:00.000	50	NULL
091305	王熙凤	软件工程	女	1990-08-12 00:00:00.000	190	中共党员
091406	方方	计算机	女	1990-04-12 00:00:00.000	90	
091407	李瑞环	计算机	男	1990-07-26 00:00:00.000	99	
091408	王牌	计算机	男	1990-08-23 00:00:00.000	89	

图 4-19　执行结果(例 4-22)

学号
081102
081103

图 4-20　执行结果(例 4-23)

【例 4-24】 查找比所有计算机系的学生年龄都大的学生。

```
SELECT  *
FROM  XSB
WHERE Birthday < ALL
(
SELECT Birthday
   FROM XSB
   WHERE Speciality='计算机'
)
```

执行结果如图 4-21 所示。

StudentId	Sname	Speciality	Sex	Birthday	Total	Remark
081104	马其顿	通信工程	男	1989-02-26 00:00:00.000	51	NULL

图 4-21 执行结果(例 4-24)

StudentId
081104

图 4-22 执行结果(例 4-25)

【例 4-25】 查找课程号“206”的成绩不低于课程号“101”的最低成绩的学生的学号。

```
SELECT StudentId
  FROM  CJB
  WHERE CourseId='206'  AND Grade ! < ANY
  (
      SELECT Grade
          FROM  CJB
          WHERE CourseId='101'
  )
```

执行结果如图 4-22 所示。

3) EXISTS 子查询

EXISTS 谓词用于测试子查询的结果是否为空表,若子查询的结果集不为空,则 EXISTS 返回 TRUE,否则返回 FALSE。EXISTS 还可与 NOT 结合使用,即 NOT EXISTS,其返回值与 EXISTS 刚好相反。其格式为:

```
[ NOT ] EXISTS ( subquery )
```

【例 4-26】 查找选修“206”号课程的学生的姓名。

```
SELECT Sname AS 姓名
  FROM  XSB
  WHERE EXISTS
  (
    SELECT  *
      FROM  CJB
      WHERE StudentId= XSB. StudentId and CourseId='206'
  )
```

执行结果如图 4-23 所示。

	姓名
1	王林
2	程明
3	王燕
4	韦严平
5	李方方
6	李明
7	林一帆
8	张强民
9	张蔚
10	赵琳
11	严红

图 4-23 执行结果(例 4-26)

4.2.3 FROM 子句

前面介绍了如何使用 SELECT 子句选择列(行)及使用 WHERE 子句指定查询条件,本小节讨论 SELECT 查询的对象(即数据源)的构成形式。SELECT 的查询对象由 FROM 子句指定，其格式为：

```
[ FROM {< table_source> }[,…n] ]
```

其中 table_source 指出了要查询的表或视图。

```
< table_source> ::=
{
  table_or_view_name [[ AS ] table_alias ][ < tablesample_clause> ]
                                /*查询表或视图,可指定别名*/
     [ WITH (< table_hint> [[,]…n] ) ]
  | rowset_function [[ AS ] table_alias ]       /*行集函数*/
    [ (bulk_column_alias [,…n] ) ]
  | user_defined_function [[ AS ] table_alias ]       /*指定表值函数*/
  | OPENXML < openxml_clause>        /*XML 文档*/
  | derived_table [ AS ] table_alias [ (column_alias [,…n ] ) ]       /*子查询*/
  | < joined_table>        /*连接表*/
  | < pivoted_table>        /*将行转换为列*/
  | < unpivoted_table>        /*将列转换为行*/
}
```

1. table_or_view_name

table_or_view_name 指定 SELECT 语句要查询的表或视图，表和视图可以是一个或多个，有关视图的内容在后面章节中介绍。

【例 4-27】 查找“081101”号学生课程名为“计算机基础”的课程成绩。

```
SELECT Grade
  FROM CJB,KCB
  WHERE CJB.CourseId= KCB. CourseId
        AND StudentId='081101'
        AND CourseName='计算机基础'
```

2. rowset_function

主要的行集函数有 CONTAINSTABLE、FREETEXTTABLE、OPENDATASOURCE、OPENQUERY、OPENROWSET 和 OPENXML。

1）CONTAINSTABLE 函数

CONTAINSTABLE 函数与 CONTAINS 谓词相对应，用于对表进行全文查询，并且要求所查询的表上建立了全文索引。CONTAINSTABLE 函数的语法格式为：

```
CONTAINSTABLE(table,{column | column_list | *  },'< contains_search_condition
> '[,top_n_by_rank ] )
```

其中 table 是进行全文查询的表，column 指定被查询的列，column_list 可以指定多个列，* 指对所有列进行查询。contains_search_condition 与 CONTAINS 谓词中的搜索条件完全相同。

2）FREETEXTTABLE 函数

FREETEXTTABLE 函数与 FREETEXT 谓词相对应，它的使用与 CONTAINSTABLE 函数类似，其格式为：

```
FREETEXTTABLE ( table,{ column | column_list | *   },'freetext_string' [,top_
n_by_rank ] )
```

该函数使用与 FREETEXT 谓词相同的搜索条件。

3) OPENDATASOURCE 函数

OPENDATASOURCE 函数使用户连接到服务器。其格式为：

```
OPENDATASOURCE ( provider_name,init_string )
```

其中 provider_name 是注册为用于访问数据源 OLE DB 提供程序的 PROGID 的名称，init_string 是连接字符串，这些字符串将要传递给目标提供程序的 IDataInitialize 接口。

4) OPENQUERY 函数

OPENQUERY 函数在给定的链接服务器(一个 OLE DB 数据源)上执行指定的直接传递查询，返回查询的结果集。其格式为：

```
OPENQUERY ( linked_server,'query' )
```

其中 linked_server 为连接的服务器名，query 是查询命令串。

例如：

```
EXEC sp_addlinkedserver 'OSvr','Oracle 7.3','MSDAORA','ORCLDB'
GO
SELECT  *
  FROM  OPENQUERY(OSvr,'SELECT title,id FROM al.book')
GO
```

该例使用为 Oracle 提供的 OLE DB 对 Oracle 数据库创建了一个名为 Osvr 的连接服务器，然后对其进行检索。

5) OPENROWSET 函数

OPENROWSET 函数与 OPENQUERY 函数功能相同，只是语法格式不同。

6) OPENXML 函数

OPENXML 函数通过 XML 文档提供行集视图。

3. user_defined_function

user_defined_function 是表值函数。所谓表值函数就是返回一个表的用户自定义函数，有关用户自定义函数的内容在后面章节中介绍。

4. derived_table

子查询可以用在 FROM 子句中，derived_table 表示由子查询中 SELECT 语句的执行而返回的表，但必须使用 AS 关键字为子查询产生的中间表定义一个别名。

【例 4-28】 从表 XSB 中查找总学分大于 50 的男同学的姓名和学号。

```
SELECT Sname,StudentId,Total
  FROM  (  SELECT Sname,StudentId,Sex,Total
           FROM XSB
           WHERE Total> 50
    ) AS STUDENT
WHERE Sex= 1;
```

4.2.4 连接

连接是两元运算，可以对两个或多个表进行查询，结果通常是含有参加连接运算的两个表(或多个表)的指定列的表。例如，在 PXSCJ 数据库中需要查找选修了离散数学课程的学生的姓名和成绩，就需要将 XSB、KCB 和 CJB 三个表进行连接，才能查找到结果。

实际的应用中，在多数情况下，用户查询的列都来自多个表。例如，在学生成绩数据库中查询选修了某个课程号的课程的学生的姓名、该课的课程名和成绩，所需要的列来自XSB、KCB和CJB三个表。把涉及多个表的查询称为连接查询。

在T-SQL中，连接查询有两大类表示形式：一是符合SQL标准连接谓词表示形式，一是T-SQL扩展的使用关键字JOIN的表示形式。

1. 连接谓词

可以在SELECT语句的WHERE子句中使用比较运算符给出连接条件对表进行连接，将这种表示形式称为连接谓词表示形式。

【例4-29】 查找PXSCJ数据库中每个学生的情况以及选修的课程情况。

```
USE  PXSCJ
GO
SELECT XSB.* ,CJB.*
  FROM  XSB,CJB
  WHERE XSB.StudentId= CJB. StudentId
```

执行结果如图4-24所示。

StudentId	Sname	Speciality	Sex	Birthday	Total	Remark	GradeId	StudentId	CourseId	Grade
081101	刘明仪	计算机	男	1998-03-02 00:00:00.000	50	NULL	1	081101	101	90
081101	刘明仪	计算机	男	1998-03-02 00:00:00.000	50	NULL	2	081101	206	60
081101	刘明仪	计算机	男	1998-03-02 00:00:00.000	50	NULL	3	081101	210	70
081102	王熙凤	计算机	女	1990-01-13 00:00:00.000	30	NULL	4	081102	102	89
081102	王熙凤	计算机	女	1990-01-13 00:00:00.000	30	NULL	5	081102	208	96
081103	李鹏	计算机	男	1991-05-16 00:00:00.000	130	NULL	6	081103	102	78
081103	李鹏	计算机	男	1991-05-16 00:00:00.000	130	NULL	7	081103	208	85
081104	马其顿	通信工程	男	1989-02-26 00:00:00.000	51	NULL	8	081104	101	67
081104	马其顿	通信工程	男	1989-02-26 00:00:00.000	51	NULL	9	081104	206	90

图4-24 执行结果(例4-29)

【例4-30】 自然连接查询。

```
SELECT XSB.* ,CJB.CourseId,CJB.Grade
  FROM XSB,CJB
  WHERE XSB.StudentId= CJB. StudentId
```

本例所得的结果表包含以下字段：学号、姓名、性别、出生时间、专业、总学分、备注、课程号、成绩。

若选择的字段名在各个表中是唯一的，则可以省略字段名前的表名。如本例的SELECT语句也可写为：

```
SELECT XSB.* ,CourseId,Grade
FROM XSB,CJB
WHERE XSB. StudentId= CJB. StudentId
```

【例4-31】 查找选修了206课程且成绩在80分及以上的学生的姓名及成绩。

```
SELECT Sname AS 姓名,Grade AS 成绩
  FROM XSB,CJB
    WHERE XSB. StudentId= CJB. StudentId  AND CourseId='206' AND Grade> = 80
```

执行结果如图4-25所示。

【例 4-32】 查找选修了“计算机基础”课程且成绩在 80 分及以上的学生的学号、姓名、课程名及成绩。

```
SELECT XSB. StudentId AS 学号,Sname AS 姓名,CourseName AS 课程名,Grade AS 成绩
  FROM  XSB,KCB,CJB
  WHERE  XSB. StudentId= CJB. StudentId
    AND  KCB. CourseId= CJB. CourseId
    AND  CourseName='计算机基础'
    AND  Grade> = 80
```

执行结果如图 4-26 所示。

姓名	成绩
马其顿	90

图 4-25　执行结果(例 4-31)

学号	姓名	课程名	成绩
081101	刘明仪	计算机基础	90

图 4-26　执行结果(例 4-32)

注意: 连接和子查询可能都要涉及两个或多个表。要注意连接与子查询的区别:连接可以合并两个或多个表中的数据,而带子查询的 SELECT 语句的结果只能来自一个表,子查询的结果是用来作为选择结果数据时进行参照的。

2. 以 JOIN 关键字指定的连接

T-SQL 扩展了以 JOIN 关键字指定连接的表示形式,使表的连接运算能力有了增强。FROM 子句的<joined_table>表示将多个表连接起来。其格式如下:

```
< joined_table> ::=
{
   < table_source> < join_type> < table_source> ON < search_condition>
   | < table_source> CROSS JOIN < table_source>
   | left_table_source { CROSS | OUTER } APPLY right_table_source
   | [ ( ] < joined_table> [ ) ]
}
```

说明:

- <table_source>:准备要连接的表。
- <join_type>:表示要连接的类型。

<join_type>的格式为:

```
< join_type> ::=
[{INNER|{{LEFT|RIGHT|FULL}[OUTER]}}[< join_hint> ]]JOIN
```

其中,INNER 表示内连接,OUTER 表示外连接,<join_hint>是连接提示。

- ON:用于指定连接条件,<search_condition>为连接条件。
- APPLY 运算符:可以为实现查询操作的外部表表达式返回的每个行调用表值函数。left_table_source 为外部表值表达式,right_table_source 为表值函数。通过对 right_table_source 求值来获得 left_table_source 每一行的计算结果,生成的行被组合起来作为最终输出。APPLY 运算符生成的列的列表是 left_table_source 中的列集,后跟 right_table_source 返回的列的列表。CROSS APPLY 仅返回外部表中通过表值函数生成结果集的行;OUTER APPLY 既返回生成结果集的行,也返回不生成结果集的行。

- CROSS JOIN：表示交叉连接。

因此，以 JOIN 关键字指定的连接有三种：内连接、外连接、交叉连接。

1) 内连接

指定了 INNER 关键字的连接是内连接，内连接按照 ON 所指定的连接条件合并两个表，返回满足条件的行。

【例 4-33】 查找 PXSCJ 数据库中每个学生的情况以及选修的课程情况。

```
SELECT  *
  FROM  XSB  INNER  JOIN  CJB
    ON  XSB.StudentId= CJB. StudentId
```

【例 4-34】 用 FROM 子句的 JOIN 关键字表达下列查询：查找选修了 206 课程且成绩在 80 分及以上的学生的姓名及成绩。

```
SELECT Sname AS 姓名,Grade AS 成绩
  FROM XSB JOIN CJB
    ON XSB.StudentId= CJB. StudentId
  WHERE CourseId='206'  AND Grade> = 80
```

执行结果如图 4-27 所示。

姓名	成绩
马其顿	90

图 4-27 执行结果(例 4-34)

StudentId	Sname	CourseName	Grade
081101	刘明仪	计算机基础	90

图 4-28 执行结果(例 4-35)

【例 4-35】 用 FROM 子句的 JOIN 关键字表达下列查询：查找选修了“计算机基础”课程且成绩在 80 分及以上的学生的学号、姓名、课程名及成绩。

```
SELECT  XSB.StudentId,Sname,CourseName,Grade
  FROM XSB JOIN CJB JOIN KCB
    ON  CJB.CourseId= KCB. CourseId
    ON  XSB. StudentId= CJB. StudentId
  WHERE CourseName='计算机基础'  AND Grade> = 80
```

执行结果如图 4-28 所示。

【例 4-36】 查找不同课程但成绩相同的学生的学号、课程号和成绩。

```
 SELECT a. StudentId AS 学号,a. CourseId  AS 课程号,b. CourseId AS 课程号,a.
Grade AS 成绩
  FROM CJB a  JOIN  CJB b
    ON  a. Grade= b. Grade  AND  a. StudentId= b. StudentId
  AND  a. CourseId! = b. CourseId
```

2) 外连接

指定了 OUTER 关键字的连接为外连接，外连接的结果表不但包含满足连接条件的行，还包括相应表中的所有行。外连接包括以下三种。

- 左外连接(LEFT OUTER JOIN)：结果表中除了包括满足连接条件的行外，还包括左表的所有行。
- 右外连接(RIGHT OUTER JOIN)：结果表中除了包括满足连接条件的行外，还包括右表的所有行。
- 完全外连接(FULL OUTER JOIN)：结果表中除了包括满足连接条件的行外，还包括两个表的所有行。

其中的OUTER关键字均可省略。

【例4-37】 查找所有学生情况及他们选修的课程号，若学生未选修任何课，也要包括其情况。

```
SELECT XSB.* ,CourseId
  FROM  XSB  LEFT OUTER JOIN CJB
    ON  XSB. StudentId= CJB. StudentId
```

【例4-38】 查找被选修了的课程的选修情况和所有开设的课程名。

```
SELECT CJB.* ,CourseName
  FROM CJB RIGHT JOIN  KCB
    ON  CJB. CourseId= KCB. CourseId
```

3）交叉连接

交叉连接实际上是将两个表进行笛卡尔积运算，结果表是由第一个表的每一行与第二个表的每一行拼接后形成的表，因此结果表的行数等于两个表行数之积。

【例4-39】 列出学生所有可能的选课情况。

```
SELECT StudentId,Sname,CourseId,CourseName
  FROM XSB CROSS JOIN KCB
```

交叉连接也可以使用WHERE子句进行条件限定。

4.2.5 GROUP BY子句

GROUP BY子句主要用于根据字段对行分组。例如，根据学生所学的专业对表XSB中的所有行分组，结果是每个专业的学生成为一组。语法格式如下：

```
[ GROUP BY [ ALL ] group_by_expression [,…n]
[ WITH { CUBE | ROLLUP } ] ]
```

说明：

- group_by_expression：用于分组的表达式，其中通常包含字段名。指定ALL将显示所有组。使用GROUP BY子句后，SELECT子句中的列表中只能包含GROUP BY中指出的列或在聚合函数中指定的列。
- WITH：指定CUBE或ROLLUP操作符，CUBE或ROLLUP与聚合函数一起使用，在查询结果中增加记录。

【例4-40】 将PXSCJ数据库中的各专业输出。

```
SELECT Speciality AS 专业
  FROM  XSB
  GROUP  BY  Speciality
```

执行结果如图4-29所示。

【例4-41】 求各专业的学生数。

```
SELECT Speciality AS 专业,COUNT(* )  AS 学生数
FROM  XSB
GROUP  BY  Speciality
```

执行结果如图4-30所示。

【例4-42】 求被选修的各门课程的平均成绩和选修该课程的人数。

```
SELECT CourseId as 课程号,AVG(Grade) AS '平均成绩',COUNT(StudentId) AS '选修人数'
  FROM CJB
  GROUP BY CourseId
```

执行结果如图 4-31 所示。

	专业
1	计算机
2	通信工程

图 4-29　执行结果(例 4-40)

	专业	学生数
1	计算机	11
2	通信工程	11

图 4-30　执行结果(例 4-41)

	课程号	平均成...	选修人数
1	101	78	20
2	102	77	11
3	206	75	11

图 4-31　执行结果(例 4-42)

【例 4-43】　在 PXSCJ 数据库中产生一个结果集,包括每个专业的男生人数、女生人数、总人数,以及所有专业的学生总人数。

```
SELECT Speciality as 专业,Sex as 性别,COUNT(* ) AS '人数'
  FROM  XSB
  GROUP  BY Speciality,Sex
  WITH  ROLLUP
```

执行结果如图 4-32 所示。

	专业	性别	人数
1	计算机	0	4
2	计算机	1	7
3	计算机	NULL	11
4	通信工程	0	4
5	通信工程	1	7
6	通信工程	NULL	11
7	NULL	NULL	22

图 4-32　执行结果(例 4-43)

	专业	性别	人数
1	计算机	0	4
2	通信工程	0	4
3	计算机	1	7
4	通信工程	1	7

图 4-33　执行结果(与例 4-43 比较)

	课程名	专业	平均成绩
1	程序设计与语言	计算机	77
2	程序设计与语言	NULL	77
3	计算机基础	计算机	77
4	计算机基础	通信工程	79
5	计算机基础	NULL	78
6	离散数学	计算机	75
7	离散数学	NULL	75
8	NULL	NULL	77

图 4-34　执行结果(例 4-44)

可以将上述语句与不带 ROLLUP 操作符的 GROUP BY 子句的执行情况做一个比较:

```
SELECT Speciality as 专业,Sex as 性别,COUNT(* ) AS '人数'
  FROM XSB
  GROUP BY Speciality,Sex
```

执行结果如图 4-33 所示。

【例 4-44】　在 PXSCJ 数据库中产生一个结果集,包括各专业每门课程的平均成绩、每门课程的总平均成绩和所有课程的总平均成绩。

```
SELECT CourseName as 课程名,Speciality as 专业,AVG(Grade) AS '平均成绩'
  FROM CJB,KCB,XSB
  WHERE CJB. CourseId= KCB. CourseId   AND  CJB.StudentId= XSB. StudentId
  GROUP BY CourseName,Speciality
  WITH  ROLLUP
```

执行结果如图 4-34 所示。

【例 4-45】　在 PXSCJ 数据库中产生一个结果集,包括每个专业的男生人数、女生人数、总人数,以及所有专业的男生总数、女生总数、学生总人数。

```
SELECT Speciality as 专业,Sex as 性别,COUNT(* ) AS '人数'
  FROM XSB
  GROUP BY Speciality,Sex
  WITH CUBE
```

执行结果如图 4-35 所示。

	专业	性别	人数
1	计算机	0	4
2	计算机	1	7
3	计算机	NULL	11
4	通信工程	0	4
5	通信工程	1	7
6	通信工程	NULL	11
7	NULL	NULL	22
8	NULL	0	8
9	NULL	1	14

图 4-35　执行结果(例 4-45)

	课程名	专业	平均成绩
1	程序设计与语言	计算机	77
2	程序设计与语言	NULL	77
3	计算机基础	计算机	77
4	计算机基础	通信工程	79
5	计算机基础	NULL	78
6	离散数学	计算机	75
7	离散数学	NULL	75
8	NULL	NULL	77
9	NULL	计算机	76
10	NULL	通信工程	79

图 4-36　执行结果(例 4-46)

【例 4-46】　在 PXSCJ 数据库中产生一个结果集,包括各专业每门课程的平均成绩、每门课程的总平均成绩、每个专业的总平均成绩和所有课程的总平均成绩。

```
SELECT CourseName as 课程名,Speciality as 专业,AVG(Grade) AS '平均成绩'
  FROM CJB,KCB,XSB
  WHERE  CJB. CourseId= KCB. CourseId  AND CJB.StudentId= XSB. StudentId
  GROUP BY CourseName,Speciality
  WITH CUBE
```

执行结果如图 4-36 所示。

4.2.6　HAVING 子句

HAVING 子句的格式为:

```
[ HAVING < search_condition> ]
```

其中,search_condition 为查询条件,与 WHERE 子句的查询条件类似,不过 HAVING 子句中可以使用聚合函数,而 WHERE 子句中不可以。

【例 4-47】　查找平均成绩在 85 分及以上的学生的学号和平均成绩。

```
USE PXSCJ
GO
SELECT StudentId as 学号,AVG(Grade) AS '平均成绩'
  FROM CJB
  GROUP BY StudentId
  HAVING  AVG(Grade)>= 85
```

执行结果如图 4-37 所示。

【例 4-48】　查找选修课程超过 2 门且成绩都在 80 分及以上的学生的学号。

```
SELECT StudentId as 学号
  FROM CJB
  WHERE Grade>= 80
  GROUP BY StudentId
  HAVING  COUNT(* )> 2
```

执行结果如图 4-38 所示。

【例 4-49】　查找通信工程专业平均成绩在 85 分及以上的学生的学号和平均成绩。

```
SELECT StudentId as 学号,AVG(Grade) AS '平均成绩'
  FROM CJB
  WHERE StudentId IN
  (
    SELECT StudentId
      FROM  XSB
      WHERE Speciality='通信工程'
  )
  GROUP BY StudentId
  HAVING AVG(Grade)>= 85
```

执行结果如图 4-39 所示。

	学号	平均成绩
1	081110	91
2	081203	87
3	081204	91
4	081241	90

图 4-37　执行结果(例 4-47)

	学号
1	081110

图 4-38　执行结果(例 4-48)

	学号	平均成绩
1	081203	87
2	081204	91
3	081241	90

图 4-39　执行结果(例 4-49)

4.2.7　ORDER BY 子句

在应用中经常要对查询的结果排序输出,例如学生成绩由高到低排序。在 SELECT 语句中,使用 ORDER BY 子句对查询结果进行排序。ORDER BY 子句的格式为:

```
[ ORDER BY
{
  order_by_expression
  [ COLLATE collation_name ]
  [ ASC | DESC ]
} [,…n ]
]
```

【例 4-50】 将通信工程专业的学生按出生时间先后排序。

```
SELECT  *
  FROM  XSB
  WHERE Speciality='通信工程'
  ORDER BY Birthday
```

【例 4-51】 将计算机专业学生的“计算机基础”课程成绩按降序排列。

```
SELECT Sname as 姓名,CourseName as 课程名,Grade as 成绩
  FROM XSB,KCB,CJB
  WHERE XSB.StudentId= CJB. StudentId
      AND  CJB.CourseId= KCB. CourseId
      AND  CourseName='计算机基础'
      AND Speciality='计算机'
  ORDER BY Grade  DESC
```

执行结果如图 4-40 所示。

COMPUTE 子句用于分类汇总,将产生额外的汇总行。其格式为:

```
[ COMPUTE {聚合函数名(expression)} [,…n ] [ BY expression [,…n ] ] ]
```

其中聚合函数名见表 4-10,expression 是列名。BY expression 在结果集中生成控制中断和小计。

COMPUTE BY 一般要与 ORDER BY 子句一起使用,expression 是关联 ORDER BY 子句中 order_by_expression 的相同副本。

【例 4-52】 查找通信工程专业学生的学号、姓名、出生时间,并产生一个学生总人数行。

```
SELECT StudentId as 学号,Sname as 姓名,Birthday as 出生时间
FROM  XSB
  WHERE Speciality='通信工程'
  COMPUTE  COUNT(StudentId)
```

执行结果如图 4-41 所示。

	姓名	课程名	成绩
1	张蔚	计算机基础	95
2	赵琳	计算机基础	91
3	韦严平	计算机基础	90
4	林一帆	计算机基础	85
5	王林	计算机基础	80
6	李明	计算机基础	78
7	张强民	计算机基础	66
8	李方方	计算机基础	65
9	严红	计算机基础	63
10	王燕	计算机基础	62

图 4-40 执行结果(例 4-51)

	学号	姓名	出生时间
1	081201	王敏	1989-06-10 00:00:00.000
2	081202	王林	1989-01-29 00:00:00.000
3	081203	王玉民	1990-03-26 00:00:00.000
4	081204	马琳琳	1989-02-10 00:00:00.000
5	081206	李计	1989-09-20 00:00:00.000
6	081210	李红庆	1989-05-01 00:00:00.000
7	081216	孙祥欣	1989-03-19 00:00:00.000
8	081218	孙研	1990-10-09 00:00:00.000
9	081220	吴薇华	1990-03-18 00:00:00.000
10	081221	刘燕敏	1989-11-12 00:00:00.000
11	081241	罗林琳	1990-01-30 00:00:00.000

	cnt
1	11

图 4-41 执行结果(例 4-52)

【例 4-53】 将学生按专业排序,并汇总各专业人数和平均学分。

```
SELECT StudentId as 学号,Sname as 姓名,Birthday as 出生时间,Total as 总学分
  FROM  XSB
  ORDER  BY  Speciality
  COMPUTE  COUNT(StudentId),AVG(Total) BY Speciality
```

执行结果如图 4-42 所示。

	学号	姓名	出生时间	总学分
1	081101	王林	1990-02-10 00:00:00.000	50
2	081102	程明	1991-02-01 00:00:00.000	50
3	081103	王燕	1989-10-06 00:00:00.000	50
4	081104	韦严平	1990-08-26 00:00:00.000	50
5	081106	李方方	1990-11-20 00:00:00.000	50
6	081107	李明	1990-05-01 00:00:00.000	54
7	081108	林一帆	1989-08-05 00:00:00.000	52
8	081109	张强民	1989-08-11 00:00:00.000	50
9	081110	张蔚	1991-07-22 00:00:00.000	50
10	081111	赵琳	1990-03-18 00:00:00.000	50
11	081113	严红	1989-08-11 00:00:00.000	48

	cnt	avg
1	11	50

	学号	姓名	出生时间	总学分
1	081201	王敏	1989-06-10 00:00:00.000	42
2	081202	王林	1989-01-29 00:00:00.000	40
3	081203	王玉民	1990-03-26 00:00:00.000	42
4	081204	马琳琳	1989-02-10 00:00:00.000	42
5	081206	李计	1989-09-20 00:00:00.000	42
6	081210	李红庆	1989-05-01 00:00:00.000	44
7	081216	孙祥欣	1989-03-19 00:00:00.000	42
8	081218	孙研	1990-10-09 00:00:00.000	42
9	081220	吴薇华	1990-03-18 00:00:00.000	42
10	081221	刘燕敏	1989-11-12 00:00:00.000	42
11	081241	罗林琳	1990-01-30 00:00:00.000	50

	cnt	avg
1	11	42

图 4-42 执行结果(例 4-53)

4.2.8 SELECT 语句的其他用法

1. INTO

使用 INTO 子句可以将 SELECT 查询所得的结果保存到一个新建的表中。INTO 子句的格式为：

```
[ INTO new_table ]
```

其中，new_table 是要创建的新表名。包含 INTO 子句的 SELECT 语句执行后所创建的表的结构由 SELECT 所选择的列决定，新创建的表中的记录由 SELECT 的查询结果决定。若 SELECT 的查询结果为空，则创建一个只有结构而没有记录的空表。

【例 4-54】 由表 XSB 创建"计算机系学生"表，包括学号和姓名。

```
SELECT StudentId,Sname
  INTO 计算机系学生
  FROM XSB
  WHERE Speciality='计算机'
```

2. UNION

使用 UNION 子句可以将两个或多个 SELECT 查询的结果合并成一个结果集，其格式为：

```
{ < query specification>  | (< query expression>  ) }
  UNION [ A LL ] < query specification>  | (< query expression>  )
  [ UNION [ A LL ] < query specification>  | (< query expression>  ) [,…n] ]
```

其中，<query specification>和<query expression>都是 SELECT 查询语句。

使用 UNION 组合两个查询的结果集的基本规则是：

(1) 所有查询中的列数和列的顺序必须相同；

(2) 数据类型必须兼容。

关键字 ALL 表示合并的结果中包括所有行，不去除重复行；不使用 ALL 则在合并的结果中去除重复行。含有 UNION 的 SELECT 查询也称为联合查询，若不指定 INTO 子句，结果将合并到第一个表中。

【例 4-55】 查找学号为 081101 和学号为 081210 两位同学的信息。

```
SELECT *
  FROM XSB
  WHERE StudentId='081101'
UNION ALL
SELECT *
  FROM XSB
  WHERE StudentId='081210';
```

执行结果如图 4-43 所示。

StudentId	Sname	Speciality	Sex	Birthday	Total	Remark
081101	刘明仪	计算机	男	1998-03-02 00:00:00.000	50	NULL
081210	林一帆	通信工程	男	1990-06-23 00:00:00.000	90	NULL

图 4-43 执行结果(例 4-55)

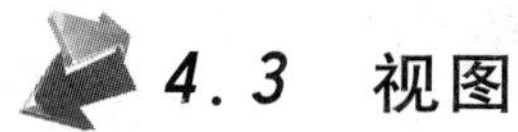

4.3 视图

4.3.1 视图的概念

视图是从一个或多个表(或视图)导出的表。视图是数据库的用户使用数据库的观点。例如对于一个学校,其学生的情况存于数据库的一个或多个表中,而作为学校的不同职能部门,它们所关心的学生数据的内容是不同的。即使是同样的数据,也可能有不同的操作要求。于是就可以根据它们的不同需求,在物理的数据库上定义它们对数据库所要求的数据结构。这种根据用户观点所定义的数据结构就是视图。

视图与表不同,视图是一个虚表,即视图所对应的数据不进行实际存储,数据库中只存储视图的定义。对视图的数据进行操作时,系统根据视图的定义去操作与视图相关联的基本表。

视图一经定义,就可以像表一样被查询、修改、删除和更新。使用视图有下列优点。

(1) 为用户集中数据,简化用户的数据查询和处理。有时用户所需要的数据分散在多个表中,定义视图可将它们集中在一起,从而方便用户的数据查询和处理。

(2) 屏蔽数据库的复杂性。用户不必了解复杂的数据库中的表结构,并且数据库表的更改也不影响用户对数据库的使用。

(3) 简化用户权限的管理。只需授予用户使用视图的权限,而不必指定用户只能使用表的特定列,也增加了安全性。

(4) 便于数据共享。各用户不必都定义和存储自己所需的数据,可共享数据库的数据,这样同样的数据只需存储一次。

(5) 可以重新组织数据以便输出到其他应用程序中。

使用视图时,要注意下列事项。

(1) 只有在当前数据库中才能创建视图。视图的命名必须遵循标识符命名规则,不能与表同名。

(2) 不能把规则、默认值或触发器与视图相关联。

4.3.2 创建视图

视图在数据库中是作为一个对象来存储的。创建视图前,要保证创建视图的用户已被数据库所有者授权可以使用 CREATE VIEW 语句,并且有权操作视图所涉及的表或其他视图。

在 SQL Server 2008 中,创建视图可以在 SQL Server Management Studio 中的对象资源管理器中进行,也可以使用 T-SQL 的 CREATE VIEW 语句。

1. 在 SQL Server Management Studio 中创建视图

在 SQL Server Management Studio 中创建视图的主要步骤如下。

第 1 步,启动 SQL Server Management Studio,在对象资源管理器窗口中依次展开“数据库”“PXSCJ”,选择其中的“视图”项,右击,在弹出的快捷菜单中选择“新建视图”菜单项。

第 2 步,在弹出的“添加表”对话框中,添加需要关联的表、视图、函数、同义词。这里只使用“表”选项卡,选择表“XSB”,如图 4-44 所示,单击“添加”按钮。如果还需要添加其他表,则可以继续选择添加的表;如果不再需要添加,可以单击“关闭”按钮关闭该对话框。

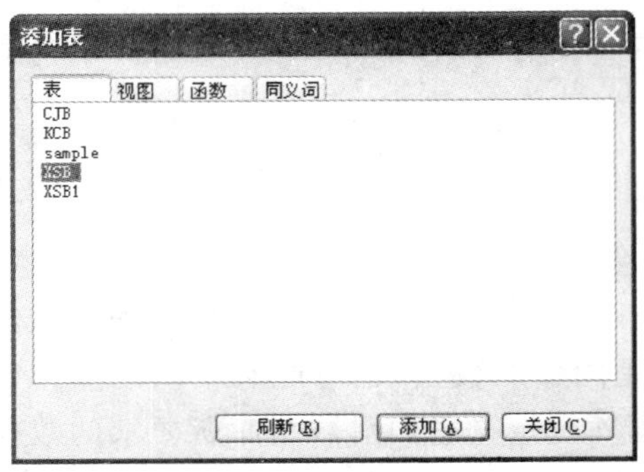

图 4-44 “添加表”对话框

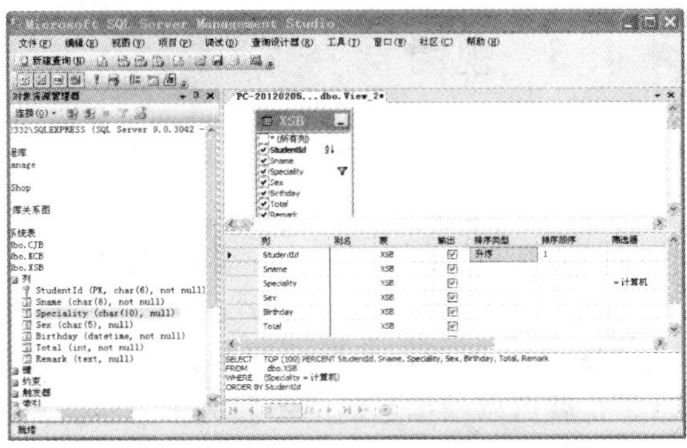

图 4-45 创建视图窗口

第 3 步，表添加完成后，视图窗口的关系图窗口显示了表的全部列信息，如图 4-45 所示。根据需要在图 4-45 所示的窗口中选择创建视图所需的字段，可以在子窗口中的“列”一栏指定列的别名，在“排序类型”一栏指定列的排序方式，在“筛选器”一栏指定创建视图的规则(本例在“Speciality”字段的“筛选器”栏中填写“＝计算机”)。

2. 使用 CREATE VIEW 语句创建视图

T-SQL 中用于创建视图的语句是 CREATE VIEW 语句，例如用该语句创建视图 CS_XS，其表示形式为：

```
USE PXSCJ
GO
CREATE  VIEW  CS_XS
    AS
    SELECT  *
        FROM  XSB
        WHERE Speciality='计算机'
```

语法格式：

```
CREATE VIEW [ schema_name  ] view_name [ (column [ ,…n ] ) ]
    [ WITH < view_attribute>  [ ,…n ] ]
    AS select_statement [ ; ]
    [ WITH CHECK OPTION ]
```

其中

```
<view_attribute> ::=
{
    [ ENCRYPTION]
    [ SCHEMABINDING ]
    [ VIEW_METADATA]
}
```

说明：

- schema_name：数据库架构名。
- view_name：视图名。
- column：列名，它是视图中包含的列，可以有多个列名，最多可引用 1024 个列。若使用与源表或视图中相同的列名，则不必给出列名。

● WITH <view_attribute>：指出视图的属性。view_attribute 可以取以下值。

（1）ENCRYPTION：说明在系统表 syscomments 中存储 CREATE VIEW 语句时进行加密。

（2）SCHEMABINDING：说明将视图与其所依赖的表或视图结构相关联。

（3）VIEW_METADATA：指定为引用视图的查询请求浏览模式的元数据时，向 DBLIB、ODBC 或 OLEDB API 返回有关视图的元数据信息，而不是返回给基表或其他表。

● WITH CHECK OPTION：指出在视图中所进行的修改都要符合 select_statement 所指定的限制条件，这样可以确保数据修改后仍可通过视图看到修改的数据。

● select_statement：指定有关视图的 SELECT 语句，可在 SELECT 语句中查询多个表视图，以表明新创建的视图所参照的表或视图。但对 SELECT 语句有以下的限制：

（1）定义视图的用户必须对所参照的表或视图有查询权限；

（2）不能使用 COMPUTE 或 COMPUTE BY 子句；

（3）不能使用 ORDER BY 子句；

（4）不能使用 INTO 子句；

（5）不能在临时表或表变量上创建视图。

【例 4-56】 创建 CS_KC 视图，包括计算机专业各学生的学号、选修的课程号及成绩。要保证对该视图的修改都要符合专业为计算机这个条件。

```
USE PXSCJ
GO
CREATE VIEW CS_KC WITH ENCRYPTION
   AS
   SELECT  XSB.StudentId, CourseId, Grade
      FROM  XSB,  CJB
      WHERE  XSB. StudentId= CJB. StudentId AND Speciality='计算机'
      WITH CHECK OPTION
```

说明：

创建视图时，源表可以是基本表，也可以是视图。

【例 4-57】 创建计算机专业学生的平均成绩视图 CS_KC_AVG，包括学号（在视图中列名为 num）和平均成绩（在视图中列名为 score_avg）。

```
CREATE VIEW  CS_KC_AVG(num,score_avg)
   AS
   SELECT StudentId, AVG(Grade)
      FROM  CJB
      GROUP BY StudentId
```

4.3.3 查询视图

视图定义后，就可以如同查询基本表那样对视图进行查询。

【例 4-58】 使用视图 CS_KC 查找计算机专业的学生学号和选修的课程号。

```
SELECT StudentId, CourseId
  FROM CS_KC
```

【例 4-59】 查找平均成绩在 80 分以上的学生的学号和平均成绩。

本例首先创建学生平均成绩视图 XS_KC_AVG，包括学号（在视图中列名为 num）和平均成绩（在视图中列名为 score_avg）。

```
CREATE  VIEW  XS_KC_AVG ( num,score_avg )
    AS
    SELECT StudentId, AVG(Grade)
        FROM  CJB
        GROUP BY StudentId
```

再对视图 XS_KC_AVG 进行查询。

```
SELECT  *
  FROM  XS_KC_AVG
  WHERE  score_avg> = 80
```

执行结果如图 4-46 所示。

	num	score_avg
1	081102	92
2	081103	81

图 4-46　执行结果(例 4-59)

从例 4-58 和例 4-59 两例可以看出，创建视图可以向最终用户隐藏复杂的表连接，简化了用户的 SQL 程序设计。

视图还可以通过在创建视图时指定限制条件和指定列限制用户对基本表的访问。

例如，若限定某用户只能查询视图 CS_XS，实际上就是限制了他只能访问表 XSB 的专业字段值为“计算机”的行。在创建视图时可以指定列，实际上也就是限制了用户只能访问这些列，从而视图也可看作数据库的安全措施。

使用视图查询时，若其关联的基本表中添加了新字段，则必须重新创建视图才能查询到新字段。若表 XSB 新增了“Address”字段，那么在其上创建的视图 CS_XS 若不重建视图，那么以下查询

```
SELECT  *  FROM  CS_XS
```

的结果将不包括“Address”字段，只有重建视图 CS_XS 后再对它进行查询，结果才会包含“Address”字段。如果与视图相关联的表或视图被删除，则该视图将不能再使用。

4.3.4　更新视图

通过更新视图(包括插入、修改和删除视图)数据可以修改基本表数据。但并不是所有的视图都可以更新，只有对满足可更新条件的视图才能进行更新。

1. 可更新视图

要通过视图更新基本表数据，必须保证视图是可更新视图。满足以下条件的视图为可更新视图。

- 创建视图的 SELECT 语句中没有聚合函数，且没有 TOP、GROUP BY、UNION 子句及 DISTINCT 关键字。
- 创建视图的 SELECT 语句中不包含从基本表列通过计算所得的列。
- 创建视图的 SELECT 语句的 FROM 子句中至少要包含一个基本表。

2. 插入数据

使用 INSERT 语句通过视图向基本表插入数据。

【例 4-60】　向视图 CS_XS 中插入以下一条记录：

```
('081115', '刘明仪', '男', '1998- 3- 2', '计算机', 50 , NULL)
INSERT INTO CS_XS
    VALUES('081115', '刘明仪', '男','1998- 3- 2', '计算机',50,NULL)
```

使用 SELECT 语句查询 CS_XS 依据的基本表 XSB：

```
SELECT *  FROM XSB
```

将会看到该表已添加了('081115','刘明仪','男','1998-3-2','计算机',50,NULL)行。

当视图所依赖的基本表有多个时,不能向该视图插入数据,因为这将会影响多个基本表。例如,不能向视图 CS_KC 插入数据,因为 CS_KC 依赖于两个基本表:XSB 和 CJB。

3. 修改数据

使用 UPDATE 语句通过视图修改基本表的数据。

【例 4-61】 将视图 CS_XS 中所有学生的总学分增加 8。

```
UPDATE CS_XS
    SET Total= Total + 8
```

该语句实际上是将视图 CS_XS 所依赖的基本表 XSB 中所有专业为"计算机"的记录的总学分字段值在原来基础上增加 8。

说明:

修改后将数据恢复到原来的状态以便以后使用。

若一个视图依赖于多个基本表,则一次修改该视图只能变动一个基本表的数据。

【例 4-62】 将视图 CS_KC 中学号为 081101 的学生的 101 课程成绩改为 90。

```
UPDATE CS_KC
  SET Grade= 90
  WHERE StudentId='081101'  AND CourseId='101'
```

本例中,视图 CS_KC 依赖于两个基本表(XSB 和 CJB),对视图 CS_KC 的一次修改只能改变学号(源于表 XSB)或者课程号和成绩(源于表 CJB)。以下的修改是错误的:

```
UPDATE CS_KC
  SET StudentId='081101', CourseId='101'
  WHERE Grade= 90
```

4. 删除数据

使用 DELETE 语句通过视图删除基本表的数据。但要注意,对于依赖于多个基本表的视图,不能使用 DELETE 语句进行删除。

【例 4-63】 删除 CS_XS 中女同学的记录。

```
DELETE  FROM  CS_XS
  WHERE Sex= 0
```

对视图的更新操作也可通过 SQL Server Management Studio 的界面进行,操作方法与对表数据的操作方法基本相同,在此仅举一例加以说明。

【例 4-64】 在对象资源管理器中对视图 CS_XS 进行如下操作:

(1) 增加一条记录('081115','刘明仪','男','1998-3-2','计算机',50,NULL);

(2) 将学号为 081115 的学生的总学分改为 55;

(3) 删除学号为 081115 的学生记录。

操作方法如下。

在对象资源管理器窗口中依次展开"数据库""PXSCJ""视图",选择"dbo. CS_XS",右击,在弹出的快捷菜单中选择"编辑前 200 行"菜单项(见图 4-47),在出现的图 4-48 所示的窗口中添加新记录,输入新记录各字段的值。

定位到需修改的学号为"081115"行的总学分字段,删除原值 50,输入新值 55。

定位到需删除的学号为"081115"行,单击鼠标右键,在弹出的快捷菜单中选择"删除"菜单项,弹出确认删除对话框,在其中单击"确定"按钮即完成删除操作。

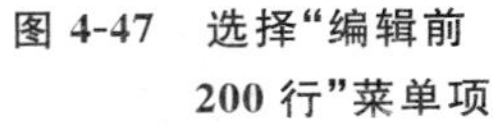

图 4-47 选择“编辑前 200 行”菜单项

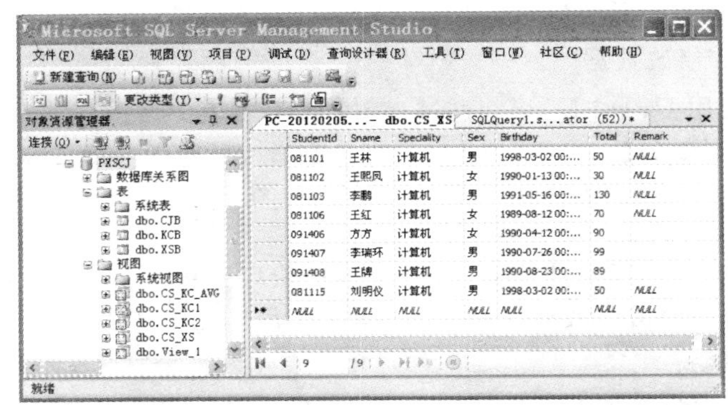

图 4-48 通过视图插入和删除数据

4.3.5 修改视图的定义

修改视图定义可以通过 SQL Server Management Studio 中的图形化向导界面方式进行，也可以使用 T-SQL 的 ALTER VIEW 命令。

1. 通过 SQL Server Management Studio 修改视图

启动 SQL Server Management Studio，在对象资源管理器窗口中依次展开“数据库”“PXSCJ”“视图”，选择“dbo. CS_XS”，右击，在弹出的快捷菜单中选择“设计”菜单项，进入视图修改窗口。在该窗口与创建视图的窗口类似，其中可以查看并可修改视图结构，修改完后单击“保存”图标按钮即可。

注意：对加密存储的视图定义不能在 SQL Server Management Studio 中通过界面方式修改，例如对视图 CS_KC 不能用此法修改。

2. 使用 ALTER VIEW 语句修改视图

语法格式：

```
ALTER VIEW [ schema_name . ] view_name [ ( column [ ,...n ] ) ]
  [ WITH < view_attribute> [ ,...n ] ]
  AS select_statement [ ; ]
  [ WITH CHECK OPTION ]
```

其中，view_attribute、select_statement 等参数的含义与 CREATE VIEW 语句中的含义相同。

【例 4-65】 将视图 CS_XS 修改为只包含计算机专业学生的学号、姓名和总学分。

```
USE PXSCJ
GO
ALTER VIEW CS_XS
  AS
  SELECT StudentId, Sname, Total
      FROM XSB
      WHERE Speciality='计算机'
```

【例 4-66】 视图 CS_KC 是加密存储视图，修改其定义，包括学号、姓名、选修的课程号、课程名和成绩。

```
ALTER VIEW CS_KC WITH ENCRYPTION
  AS
  SELECT XSB. StudentId,XSB.Sname,CJB. CourseId,Grade,KCB. CourseName
      FROM  XSB, CJB, KCB
      WHERE  XSB. StudentId= CJB. StudentId
          AND  CJB.CourseId= KCB. CourseId
          AND  Speciality='计算机'
  WITH CHECK OPTION
```

4.3.6 删除视图

删除视图同样可以通过 SQL Server Management Studio 中的图形化向导界面方式进行,也可以使用 T-SQL 命令方式来实现。

1. 通过对象资源管理器删除视图

在对象资源管理器中删除视图的操作方法是:

展开"数据库""视图",选择需要删除的视图,右击,在弹出的快捷菜单中选择"删除"菜单项,出现删除对话框,单击"确定"按钮即删除了指定的视图。

2. T-SQL 命令方式删除视图

语法格式:

```
DROP VIEW [ schema_name . ] view_name [, … n ] [ ; ]
```

其中 view_name 是视图名,使用 DROP VIEW 可删除一个或多个视图。例如:

```
DROP VIEW CS_XS, CS_KC
```

将删除视图 CS_XS 和 CS_KC。

4.4 游标

4.4.1 游标的概念

SQL Server 通过游标提供了对一个结果集进行逐行处理的能力,游标可看作一种特殊的指针,它与某个查询结果相联系,可以指向结果集的任意位置,以便对指定位置的数据进行处理。使用游标可以在查询数据的同时对数据进行处理。

在 SQL Server 中,有两类游标可以用于应用程序中:前端(客户端)游标和后端(服务器端)游标。服务器端游标是由数据库服务器创建和管理的游标,而客户端游标是由 ODBC 和 DB-Library 支持,在客户端实现的游标。

在客户端游标中,所有的游标操作都在客户端高速缓存中执行。最初实现 DB-Library 客户端游标时 SQL Server 尚不支持服务器端游标,而 ODBC 客户端游标仅支持游标特性默认设置的 ODBC 驱动程序。DB-Library 和 SQL Server ODBC 驱动程序完全支持通过服务器端游标的游标操作,所以应尽量不使用客户端游标。SQL Sever 2008 中对客户端游标的支持也主要是考虑向后兼容的。本节除非特别指明,所说的游标均为服务器端游标。

SQL Server 对游标的使用要遵循"声明游标→打开游标→读取数据→关闭游标→删除游标"的过程。

4.4.2 声明游标

T-SQL 中声明游标使用 DECLARE CURSOR 语句，该语句有两种格式，分别支持 SQL-92 标准和 T-SQL 扩展的游标声明。

1. SQL-92 语法

语法格式：

```
DECLARE cursor_name [ INSENSITIVE ] [ SCROLL ] CURSOR
FOR select_statement
[ FOR { READ ONLY | UPDATE [ OF column_name [ ,…n ] ] } ]
[;]
```

以下是一个符合 SQL-92 标准的游标声明：

```
DECLARE XS_CUR1 CURSOR
    FOR
    SELECT StudentId,Sname,Sex,Birthday,Total
        FROM XSB
        WHERE Speciality='计算机'
        FOR READ ONLY
```

该语句定义的游标与单个表的查询结果集相关联，是只读的，游标只能从头到尾顺序提取数据，相当于只进游标。

2. T-SQL 扩展

语法格式：

```
DECLARE cursor_name CURSOR
[ LOCAL | GLOBAL ]                          /*游标作用域*/
[ FORWORD_ONLY | SCROLL ]                   /*游标移动方向*/
[ STATIC | KEYSET | DYNAMIC | FAST_FORWARD ]        /*游标类型*/
[ READ_ONLY | SCROLL_LOCKS | OPTIMISTIC ]           /*访问属性*/
[ TYPE_WARNING ]                /*类型转换警告信息*/
FOR select_statement                    /*SELECT查询语句*/
[ FOR UPDATE [ OF column_name [ ,…n ] ] ]           /*可修改的列*/
[;]
```

以下是一个 T-SQL 扩展游标声明：

```
DECLARE XS_CUR2 CURSOR
  DYNAMIC
  FOR
  SELECT StudentId, Sname, Total
      FROM XSB
      WHERE Speciality='计算机'
FOR UPDATE OF Total
```

4.4.3 打开游标

声明游标后，要使用游标从中提取数据，就必须先打开游标。在 T-SQL 中，使用 OPEN 语句打开游标，其格式为：

```
OPEN { { [ GLOBAL ] cursor_name } | cursor_variable_name }
```

其中：cursor_name 是要打开的游标名；cursor_variable_name 是游标变量名，该名称引用一个游标；GLOBAL 说明打开的是全局游标，否则打开局部游标。

OPEN 语句打开游标，然后通过执行在 DECLARE CURSOR（或 SET cursor_variable）语句中指定的 T-SQL 语句填充游标（即生成与游标相关联的结果集）。例如，语句：

```
OPEN XS_CUR1
```

【例 4-67】 定义游标 XS_CUR3，然后打开该游标，输出其行数。

```
DECLARE XS_CUR3 CURSOR
  LOCAL SCROLL SCROLL_LOCKS
  FOR
      SELECT StudentId, Sname, Total
          FROM  XSB
          FOR UPDATE OF Total
    OPEN XS_CUR3
    SELECT  '游标 XS_CUR3 数据行数'  =@@CURSOR_ROWS
```

4.4.4 读取数据

游标打开后，就可以使用 FETCH 语句从中读取数据。

语法格式：

```
FETCH
[ [ NEXT | PRIOR | FIRST | LAST | ABSOLUTE { n | @nvar } | RELATIVE { n | @nvar} ]
  FROM ]
{ { [ GLOBAL ] cursor_name } | @cursor_variable_name }
[ INTO @variable_name [ ,…n ] ]
```

【例 4-68】 从游标 XS_CUR1 中提取数据。设该游标已经声明并打开。

```
FETCH  NEXT  FROM  XS_CUR1
```

执行结果如图 4-49 所示。

	StudentId	Sname	Sex	Birthday	Total
1	081101	王林	男	1998-03-02 00:00:00.000	50

图 4-49 执行结果（例 4-68）

【例 4-69】 从游标 XS_CUR2 中提取数据。设该游标已经声明。

```
OPEN XS_CUR2
FETCH  FIRST  FROM  XS_CUR2
```

读取游标第一行（当前行为第一行），结果如图 4-50 所示。

	StudentId	Sname	Total
1	081101	王林	50

图 4-50 执行结果（读取游标第一行）

	StudentId	Sname	Total
1	081102	王熙凤	30

图 4-51 执行结果（读取下一行）

```
FETCH NEXT FROM XS_CUR2
```

读取下一行（当前行为第二行），结果如图 4-51 所示。

```
FETCH  PRIOR  FROM  XS_CUR2
```

读取上一行（当前行为第一行），结果如图 4-52 所示。

```
FETCH LAST FROM XS_CUR2
```

读取最后一行(当前行为最后一行),结果如图 4-53 所示。

```
FETCH RELATIVE - 2 FROM XS_CUR2
```

读取当前行上面的第二行(当前行为倒数第一行),结果如图 4-54 所示。

	StudentId	Sname	Total
1	081101	王林	50

图 4-52　执行结果(读取上一行)

	StudentId	Sname	Total
1	091408	王牌	89

图 4-53　执行结果(读取最后一行)

	StudentId	Sname	Total
1	091406	方方	90

图 4-54　执行结果
(读取当前行上面的第二行)

4.4.5　关闭游标

游标使用完以后,要及时关闭。关闭游标使用 CLOSE 语句,格式为:

```
CLOSE { { [ GLOBAL ] cursor_name } | @cursor_variable_name }
```

语句参数的含义与 OPEN 语句中的相同。例如:

```
CLOSE XS_CUR2
```

将关闭游标 XS_CUR2。

4.4.6　删除游标

游标关闭后,其定义仍在,需要时可用 OPEN 语句打开它再使用。若确认游标不再需要,就要释放其定义占用的系统空间,即删除游标。删除游标使用 DEALLOCATE 语句,格式为:

```
DEALLOCATE { { [ GLOBAL ] cursor_name } | @cursor_variable_name }
```

语句参数的含义与 OPEN 和 CLOSE 语句中的相同。例如:

```
DEALLOCATE XS_CUR2
```

将删除游标 XS_CUR2。

习　　题

1. 试说明 SELECT 语句的作用。
2. 试说明 SELECT 语句的 FROM、WHERE、GROUP BY 及 ORDER BY 子句的作用。
3. WHERE 子句与 HAVING 子句有何不同?
4. 写出 SQL 语句,对产品数据库(结构见第 3 章习题的第 3 题)进行如下操作:

(1) 查找价格在 2000～2900 之间的商品名;

(2) 计算所有商品的总价格;

(3) 在视图 BXCP 上查询库存量在 100 台以下的产品编号。

第5章 T-SQL 语言

在 SQL Server 2008 中，可以使用 T-SQL 语言根据需要把若干条命令组织起来。

5.1 SQL 与 T-SQL

1. 什么是 SQL

SQL 即结构化查询语言(structured query language)，是用于数据库中的标准数据查询语言。IBM 公司最早使用 SQL 在其开发的数据库系统中。1986 年 10 月，美国 ANSI 对 SQL 进行规范后，将其作为关系数据库管理系统的标准语言。

作为关系数据库的标准语言，SQL 已被众多商用数据库管理系统产品所采用，不过很多数据库管理系统在其实践过程中都对 SQL 规范做了一些改动和扩充。所以，不同数据库管理系统之间的 SQL 语言不能完全相互通用。例如，微软公司的 MS SQL-Server 支持的是 T-SQL，而甲骨文公司的 Oracle 数据库所使用的 SQL 则是 PL-SQL。

2. 什么是 T-SQL

T-SQL 是 SQL 的一种版本，且只能在微软的 MS SQL-Server 及 Sybase Adaptive Server 系列数据库上使用。

T-SQL 是 ANSI SQL 的扩展加强版，除了提供标准的 SQL 命令之外，T-SQL 还对 SQL 做了许多补充，提供了类似 C、Basic 和 Pascal 的基本功能，如变量说明、流控制语言、功能函数等。

3. T-SQL 语言的构成

在 SQL Server 数据库中，T-SQL 语言由以下几个部分组成。

1）*数据定义语言(DDL)*

DDL 用于执行数据库的任务，对数据库及数据库中的各种对象进行创建、删除、修改等操作。如前所述，数据库对象主要包括表、缺省约束、规则、视图、触发器、存储过程。DDL 包括的主要语句及功能如表 5-1 所示。

表 5-1 DDL 主要语句及功能

语句	功能	说明
CREATE	创建数据库或数据库对象	不同数据库对象，其 CREATE 语句的语法形式不同
ALTER	对数据库或数据库对象进行修改	不同数据库对象，其 ALTER 语句的语法形式不同
DROP	删除数据库或数据库对象	不同数据库对象，其 DROP 语句的语法形式不同

DDL 各语句的语法、使用方法及举例请参考相关章节。

2）*数据操纵语言(DML)*

DML 用于操纵数据库中的各种对象，检索和修改数据。DML 包括的主要语句及功能如表 5-2 所示。

表 5-2　DML 主要语句及功能

语句	功能	说明
SELECT	从表或视图中检索数据	是使用最频繁的 SQL 语句之一
INSERT	将数据插入到表或视图中	
UPDATE	修改表或视图中的数据	既可修改表或视图的一行数据，也可修改一组或全部数据
DELETE	从表或视图中删除数据	可根据条件删除指定的数据

DML 各语句的语法、使用方法及举例请参考相关章节。

3）数据控制语言(DCL)

DCL 用于安全管理，确定哪些用户可以查看或修改数据库中的数据。DCL 包括的主要语句及功能如表 5-3 所示。

表 5-3　DCL 主要语句及功能

语句	功能	说明
GRANT	授予权限	可把语句许可或对象许可的权限授予其他用户和角色
REVOKE	收回权限	与 GRANT 的功能相反，但不影响该用户或角色从其他角色中作为成员继承许可权限
DENY	收回权限，并禁止从其他角色继承许可权限	功能与 REVOKE 相似，不同之处：除收回权限外，还禁止从其他角色继承许可权限

DCL 各语句的语法、使用方法及举例请参考相关章节。

4）T-SQL 增加的语言元素

T-SQL 增加的语言元素这部分不是 ANSI SQL 所包含的内容，而是微软为了用户编程的方便增加的语言元素。这些语言元素包括变量、运算符、函数、流程控制语句和注解。这些 T-SQL 语句都可以在查询分析器中交互执行。本章将介绍这部分增加的语言元素。

5.2　常量、变量与数据类型

5.2.1　常量

常量是指在程序运行过程中值不变的量。常量又称为字面值或标量值。常量的使用格式取决于值的数据类型。

根据常量值的不同类型，常量分为字符串常量、整型常量、实型常量、日期时间常量、货币常量、唯一标识常量。各类常量举例说明如下。

1. 字符串常量

字符串常量分为 ASCII 字符串常量和 Unicode 字符串常量。

1）ASCII 字符串常量

ASCII 字符串常量是用单引号括起来，由 ASCII 字符构成的符号串。

ASCII 字符串常量举例：

```
'China'
'How do you! '
'O''Bbaar'  /*如果单引号中的字符串包含引号,可以使用两个单引号表示嵌入的单引号*/
```

2) Unicode 字符串常量

Unicode 字符串常量与 ASCII 字符串常量相似,但它前面有一个 N 标识符,N 前缀必须为大写字母。

Unicode 字符串常量举例:

```
N'China '
N'How do you! '
N'O''Bbaar'
```

Unicode 数据中的每个字符用两个字节存储,而每个 ASCII 字符用一个字节存储。

2. 整型常量

整型常量按照不同的表示方式分为二进制整型常量、十六进制整型常量和十进制整型常量。

十六进制整型常量的表示:前辍 0x 后跟十六进制数字串。

十六进制常量举例:

```
0xEBF
0x12Ff
0x69048AEFDD010E
0x                 /*空十六进制常量*/
```

二进制整型常量的表示即数字 0 或 1,并且不使用引号。如果使用一个大于 1 的数字,它将被转换为 1。

十进制整型常量即不带小数点的十进制数,例如:

```
1894
2
+145345234
-2147483648
```

3. 实型常量

实型常量有定点表示和浮点表示两种方式。举例如下。

定点表示:

```
1894.1204
2.0
+145345234.2234
-2147483648.10
```

浮点表示:

```
101.5E5
0.5E-2
+123E-3
-12E5
```

4. 日期时间常量

日期时间常量用单引号将表示日期时间的字符串括起来构成。SQL Server 可以识别如下格式的日期和时间。

字母日期格式,例如'April 20,2000'。

数字日期格式,例如'4/15/1998'、'April 20,2000'。

未分隔的字符串格式,例如'20001207'、'December 12,1998'。

如下是时间常量的例子:

```
'14:30:24'
'04:24:PM'
```

如下是日期时间常量的例子:

```
'April 20,2000 14:30:24'
```

5. 货币常量

货币常量即 money 常量,是以"$"作为前缀的一个整型或实型常量数据。下面是货币常量的例子:

```
$12
$542023
-$45.56
+$423456.99
```

6. 唯一标识常量

唯一标识常量即 uniqueidentifier 常量,是用于表示全局唯一标识符(GUID)值的字符串。唯一标识常量可以使用字符或十六进制字符串格式指定。例如:

```
'6F9619FF-8A86-D011-B42D-00004FC964FF'
0xff19966f868b11d0b42d00c04fc964ff
```

5.2.2 数据类型

在 SQL Server 2008 中,根据每个字段(列)、局部变量、表达式和参数对应数据的特性,都有一个相关的数据类型。SQL Server 2008 支持如下两种数据类型。

1. 系统数据类型

系统数据类型又称为基本数据类型。前面章节已详细介绍了系统数据类型,此处不再赘述。

2. 用户自定义数据类型

在多表操作的情况下,当多个表中的列要存储相同类型的数据时,往往要确保这些列具有完全相同的数据类型、长度和为空性(数据类型是否允许空值)。用户自定义数据类型并不是真正的数据类型,它只是提供了一种提高数据库内部元素和基本数据类型之间一致性的机制。

用户自定义数据类型 student_num(见表 5-4)后,可以重新设计学生成绩管理数据库表 XSB、表 CJB 结构中的学号字段,如表 5-5 和表 5-6 所示。

表 5-4 自定义类型 student_num

依赖的系统类型	值允许的长度	为空性
char	6	NOT NULL

表 5-5 表 XSB 中学号字段的重新设计

字段名	类型
学号	student_num

表 5-6 表 CJB 中学号字段的重新设计

字段名	类型
学号	student_num

通过上例可知：要使用用户自定义数据类型，首先应考虑该类型，然后用这种类型来定义字段或变量。创建用户自定义数据类型时首先应考虑如下三个属性：

- 数据类型名称；
- 数据类型所依据的系统数据类型(又称基类型)；
- 为空性。

如果为空性未明确定义，系统将依据数据库或连接的 ANSI Null 默认设置进行指派。

1) 创建用户自定义数据类型

创建用户自定义数据类型的方法有两种：使用对象资源管理器定义和使用命令定义。

(1) 使用对象资源管理器定义。步骤如下。

第 1 步，启动 SQL Server Management Studio，在对象资源管理器窗口中依次展开"数据库""PXSCJ""可编程性"，选择"类型"，右击，在弹出的快捷菜单中选择"新建"选项，再选择"用户定义数据类型"(见图 5-1)，弹出"新建用户定义数据类型"对话框。

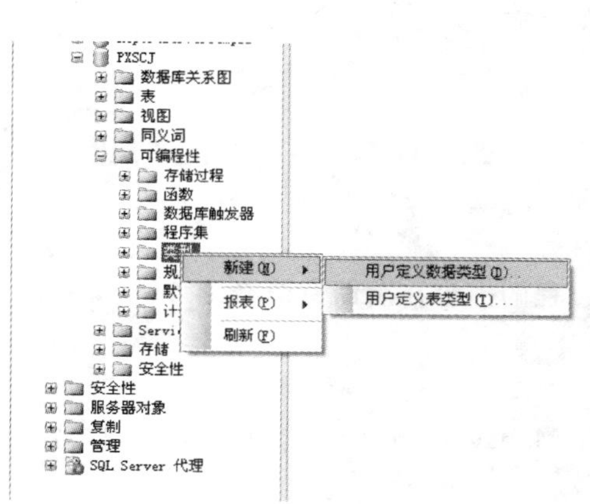

图 5-1　选择"用户定义数据类型"

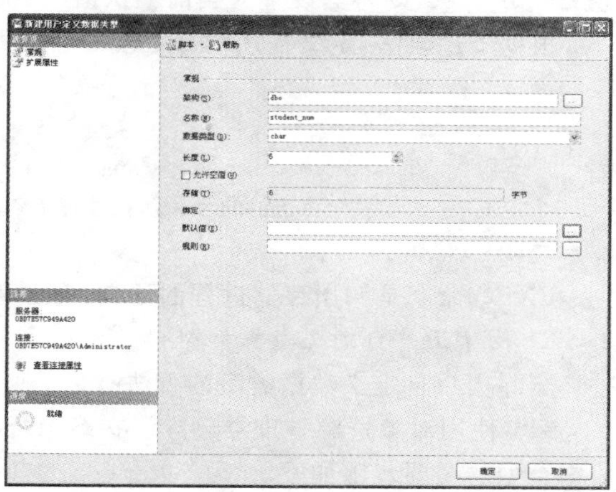

图 5-2　"新建用户定义数据类型"对话框

第 2 步，在"名称"文本框中输入自定义的数据类型名称，如 student_num。在"数据类型"下拉列表框中选择自定义数据类型所基于的系统数据类型，如 char。在"长度"框中填写要定义的数据类型的长度，如 6。其他选项使用默认值，如图 5-2 所示，单击"确定"按钮即可完成数据类型的创建。规则及默认值相关内容在以后章节介绍。

(2) 使用命令定义。在 SQL Server 中，通过系统定义的存储过程 sp_addtype 可以实现用户数据类型的定义。在各语法格式中出现的 sp 表示存储过程(stored procedure)。

sp_addtype 的语法格式如下：

```
sp_addtype  [ @typename= ] type,      /*定义自定义数据类型的名称*/
            [ @phystype= ] system_data_type     /*定义自定义数据类型的基类型*/
            [,[ @nulltype= ] 'null_type' ]     /*定义为空性*/
```

具体说明如下。

- type：用户自定义数据类型的名称。数据类型名称必须遵照标识符的规则，而且在每个数据库中必须是唯一的，数据类型名称必须用单引号括起来。
- system_data_type：用户自定义数据类型所依赖的基类型(如 decimal、int 等)。它可能的取值有以下三种情况。

① 当只是给一个基类型重命名时，取值即为该基类型名。基类型可为 SQL Server 支持

的不需指定长度和精度的系统类型，例如' bit '、' int '、' smallint '、' text '、' datetime '、' real '、' uniqueidentifier'、' image '等。

② 若要指定基类型及允许的数据长度或小数点后保留的位数，则必须用括号将数据长度或指定的保留位数括起来。

如果参数中嵌入有空格或标点符号，则必须用引号将该参数引起来，此时 system_data_type 的定义可为' binary(n)'、' char(n)'、' varchar(n)'、' float(n)'等。在此，“n”为整数，表示存储长度或小数点后的数据位数。

③ 若在用户自定义数据类型中要指定基类型及数据的存储长度、小数点后保留的位数，此时，system_data_type 的定义可为' numeric[(n[,s])]'、' decimal[(n[,s])]'。其中："n"为整数，表示整数的存储长度；"s"为整数，表示数据小数点后保留的位数；中括号表示该项可不定义。

- null_type：指明用户自定义数据类型处理空值的方式。取值可为' NULL '、' NOT NULL '或' NONULL '三者之一（注意：必须用单引号引起来），如果没有用 sp_addtype 显式定义 null_type，则将其设置为当前默认值，系统默认值一般为' NULL '。

根据上述语法，定义描述学号字段的数据类型如下：

```
USE PXSCJ                    /*打开数据库*/
GO
EXEC sp_addtype 'student_num','char(6)','not null'      /*调用存储过程*/
            /*将当前的 T-SQL 批处理语句发送给 SQL Server*/
```

说明：

EXEC 命令是调用存储过程的语句，有关存储过程的内容在后面章节介绍。

2）删除用户自定义数据类型

删除用户自定义数据类型的方法有以下两种。

（1）使用对象资源管理器删除。在 SQL Server Management Studio 中删除用户自定义数据类型的主要步骤如下。

启动 SQL Server Management Studio，在对象资源管理器窗口中依次展开“数据库”“PXSCJ”“可编程性”“类型”“用户定义数据类型”，选择“dbo. student_num”，右击，在弹出的快捷菜单中选择“删除”菜单项（见图 5-3），打开“删除对象”对话框（见图 5-4）后单击“确定”按钮即可。

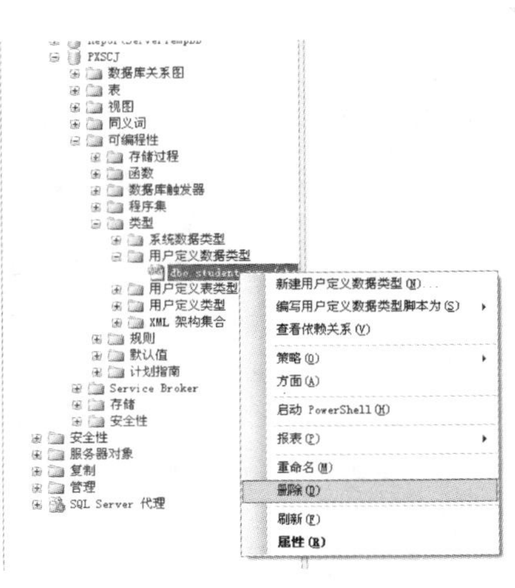

图 5-3 选择“删除”菜单项

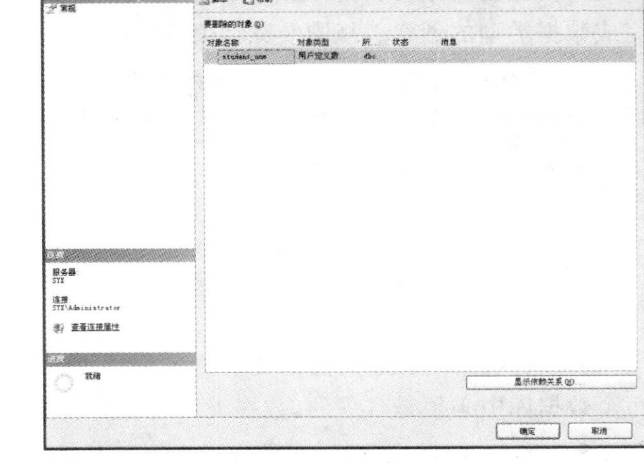

图 5-4 “删除对象”对话框

（2）使用命令删除用户自定义数据类型。使用命令方式也可以通过系统存储过程来实现用户自定义数据类型的删除。

语法格式：

```
sp_droptype [@typename= ] type
```

其中，type 为用户自定义数据类型的名称，应用单引号括起来。

例如，删除前面定义的 student_num 类型的语句为：

```
EXEC sp_droptype 'student_num'            /*调用存储过程*/
```

说明如下。

① 如果在表定义内使用某个用户自定义的数据类型，或者将某个规则或默认值绑定到这种数据类型，则不能删除该类型。

② 要删除一个用户自定义数据类型，该数据类型必须已经存在，否则返回一条错误信息。

③ 执行权限。执行权限默认授予 sysadmin 固定服务器角色、db_ddladmin 和 db_owner 固定数据库角色成员以及数据类型所有者。

3. 利用用户自定义数据类型定义字段

在定义数据类型后，接着应考虑定义这种类型的字段，同样可以利用对象资源管理器和 T-SQL 命令两种方式实现。读者可以参照系统数据类型的定义方法进行定义，不同点只是数据类型为用户自定义数据类型，而不是系统数据类型。

例如，在对象资源管理器中对于表 XSB 的学号字段的定义如图 5-5 所示。

列名	数据类型	允许 Null 值
StudentId	char(6)	☐
Sname	char(8)	☐
Speciality	char(10)	☑
Sex	char(5)	☑
Birthday	datetime	☐
Total	int	☐
Remark	text	☑
		☐

图 5-5　使用用户自定义数据类型定义表 XSB

利用命令方式定义表 XSB 的表结构如下：

```
CREATE TABLE XSB
(
    StudentId  student_num NOT NULL PRIMARY KEY, /*将学号定义为 student_num 类型*/
    Sname  char(8) NOT NULL,
    Sex  bit NULL DEFAULT (1),
    Birthday  datetime NULL,
    Speciality char(12) NULL,
    Total  int NULL,
    Remark  varchar(500) NULL
)
```

5.2.3　变量

变量用于临时存放数据，变量中的数据随着程序的执行而变化。变量有名称及其数据类型两个属性。变量的数据类型确定了该变量存放值的格式及允许的运算。

1. 变量

变量名必须是一个合法的标识符。

1）标识符

在 SQL Server 中标识符分为两类：常规标识符和分隔标识符。

- 常规标识符：以 ASCII 字母、Unicode 字母、下划线(_)、@或＃开头，后续可跟一个或若干个 ASCII 字符、Unicode 字符、下划线(_)、美元符号($)、@或＃，但不能全为下划线(_)、@或＃。

注意：常规标识符不能是 T-SQL 的保留字。常规标识符中不允许嵌入空格或其他特殊字符。

- 分隔标识符：包含在双引号或者方括号([ ])内的常规标识符或不符合常规标识符规则的标识符。

标识符允许的最大长度为 128 个字符。符合常规标识符格式规则的标识符可以分隔，也可以不分隔。对不符合常规标识符格式规则的标识符必须进行分隔。

2）变量的分类

SQL Server 中变量可分为两类：全局变量和局部变量。

- 全局变量：全局变量由系统提供且预先声明，通过在名称前加两个“@”符号区别于局部变量。T-SQL 中全局变量作为函数引用。例如：@@ERROR 返回执行的上一个 T-SQL语句的错误号；@@CONNECTIONS 返回自上次启动 SQL Server 以来连接或试图连接的次数。
- 局部变量：局部变量用于保存单个数据值。例如，保存运算的中间结果，作为循环变量等。

当首字母为“@”时，表示该标识符为局部变量名；当首字母为“＃”时，此标识符为一临时数据库对象名。若开头含一个“＃”，表示局部临时数据库对象名；若开头含两个“＃”，表示全局临时数据库对象名。

2. 局部变量的使用

1）局部变量的定义与赋值

(1) 局部变量的定义。在批处理或过程中用 DECLARE 语句声明局部变量，所有局部变量在声明后均初始化为 NULL。

语法格式：

```
DECLARE { @local_variable data_type } [,…n]
```

具体说明如下。

- local_variable：局部变量名，应为常规标识符。前面的“@”表示是局部变量。
- data_type：数据类型，用于定义局部变量的类型，可为系统数据类型或用户自定义数据类型。
- n：表示可定义多个变量，各变量间用逗号隔开。

(2) 局部变量的赋值。当声明局部变量后，可用 SET 或 SELECT 语句给其赋值。

用 SET 语句赋值：将用 DECLARE 语句创建的局部变量设置为给定表达式的值。

语法格式：

```
SET  @local_variable=expression
```

具体说明如下。

- @local_variable：是除 cursor、text、ntext、image 外的任何类型的变量名。变量名必须以“@”开头。
- expression：是任何有效的 SQL Server 表达式。

【例 5-1】 创建局部变量@var1、@var2 并赋值，然后输出变量的值。

新建一个查询，在查询分析器窗口中输入并执行如下语句：

```
DECLARE @var1 char(10),@var2 char(30)
SET  @var1='中国'          /*一个 SET 语句只能给一个变量赋值*/
SET  @var2= @var1+ '是一个伟大的国家'
SELECT @var1,@var2
GO
```

执行结果如图 5-6 所示。

	(无列名)	(无列名)
1	中国	中国 是一个伟大的国家

图 5-6 执行结果(例 5-1)

【例 5-2】 创建一个名为 sex 的局部变量，并在 SELECT 语句中使用该局部变量查找表 XSB 中所有女同学的学号、姓名。

```
USE PXSCJ
GO
DECLARE @sex bit
SET @sex=0
SELECT StudentId AS 学号,Sname AS 姓名 FROM  XSB  WHERE Sex=@sex
```

执行结果如图 5-7 所示。

【例 5-3】 使用查询语句给变量赋值。

```
DECLARE @student char(8)
SET @student= (SELECT Sname FROM XSB WHERE StudentId='081101')
SELECT @student
```

用 SELECT 语句赋值的语法格式：

```
SELECT {@local_variable= expression} [,…n]
```

说明：

- @local_variable：是除 cursor、text、ntext、image 外的任何类型变量名，变量名必须以“@”开头。
- expression：任何有效的 SQL Server 表达式。
- 一个 SELECT 语句可以初始化多个局部变量。

【例 5-4】 使用 SELECT 语句给局部变量赋值。

```
DECLARE @var1 nvarchar(30)
SELECT @var1='刘丰'
SELECT  @var1 AS NAME
```

执行结果如图 5-8 所示。

【例 5-5】 给局部变量赋空值。

```
DECLARE @var1 nvarchar(30)
SELECT @var1='刘丰'
SELECT @var1=
  (
     SELECT Sname
        FROM XSB
```

```
            WHERE StudentId='089999'
    )
   SELECT @var1 AS  NAME
```

执行结果如图 5-9 所示。

	学号	姓名
1	081103	王燕
2	081110	张蔚
3	081111	赵琳
4	081113	严红
5	081204	马琳琳
6	081220	吴薇华
7	081221	刘燕敏
8	081241	罗林琳

图 5-7　执行结果(例 5-2)

图 5-8　执行结果(例 5-4)

	NAME
1	NULL

图 5-9　执行结果(例 5-5)

2）局部游标变量的定义与赋值

（1）局部游标变量的定义。语法格式：

```
DECLARE { @cursor_variable_name CURSOR } [,…n]
```

@cursor_variable_name 是局部游标变量名，应为常规标识符。前面的“@”表示是局部的。CURSOR 表示该变量是游标变量。

（2）局部游标变量的赋值。利用 SET 语句为一个游标变量赋值，有以下三种情况：

- 将一个已存在的并且已赋值的游标变量的值赋给另一个局部游标变量；
- 将一个已声明的游标名赋给指定的局部游标变量；
- 声明一个游标，同时将其赋给指定的局部游标变量。

上述三种情况的语法格式如下。

```
SET
{ @cursor_variable=
{  @cursor_variable   /*将一个已赋值的游标变量的值赋给一个目标游标变量*/
 | cursor_name        /*将一个已声明的游标名赋给游标变量*/
 | { CURSOR 子句 }   /*游标声明*/
}
}
```

具体说明如下。

- cursor_variable：用于指定游标变量名，如果目标游标变量先前引用了一个不同的游标，则删除先前的引用。
- cursor_name：指用 DECLARE CURSOR 语句声明的游标名。

对于关键字 CURSOR 引导游标声明的语法格式及含义，请参考游标部分的章节。

（3）游标变量的使用步骤如下。

定义游标变量→给游标变量赋值→打开游标→使用游标读取行(记录)→使用结束后关闭游标→删除游标的引用。

【例 5-6】 使用游标变量。

```
USE PXSCJ
GO
DECLARE  @CursorVar CURSOR                    /*定义游标变量*/
SET  @CursorVar= CURSOR SCROLL DYNAMIC         /*为游标变量赋值*/
```

```
    FOR
    SELECT 学号,姓名
        FROM  XSB
        WHERE 姓名 LIKE  '王%'
OPEN @CursorVar                          /*打开游标*/
FETCH  NEXT  FROM @CursorVar        /*通过游标读取行记录*/
CLOSE @CursorVar
DEALLOCATE @CursorVar         /*删除对游标的引用*/
```

5.3 运算符与表达式

SQL Server 2008 提供如下几类运算符:算术运算符、赋值运算符、位运算符、比较运算符、逻辑运算符、字符串连接运算符和一元运算符。通过运算符连接运算量构成表达式。

5.3.1 运算符

1. 算术运算符

算术运算符在两个表达式上执行数学运算,这两个表达式可以是任何数字数据类型。

算术运算符有+(加)、-(减)、*(乘)、/(除)和%(求模)五种运算。+(加)和-(减)运算符还可用于对 datetime 及 smalldatetime 值进行算术运算。

2. 位运算符

位运算符在两个表达式之间执行位操作,这两个表达式的类型可为整型或与整型兼容的数据类型(如字符型等,但不能为 image 类型)。位运算符如表 5-7 所示。

表 5-7 位运算符

运算符	运算规则
&	两个位均为 1 时,结果为 1,否则为 0
|	只要一个位为 1,则结果为 1,否则为 0
^	两个位值不同时,结果为 1,否则为 0

【例 5-7】 在 master 数据库中建立表 bitop,并插入一行,然后将 a 字段和 b 字段列上值进行按位与运算。

```
USE master
GO
CREATE TABLE bitop
(
    a int NOT NULL,
    b int NOT NULL
)
INSERT bitop VALUES (168,73)
SELECT a & b,  a | b,  a ^ b
  FROM bitop
GO
```

执行结果如图 5-10 所示。

	(无列名)	(无列名)	(无列名)
1	8	233	225

图 5-10　执行结果(例 5-7)

说明:

a(168)的二进制表示为 0000 0000 1010 1000;b(73)的二进制表示为 0000 0000 0100 1001。在这两个值之间进行的位运算如下。

```
(a &b):
        0000 0000 1010 1000
        0000 0000 0100 1001
   ___________________________
        0000 0000 0000 1000(十进制值为 8)
(a | b):
        0000 0000 1010 1000
        0000 0000 0100 1001
   ___________________________
        0000 0000 1110 1001(十进制值为 233)
(a ^ b):
        0000 0000 1010 1000
        0000 0000 0100 1001
   ___________________________
        0000 0000 1110 0001(十进制值为 225)
```

3. 比较运算符

比较运算符(又称关系运算符)如表 5-8 所示,用于测试两个表达式的值是否相同,其运算结果为逻辑值,可以为三种之一:TRUE、FALSE 及 UNKNOWN。

表 5-8　比较运算符

运算符	含义	运算符	含义
=	相等	<=	小于等于
>	大于	<>、!=	不等于
<	小于	!<	不小于
>=	大于等于	!>	不大于

除 text、ntext 或 image 类型的数据外,比较运算符可以用于所有的表达式。下面的例子用于查询指定学号的学生在表 XSB 中的信息,其中,IF 语句为条件判断语句。

```
USE PXSCJ
GO
DECLARE @student char(10)
SET @student='081101'
IF (@student < > 0)
    SELECT *
      FROM  XSB
      WHERE StudentId= @student
```

执行结果如图 5-11 所示。

	StudentId	Sname	Speciality	Sex	Birthday	Total	Remark
1	081101	刘明仪	计算机	1	1998-03-02 00:00:00.000	50	NULL

图 5-11　执行结果(查询指定学号的学生的信息)

4. 逻辑运算符

逻辑运算符用于对某个条件进行测试，运算结果为 TRUE 或 FALSE。SQL Server 提供的逻辑运算符如表 5-9 所示。这里的逻辑运算符在 SELECT 语句的 WHERE 子句中使用过，此处再做一些补充。

表 5-9　逻辑运算符

运算符	运算规则
AND	如果两个操作数值都为 TRUE，运算结果为 TRUE
OR	如果两个操作数中有一个为 TRUE，运算结果为 TRUE
NOT	若一个操作数值为 TRUE，运算结果为 FALSE，否则为 TRUE
ALL	如果每个操作数值都为 TRUE，运算结果为 TRUE
ANY	在一系列操作数中只要有一个为 TRUE，运算结果为 TRUE
BETWEEN	如果操作数在指定的范围内，运算结果为 TRUE
EXISTS	如果子查询包含一些行，运算结果为 TRUE
IN	如果操作数值等于表达式列表中的一个，运算结果为 TRUE
LIKE	如果操作数与一种模式相匹配，运算结果为 TRUE
SOME	如果在一系列操作数中，有些值为 TRUE，运算结果为 TRUE

1）ANY、SOME、ALL、IN 的使用

可以将 ALL 或 ANY 关键字与比较运算符组合进行子查询。SOME 的用法与 ANY 相同。以＞比较运算符为例：

＞ALL 表示大于每一个值，即大于最大值。例如，＞ALL(5,2,3)表示大于 5。因此，使用＞ALL 的子查询也可用 MAX 集函数实现。

＞ANY 表示至少大于一个值，即大于最小值。例如，＞ANY (7,2,3)表示大于 2。因此，使用＞ANY 的子查询也可用 MIN 集函数实现。

＝ANY 运算符与 IN 等效。

＜＞ALL 与 NOT IN 等效。

【例 5-8】 查询成绩高于“林一帆”最高成绩的学生姓名、课程名及成绩。

```
USE PXSCJ
GO
SELECT Sname,CourseName,Grade
  FROM XSB,CJB,KCB
  WHERE Grade> ALL
  (
      SELECT b. Grade
        FROM XSB a,  CJB b
          WHERE a.StudentId= b. StudentId AND  a.Sname='林一帆'
```

```
)
AND XSB.StudentId= CJB.StudentId
AND KCB.CourseId= CJB.CourseId
AND Sname< > '林一帆'
```

执行结果如图 5-12 所示。

	Sname	CourseName	Grade
1	刘明仪	计算机基础	90
2	刘明仪	数据结构	60
3	刘明仪	计算机原理	70
4	王熙凤	离散数学	89
5	王熙凤	计算机网络	96
6	李鹏	离散数学	78
7	李鹏	计算机网络	85
8	马其顿	计算机基础	67
9	马其顿	数据结构	90

图 5-12　执行结果(例 5-8)

2) BETWEEN 的使用

语法格式：

```
test_expression [ NOT ] BETWEEN begin_expression AND end_expression
```

如果 test_expression 的值大于或等于 begin_expression 的值并且小于或等于 end_expression 的值，则运算结果为 TRUE，否则为 FALSE。

test_expression 为测试表达式，begin_expression 和 end_expression 指定测试范围，三个表达式的类型必须相同。

NOT 关键字表示对谓词 BETWEEN 的运算结果取反。

【例 5-9】 查询总学分在 40～50 范围内的学生的学号和姓名。

```
SELECT StudentId,Sname,Total
  FROM  XSB
  WHERE Total BETWEEN 40 AND 50
```

使用>=和<=代替 BETWEEN 实现例 5-9：

```
SELECT StudentId,Sname,Total
   FROM  XSB
   WHERE  Total> = 40  AND Total < = 50
```

【例 5-10】 查询总学分在范围 40～50 之外的所有学生的学号和姓名。

```
SELECT StudentId,Sname,Total
  FROM  XSB
  WHERE Total NOT BETWEEN 40 AND 50
```

3) LIKE 的使用

语法格式：

```
match_expression [ NOT ] LIKE pattern [ ESCAPE escape_character ]
```

确定给定的字符串是否与指定的模式匹配，若匹配，运算结果为 TRUE，否则为 FALSE。模式可以包含普通字符和通配字符。

【例 5-11】 查询课程名以"计"或 C 开头的情况。

```
SELECT *
   FROM KCB
  WHERE CourseName LIKE '[计 C]%'
```

4) EXISTS 与 NOT EXISTS 的使用

语法格式：

```
EXISTS subquery
```

用于检测一个子查询的结果是否不为空，若是则运算结果为真，否则为假。subquery 用于代表一个受限的 SELECT 语句(不允许有 COMPUTE 子句和 INTO 关键字)。EXISTS

子句的功能有时可用 IN 或＝ANY 运算符实现，而 NOT EXISTS 的作用与 EXISTS 正相反。

【例 5-12】 查询所有选课学生的姓名。

```
SELECT DISTINCT Sname
  FROM  XSB
  WHERE  EXISTS
  (
    SELECT  *
      FROM  CJB
      WHERE  XSB.StudentId= CJB.StudentId
  )
```

使用 IN 子句实现上述子查询：

```
SELECT DISTINCT Sname
  FROM XSB
  WHERE StudentId IN
  (
        SELECT StudentId
            FROM CJB
  )
```

5. 字符串连接运算符

通过运算符"＋"实现两个字符串的连接运算。

【例 5-13】 多个字符串的连接。

```
SELECT  (StudentId+   ','+ Sname)  AS 学号及姓名
  FROM XSB
  WHERE StudentId='081101'
```

执行结果如图 5-13 所示。

	学号及姓名
1	081101,王林

图 5-13 执行结果(例 5-13)

6. 一元运算符

一元运算符有＋(正)、－(负)和～(按位取反)三个。"＋""－"运算符是大家熟悉的。按位取反运算符的举例如下：

设 a 的值为 12(0000 0000 0000 1100)，计算～a 的值为 1111 1111 1111 0011。

7. 赋值运算符

赋值运算符指给局部变量赋值的 SET 和 SELECT 语句中使用的"＝"。

8. 运算符的优先顺序

当一个复杂的表达式有多个运算符时，运算符优先级决定执行运算的先后次序。执行的顺序会影响所得到的运算结果。

运算符优先级如表 5-10 所示。在一个表达式中按先高(优先级数字小)后低(优先级数字大)的顺序进行运算。

表 5-10　运算符优先级表

运算符	优先级	运算符	优先级
+(正)、-(负)、~(按位 NOT)	1	NOT	6
*(乘)、/(除)、%(模)	2	AND	7
+(加)、+(串联)、-(减)	3	ALL、ANY、BETWEEN、IN、LIKE、OR、SOME	8
=,>,<,>=,<=,<>,!=,!>,!<比较运算符	4	=(赋值)	9
^(位异或)、&(位与)、|(位或)	5		

5.3.2　表达式

一个表达式就是常量、变量、列名、复杂计算、运算符和函数的组合。一个表达式通常可以得到一个值。与常量和变量一样，一个表达式的值也具有某种数据类型，可能的数据类型有字符类型、数值类型、日期时间类型。这样根据表达式的值的类型，表达式可分为字符型表达式、数值型表达式和日期时间型表达式。

表达式还可以根据值的复杂性来分类。

当表达式的结果只是一个值，例如一个数值、一个单词或一个日期，这种表达式叫作标量表达式。例如 1+2、'a'，> 'b'。

当表达式的结果是由不同类型数据组成的一行值，这种表达式叫作行表达式。例如：(学号,'王林','计算机',50 * 10)，当学号列的值为 081101 时，这个行表达式的值就为('081101','王林','计算机',500)。

当表达式的结果为 0 个、1 个或多个行表达式的集合，那么这个表达式就叫作表表达式。表达式一般用在 SELECT 以及 SELECT 语句的 WHERE 子句中。

5.4　流程控制语句

设计程序时，常常需要利用各种流程控制语句改变计算机的执行流程以满足程序设计的需要。SQL Server 提供了表 5-11 所示的流程控制语句。

表 5-11　SQL Server 流程控制语句

控制语句	说明	控制语句	说明
BEGIN…END	语句块	CONTINUE	用于重新开始下一次循环
IF…ELSE	条件语句	BREAK	用于退出最内层的循环
CASE	分支语句	RETURN	无条件返回
GOTO	无条件转移语句	WAITFOR	为语句的执行设置延迟
WHILE	循环语句		

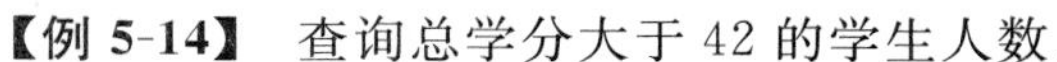

【例 5-14】　查询总学分大于 42 的学生人数。

```
USE PXSCJ
GO
DECLARE @num int
SELECT @num= (SELECT COUNT(Sname) FROM XSB WHERE  Total>42)
IF @num< >0
  SELECT @num AS '总学分>42 的人数'
```

5.4.1 BEGIN…END 语句块

在 T-SQL 中可以定义 BEGIN…END 语句块。当要执行多条 T-SQL 语句时,就需要使用 BEGIN…END 将这些语句定义成一个语句块,作为一组语句来执行。语法格式如下:

```
BEGIN
  { sql_statement | statement_block }
END
```

关键字 BEGIN 是 T-SQL 语句块的起始位置,END 标识同一个 T-SQL 语句块的结尾。sql_statement 是语句块中的 T-SQL 语句。BEGIN…END 可以嵌套使用,statement_block 表示使用 BEGIN…END 定义的另一个语句块。例如:

```
USE PXSCJ
GO
BEGIN
  SELECT *  FROM XSB
  SELECT *  FROM KCB
END
```

5.4.2 条件语句

在程序中如果要对给定的条件进行判定,当条件为真或假时分别执行不同的 T-SQL 语句,可用 IF…ELSE 语句实现。

语法格式:

```
IF Boolean_expression                          /*条件表达式*/
  { sql_statement | statement_block }      /*条件表达式为真时执行*/
[ ELSE
  { sql_statement | statement_block } ]      /*条件表达式为假时执行*/
```

说明:

Boolean_expression 是条件表达式,如果条件表达式中含有 SELECT 语句,必须用圆括号括起来,运算结果为 TRUE 或 FALSE。

由上述语法格式可以看出,条件语句有带 ELSE 部分和不带 ELSE 部分两种使用形式。

1. 带 ELSE 部分

IF 条件表达式

```
      A                    /*T-SQL 语句或语句块*/
ELSE
      B                    /*T-SQL 语句或语句块*/
```

当条件表达式的值为真时执行 A,然后执行 IF 语句的下一语句;条件表达式的值为假时执行 B,然后执行 IF 语句的下一语句。

2. 不带 ELSE 部分

IF 条件表达式

```
    A /*T-SQL 语句或语句块*/
```

当条件表达式的值为真时执行 A，然后执行 IF 语句的下一条语句；当条件表达式的值为假时直接执行 IF 语句的下一语句。

IF 语句的执行流程如图 5-14 所示。

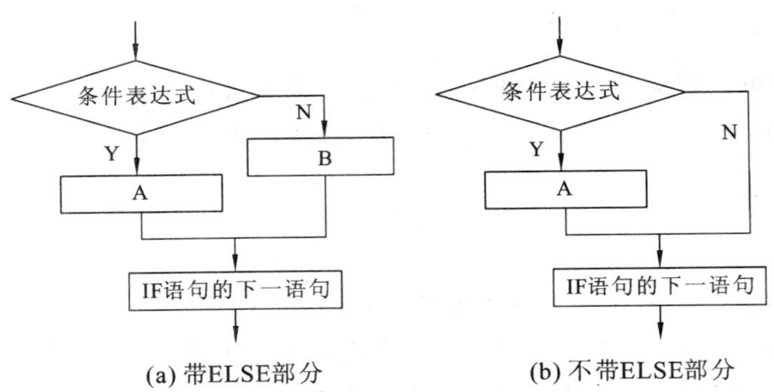

图 5-14　IF 语句的执行流程

如果在 IF…ELSE 语句的 IF 区和 ELSE 区都使用了 CREATE TABLE 语句或 SELECT INTO 语句，那么 CREATE TABLE 语句或 SELECT INTO 语句必须使用相同的表名。

IF…ELSE 语句可用在批处理、存储过程（经常使用这种结构测试是否存在着某个参数）及特殊查询中。

可在 IF 区或在 ELSE 区嵌套另一个 IF 语句，对于嵌套层数没有限制。

【例 5-15】 如果"计算机基础"课程的平均成绩高于 75 分，则显示"平均成绩高于 75 分"。

```
IF
(
  SELECT  AVG(Grade)
    FROM  XSB,CJB,KCB
    WHERE  XSB.StudentId= CJB. StudentId
      AND  CJB.CourseId= KCB. CourseId
      AND  KCB.CourseName='计算机基础'
) <75
  SELECT  '平均成绩低于 75'
ELSE
  SELECT '平均成绩高于 75'
```

【例 5-16】 IF…ELSE 语句的嵌套使用。

```
IF
(  SELECT  AVG(Grade)
  FROM  XSB,CJB,KCB
    WHERE  XSB.StudentId= CJB. StudentId
    AND  CJB.CourseId= KCB. CourseId
    AND  KCB.CourseName='计算机基础'
) <75
```

```
  SELECT  '平均成绩低于 75'
ELSE
  IF
  SELECT  AVG(Grade)
    FROM  XSB,CJB,KCB
      WHERE  XSB.StudentId= CJB. StudentId
      AND  CJB.CourseId= KCB. CourseId
      AND  KCB.CourseName='计算机基础'
)>75
  SELECT  '平均成绩高于 75'
```

注意：若子查询跟随在=、!=、<、<=、>、>=之后，或子查询用作表达式，子查询返回的值不允许多于一个。

5.4.3 CASE 语句

CASE 语句在介绍选择列的时候已经涉及过。这里介绍 CASE 语句在流程控制中的用法，与之前略有不同。

语法格式如下。

第一种格式：

```
CASE input_expression
  WHEN when_expression THEN result_expression
    [ …n ]
  [ ELSE else_result_expression ]
END
```

第二种格式：

```
CASE
  WHEN Boolean_expression THEN result_expression
  [ …n ]
  [ ELSE else_result_expression ]
END
```

第一种格式中 input_expression 是要判断的值或表达式，接下来是一系列的 WHEN-THEN 块，每一块的 when_expression 参数指定要与 input_expression 比较的值，如果为真，就执行 result_expression 中的 T-SQL 语句。如果前面的每一块都不匹配，就会执行 ELSE 块指定的语句。CASE 语句最后以 END 关键字结束。

第二种格式中 CASE 关键字后面没有参数，在 WHEN-THEN 块中，Boolean _ expression 指定了一个比较表达式，表达式为真时执行 THEN 后面的语句。与第一种格式相比，这种格式能够实现更为复杂的条件判断，使用起来更方便。

【例 5-17】 使用第一种格式的 CASE 语句根据性别值输出“1”或“0”。

```
SELECT StudentId,Sname,Speciality,Sex=
      CASE Sex
        WHEN '男' THEN '1'
        WHEN '女' THEN '0'
```

```
        ELSE  '无'
     END
  FROM XSB
  WHERE Total> 48
```

使用第二种格式的 CASE 语句则可以使用以下 T-SQL 语句：

```
  SELECT StudentId,Sname,Speciality,Sex=
    CASE
      WHEN Sex= '男' THEN '1'
      WHEN Sex= '女' THEN '0'
      ELSE  '无'
    END
  FROM XSB
  WHERE Total> 48
```

5.4.4　无条件转移语句

无条件转移语句将执行流程转移到标号指定的位置。

语法格式：

```
GOTO  label
```

label 是指向的语句标号，标号必须符合标识符规则。

标号的定义形式：

```
label:语句
```

5.4.5　循环语句

1. WHILE 循环语句

如果需要重复执行程序中的一部分语句，可使用 WHILE 循环语句实现。

语法格式：

```
WHILE Boolean_expression                        /*条件表达式*/
{ sql_statement | statement_block }           /*T-SQL 语句序列构成的循环体*/
```

WHILE 语句的执行流程如图 5-15 所示。

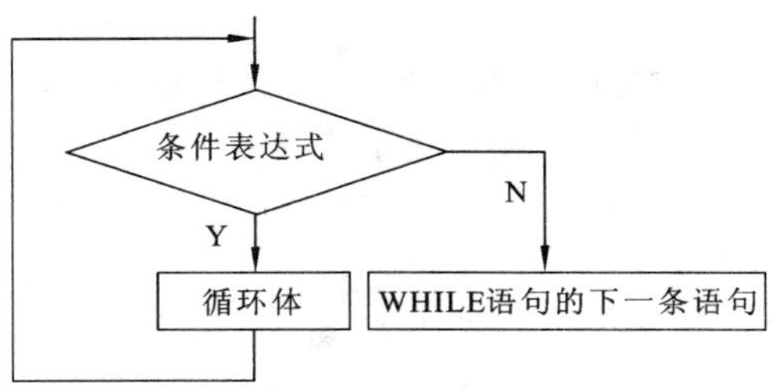

图 5-15　WHILE 语句的执行流程

从 WHILE 循环的执行流程可看出其使用形式：

```
    WHILE 条件表达式
        循环体              /*T-SQL 语句或语句块*/
```

当条件表达式的值为真时，执行构成循环体的 T-SQL 语句或语句块，然后再进行条件判断，重复上述操作，直至条件表达式的值为假，退出循环体的执行。

【例 5-18】 将学号为 081101 的学生的总学分使用循环修改到大于等于 60,每次只加 2,并判断循环了多少次。

```
USE PXSCJ
GO
DECLARE @num INT
SET @num= 0
WHILE (SELECT Total FROM XSB WHERE StudentId='081101')< 60
BEGIN
    UPDATE XSB SET Total= Total+ 2 WHERE StudentId='081101'
    SET @num= @num+ 1
END
SELECT @num AS 循环次数
```

执行结果如图 5-16 所示。

	循环次数
1	5

图 5-16 执行结果(例 5-18)

2. BREAK 语句

语法格式:

```
BREAK
```

BREAK 语句一般用在循环语句中,用于退出本层循环。当程序中有多层循环嵌套时,使用 BREAK 语句只能退出其所在的这一层循环。

3. CONTINUE 语句

语法格式:

```
CONTINUE
```

CONTINUE 语句一般用在循环语句中,结束本次循环,重新转到下一次循环条件的判断中。

5.4.6 无条件返回语句

RETURN 用于从存储过程、批处理或语句块中无条件退出,不执行位于 RETURN 之后的语句。

语法格式:

```
RETURN [ integer_expression ]
```

如果不提供 integer_expression,则退出程序并返回一个空值。如果用在存储过程中,可以返回整型值 integer_expression。

说明:

① 除非特别指明,所有系统存储过程返回 0 值表示成功,返回非零值则表示失败。

② 当用于存储过程时,RETURN 不能返回空值。

【例 5-19】 判断是否存在学号为 081128 的学生,如果存在则返回,不存在则插入 081128 的学生信息。

```
    IF EXISTS(SELECT *  FROM XSB WHERE StudentId='081128')
        RETURN
    ELSE
        INSERT INTO XSB VALUES('081128','张可','男','1990-08-12','计算机',52,
NULL)
```

5.4.7 等待语句

等待语句 WAITFOR 指定触发语句块、存储过程或事务执行的时刻或需等待的时间间隔。

语法格式：

```
    WAITFOR
    {
        DELAY 'time_to_pass'
      | TIME 'time_to_execute'
    }
```

说明：

DELAY 'time_to_pass'：用于指定运行批处理、存储过程和事务必须等待的时间，最长可达 24 小时。time_to_pass 可以用 datetime 数据格式指定，用单引号括起来，但在值中不允许有日期部分。也可以用局部变量指定参数。

TIME 'time_to_execute'：指定运行批处理、存储过程和事务的时间，time_to_execute 表示 WAITFOR 语句完成的时间，值的指定同上。

【例 5-20】 设定在早上八点执行存储过程 sp_addrole。

```
    BEGIN
        WAITFOR TIME '8:00'
        EXECUTE sp_addrole 'Manager'
    END
```

5.5 系统内置函数

5.5.1 系统内置函数介绍

1. 行集函数

行集函数是返回值为对象的函数，该对象可在 T-SQL 语句中作为表引用。所有行集函数都是非确定的，即每次用一组特定参数调用它们时，所返回的结果不总是相同的。

SQL Server 主要提供了如下行集函数。

(1) CONTAINSTABLE：对于基于字符类型的列，按照一定的搜索条件进行精确或模糊的匹配，然后返回一个表，该表可能为空。

(2) FREETEXTTABLE：为基于字符类型的列返回一个表，其中的值符合指定文本的含义，但不符合确切的表达方式。

(3) OPENDATASOURCE：提供与数据源的连接。

(4) OPENQUERY：在指定数据源上执行查询。可以在查询的 FROM 子句中像引用基本表一样引用 OPENQUERY 函数，虽然查询可能返回多个记录，但 OPENQUERY 只返回第一个记录。

(5) OPENROWSET:包含访问 OLE DB 数据源中远程数据所需的全部连接信息。可在查询的 FROM 子句中像引用基本表一样引用 OPENROWSET 函数,虽然查询可能返回多个记录,但 OPENROWSET 只返回第一个记录。

2. 聚合函数

聚合函数对一组值操作,返回单一的汇总值。聚合函数在如下情况下,允许作为表达式使用:

(1) SELECT 语句的选择列表(子查询或外部查询);

(2) COMPUTE 或 COMPUTE BY 子句;

(3) HAVING 子句。

3. 标量函数

标量函数的特点:输入参数的类型为基本类型,返回值也为基本类型。SQL Server 包含如下几类标量函数:①配置函数;②系统函数;③系统统计函数;④数学函数;⑤字符串函数;⑥日期时间函数;⑦游标函数;⑧文本和图像函数;⑨元数据函数;⑩安全函数。

5.5.2 常用系统标量函数

1. 配置函数

配置函数用于返回当前配置选项设置的信息。全局变量是以函数形式使用的,配置函数一般都是全局变量名。

2. 数学函数

数学函数可对 SQL Server 提供的数字数据(decimal、integer、float、real、money、smallmoney、smallint 和 tinyint)进行数学运算并返回运算结果。默认情况下,对 float 数据类型数据的内置运算的精度为六个小数位。

下面给出几个例子说明数学函数的使用。

1) ABS 函数

语法格式:

```
ABS(numeric_expression)
```

返回给定数字表达式的绝对值。参数 numeric_expression 为数字型表达式(bit 数据类型除外),返回值类型与 numeric_expression 相同。

【例 5-21】 显示 ABS 函数对三个不同数字的效果。

SELECT ABS(−5.0), ABS(0.0), ABS(8.0)

执行结果如图 5-17 所示。

2) RAND 函数

语法格式:

```
RAND ([ seed ])
```

返回 0 到 1 之间的一个随机值。参数 seed 是指定种子值的整型表达式,返回值类型为 float。如果未指定 seed,则随机分配种子值。对于指定的种子值,返回的结果始终相同。

【例 5-22】 通过 RAND 函数返回随机值。

```
DECLARE @count int
SET @count= 5
SELECT RAND(@count)
```

3. 字符串函数

字符串函数用于对字符串进行处理。下面介绍一些常用的字符串函数。

1）ASCII 函数

语法格式：

```
ASCII ( character_expression )
```

返回字符表达式最左端字符的 ASCII 值。参数 character_expression 的类型为字符型的表达式，返回值为整型。

【例 5-23】 查找字符串'sql'的最左端字符的 ASCII 的值。

```
SELECT ASCII('sql')
```

执行结果如图 5-18 所示。

	(无列名)	(无列名)	(无列名)
1	5.0	0.0	8.0

图 5-17 执行结果(例 5-21)

	(无列名)
1	115

图 5-18 执行结果(例 5-23)

2）CHAR 函数

语法格式：

```
CHAR ( integer_expression )
```

将 ASCII 码转换为字符。参数 integer_expression 为介于 0～255 之间的整数，返回值为字符型。

3）LEFT 函数

语法格式：

```
LEFT ( character_expression,integer_expression )
```

返回从字符串左边开始指定个数的字符。参数 character_expression 为字符型表达式，integer_expression 为整型表达式，返回值为 varchar 类型。

【例 5-24】 返回课程名最左边的 4 个字符。

```
SELECT LEFT(CourseName,4)
  FROM KCB
  ORDER BY CourseId
```

4）LTRIM 函数

语法格式：

```
LTRIM ( character_expression )
```

删除 character_expression 字符串中的前导空格，并返回字符串。

【例 5-25】 使用 LTRIM 字符删除字符变量中的前导空格。

```
DECLARE @string varchar(40)
SET @string='         中国,一个古老而伟大的国家 '
SELECT  LTRIM(@string)
SELECT @string
```

5）REPLACE 函数

语法格式：

```
REPLACE ( 'string_expression1','string_expression2','string_expression3' )
```

用第三个字符串表达式替换第一个字符串表达式中包含的第二个字符串表达式，并返回替换后的表达式。参数 string_expression1、string_expression2 和 string_expression3 均为字符串表达式。返回值为字符型。

6）SUBSTRING 函数

语法格式：

```
SUBSTRING ( expression,start,length )
```

返回 expression 中指定的部分数据。参数 expression 可为字符串、二进制串、text、image 字段或表达式；start、length 均为整型，前者指定子串的开始位置，后者指定子串的长度（要返回字节数）。如果 expression 是字符类型和二进制类型，则返回值类型与 expression 的类型相同。在其他情况下，参考表 5-12。

表 5-12　SUBSTRING 函数返回值不同于给定表达式的情况

给定的表达式	返回值类型	给定的表达式	返回值类型	给定的表达式	返回值类型
text	varchar	image	varbinary	ntext	nvarchar

【例 5-26】 在一列中返回表 XSB 中的姓氏，在另一列中返回表 XSB 中的学生姓名。

```
SELECT SUBSTRING(Sname,1,1),SUBSTRING(Sname,2,LEN(Sname)- 1)
  FROM XSB
  ORDER BY Sname
```

【例 5-27】 显示字符串"China"中每个字符的 ASCII 值和字符。

```
DECLARE @position int,@string char(8)
SET @position= 1
SET @string='China'
WHILE @position < = DATALENGTH(@string)
  BEGIN
    SELECT ASCII(SUBSTRING(@string,@position,1)) AS ASCII 码,
        CHAR(ASCII(SUBSTRING(@string,@position,1))) AS 字符
    SET @position= @position + 1
  END
```

4. 系统函数

系统函数用于对 SQL Server 中的值、对象和设置进行操作并返回有关信息。

1）CAST 和 CONVERT 函数

CAST、CONVERT 这两个函数的功能都是实现数据类型的转换，但 CONVERT 的功能更强一些。常用的类型转换有以下几种情况。

日期型→字符型：如将 datetime 或 smalldatetime 数据转换为字符数据（char、varchar、nchar 或 nvarchar 数据类型）。

字符型→日期型：如将字符数据（char、varchar、nchar 或 nvarchar 数据类型）转换为 datetime 或 smalldatetime 数据。

数值型→字符型：如将 float、real、money 或 smallmoney 数据转换为字符数据（char、varchar、nchar 或 nvarchar 数据类型）。

语法格式：

```
CAST ( expression AS data_type[(length)])
CONVERT (data_type[(length)],expression [,style])
```

说明：

CASE 和 CONVERT 这两个函数将 expression 表达式的类型转换为 data_type 所指定的类型。参数 expression 可为任何有效的表达式，data_type 可为系统提供的基本类型，不能为用户自定义数据类型，如果 data_type 为 nchar、nvarchar、char、varchar、binary 或 varbinary 等数据类型时，可以通过 length 参数指定长度。对于不同的表达式类型转换，参数 style 的取值不同。style 的常用取值及其作用如表 5-13～表 5-15 所示。

表 5-13　日期型与字符型转换时 style 的常用取值及其作用

不带世纪数位(yy)	带世纪数位(yyyy)	标准	输入/输出
	0 或 100	默认值	mon dd yyyy hh:miAM(或 PM)
1	101	美国	mm/dd/yyyy
2	102	ANSI	yy. mm. dd
	9 或 109	默认值 ＋ 毫秒	mon dd yyyy hh:mi:ss:mmmAM(或 PM)
10	110	美国	mm-dd-yy
12	112	ISO	yymmdd

表 5-14　float 或 real 转换为字符数据时 style 的取值

style 值	输出
0(默认值)	根据需要使用科学记数法，长度最多为 6
1	使用科学记数法，长度为 8
2	使用科学记数法，长度为 16

表 5-15　从 money 或 smallmoney 转换为字符数据时 style 的取值

值	输出
0(默认值)	小数点左侧每三位数字之间不以逗号分隔，小数点右侧取两位数，例如 4235.98
1	小数点左侧每三位数字之间以逗号分隔，小数点右侧取两位数，例如 3,510.92
2	小数点左侧每三位数字之间不以逗号分隔，小数点右侧取四位数，例如 4235.9819

【例 5-28】　检索总学分在 50～59 分之间的学生姓名，并将总学分转换为 char(20)。

```
/*如下例子同时使用 CAST 和 CONVERT*/
/*使用 CAST 实现*/
USE PXSCJ
GO
SELECT Sname,Total
  FROM  XSB
  WHERE  CAST(Total AS char(20)) LIKE '5_'  AND Total>=50
/*使用 CONVERT 实现*/
SELECT Sname,Total
  FROM XSB
  WHERE CONVERT(char(20),Total) LIKE '5_'  AND Total>=50
```

2) COALESCE 函数

语法格式：

```
COALESCE ( expression [,…n ] )
```

返回参数表中第一个非空表达式的值，如果所有自变量均为 NULL，则 COALESCE 返回 NULL 值。参数 expression 可为任何类型的表达式。n 表示可以指定多个表达式。所有表达式必须是相同类型的，或者可以隐性转换为相同的类型。

```
COALESCE(expression1,…n)与如下形式的 CASE 语句等价：
CASE
  WHEN (expression1 IS NOT NULL) THEN expression1
    ⋮
  WHEN (expressionN IS NOT NULL) THEN expressionN
  ELSE NULL
```

3）ISNUMBRIC 函数

ISNUMBRIC 函数用于判断一个表达式是否为数值类型。

语法格式：

```
ISNUMBRIC(expression)
```

5. 日期时间函数

日期时间函数可用在 SELECT 语句的选择列表或用在查询的 WHERE 子句中。

1）GETDATE 函数

语法格式：

```
GETDATE ()
```

按 SQL Server 标准内部格式返回当前系统的日期和时间。返回值类型为 datetime。

2）YEAR、MONTH、DAY 函数

YEAR、MONTH、DAY 这三个函数分别返回指定日期的年、月、日部分，返回值都为整数。

语法格式：

```
YEAR(date)
MONTH(date)
DAY(date)
```

6. 游标函数

游标函数用于返回有关游标的信息。主要有如下游标函数。

1）@@CURSOR_ROWS 函数

语法格式：

```
@@CURSOR_ROWS
```

返回最后打开的游标中当前存在的满足条件的行数。返回值为 0 表示游标未打开；为 −1 表示游标为动态游标；为 −m 表示游标被异步填充，返回值(−m)是键集中当前的行数；为 n 表示游标已完全填充，返回值(n)是游标中的总行数。

【例 5-29】 声明了一个游标，并用 SELECT 显示@@CURSOR_ROWS 的值。

```
USE PXSCJ
GO
SELECT @@CURSOR_ROWS
DECLARE student_cursor CURSOR
    FOR SELECT Sname FROM XSB
OPEN student_cursor
FETCH NEXT FROM student_cursor
```

```
SELECT @@CURSOR_ROWS
CLOSE student_cursor
DEALLOCATE student_cursor
```

2）CURSOR_STATUS 函数

语法格式：

```
CURSOR_STATUS
(  { 'local','cursor_name' }          /*指明数据源为本地游标*/
  | { 'global','cursor_name' }         /*指明数据源为全局游标*/
  | { 'variable','cursor_variable' }        /*指明数据源为游标变量*/
)
```

返回游标状态是打开还是关闭。常量字符串 local、global 用于指定游标的类型，local 表示为本地游标名，global 表示为全局游标名。参数 cursor_name 用于指定游标名，常量字符串 variable 用于说明其后的游标变量为一个本地变量，参数 cursor_variable 为本地游标变量名称，返回值类型为 smallint。

CURSOR_STATUS 函数返回值如表 5-16 所示。

表 5-16　CURSOR_STATUS 返回值列表

返回值	游标名或游标变量	返回值	游标名或游标变量
1	游标的结果集至少有一行	－2	游标不可用
0	游标的结果集为空 *	－3	指定的游标不存在
－1	游标被关闭		

3）@@FETCH_STATUS 函数

语法格式：

```
@@FETCH_STATUS
```

返回 FETCH 语句执行后游标的状态。

@@FETCH_STATUS 返回值如表 5-17 所示。

表 5-17　@@FETCH_STATUS 返回值列表

返回值	说明	返回值	说明
0	FETCH 语句执行成功	－2	被读取的记录不存在
－1	FETCH 语句执行失败		

【例 5-30】　用@@FETCH_STATUS 控制在一个 WHILE 循环中的游标活动。

```
USE PXSCJ
GO
DECLARE @name char(20),@st_id char(6)
DECLARE Student_Cursor CURSOR
  FOR
  SELECT Sname,StudentId FROM PXSCJ.dbo.XSB
OPEN Student_Cursor
FETCH NEXT FROM Student_CursorINTO @name,@st_id
SELECT @name,@st_id
WHILE @@FETCH_STATUS=0
```

```
BEGIN
    FETCH NEXT FROM Student_Cursor
END
CLOSE Student_Cursor
DEALLOCATE Student_Cursor
```

习　题

1. 说明变量的分类及用法。
2. 在 SQL Server 中，标识符@、@@、#、## 的意义是什么？
3. 找出下列语句的语法错误：

```
USE   PXSCJ
GO
DECLARE @ss INT
GO
SELECT @ss= 89
GO
```

第⑥章 索引、数据完整性与事务

当查阅书中某些内容时，为了提高查阅速度，并不是从书的第一页开始顺序查找，而是首先查看书的目录索引，找到需要的内容在目录中所列的页码，然后根据这一页码直接找到需要的章节。

在 SQL Server 2008 中，为了从数据库大量的数据中迅速找到需要的内容，也采用了类似于书目这样的目录索引，不必顺序查找，就能迅速查到所需要的内容。

6.1 索引

索引是根据表中一列或若干列按照一定顺序建立的列值与记录行之间的对应关系表。在数据库系统中建立索引主要有以下作用：

- 快速存取数据；
- 保证数据记录的唯一性；
- 实现表与表之间的参照完整性；
- 在使用 ORDER BY、GROUP BY 子句进行数据检索时，利用索引可以减少排序和分组的时间。

6.1.1 索引的分类

如果一个表没有创建索引，则数据行不按任何特定的顺序存储，这种结构称为堆集。

SQL Server 2008 支持在表中任何列(包括计算列)上定义索引，按索引的组织方式可将 SQL Server 2008 索引分为聚集索引和非聚集索引两种类型。

索引可以是唯一的，这意味着不会有两行记录相同的索引值，这样的索引称为唯一索引。当唯一索引是数据本身应该考虑的特点时，可创建唯一索引。索引也可以不是唯一的，即多个行可以共享同一键值。

如果索引是根据多列组合创建的，这样的索引称为复合索引。

1. 聚集索引

聚集索引将数据行的键值在表内排序并存储对应的数据记录，使得数据表的物理顺序与索引顺序一致。SQL Server 2008 是按 B 树(BTREE)方式组织聚集索引的，B 树方式构建为包含了多个节点的一棵树。顶部的节点构成了索引的开始点，叫作根。每个节点中含有索引列的几个值，一个节点中的每个值又都指向另一个节点或者指向表中的一行，一个节点中的值必须是有序排列的。指向一行的一个节点叫作叶子页。叶子页本身也是相互连接的，一个叶子页有一个指针指向下一组。这样，表中的每一行都会在索引中有一个对应值。查询的时候就可以根据索引值直接找到所在的行。

聚集索引中 B 树的叶节点存放数据页信息。聚集索引在索引的叶级保存数据。这意味着不论聚集索引里有表的哪个或哪些字段，这个或这些字段都会按顺序被保存在表中。由于存在这种排序，所以每个表只会有一个聚集索引。

由于数据记录按聚集索引键的次序存储，因此聚集索引对查找记录很有效。

2. 非聚集索引

非聚集索引完全独立于数据行的结构。SQL Server 2008 也是按 B 树方式组织非聚集索引的，与聚集索引不同之处在于：非聚集索引 B 树的叶节点不存放数据页信息，而是存放非聚集索引的键值，并且每个键值项都有指针指向包含该键值的数据行。

在非聚集索引内，从索引行指向数据行的指针称为行定位器。行定位器的结构取决于数据页的存储方式是堆集还是聚集。对于堆集，行定位器是指向行的指针。对于有聚集索引的表，行定位器是聚集索引键。只有在表上创建聚集索引时，表内的行才按特定顺序存储，这些行按聚集索引键顺序存储。如果一个表只有非聚集索引，它的数据行将按无序的堆集方式存储。

一个表中最多只能有一个聚集索引，但可有一个或多个非聚集索引。当在 SQL Server 2008 上创建索引时，可指定是按升序还是降序存储键。

如果在一个表中既要创建聚集索引又要创建非聚集索引，则应先创建聚集索引，然后再创建非聚集索引，因为创建聚集索引时将改变数据记录的物理存放顺序。

6.1.2 索引的创建

在 PXSCJ 数据库中，经常要对表 XSB、表 KCB、表 CJB 三个表进行查询和更新。为了提高查询和更新的速度，可以考虑对三个表建立如下索引。

(1) 对于表 XSB，按学号建立主键索引(PRIMARY KEY 约束)，组织方式为聚集索引。

(2) 对于表 KCB，按课程号建立主键索引，组织方式为聚集索引。

(3) 对于表 KCB，按课程名建立唯一索引(UNIQUE 约束)，组织方式为聚集索引。

(4) 对于表 CJB，按学号＋课程号建立唯一索引，组织方式为聚集索引。

在 SQL Server Management Studio 中，既可以利用界面方式创建上述索引，也可以利用 T-SQL 命令通过查询分析器建立索引。

1. 界面方式创建索引

下面以表 XSB 中按学号建立聚集索引为例，介绍聚集索引的创建方法。利用图形化向导的界面方式来新建索引，其操作过程如下。

启动 SQL Server Management Studio，在对象资源管理器窗口中依次展开“数据库”“PXSCJ”“表”“dbo. XSB”，选择其中的“索引”项，单击鼠标右键，在弹出的快捷菜单中选择“新建索引”菜单项。

这时，用户可以在弹出的“新建索引”对话框中输入索引名称(索引名称在表中必须唯一)，如 PX_XSB，选择索引类型为“聚集”，勾选“唯一”复选框→单击索引键列栏的“添加”按钮→在弹出的“从‘dbo. XSB’中选择列”对话框(见图 6-1)中选择要添加的列→添加完毕后，单击“确定”按钮，在主界面中为索引键列设置相关的属性→单击“确定”按钮，即完成索引的创建工作。

说明：

在创建聚集索引之前，表 XSB 的学号列如果已经创建为主键，在创建主键时会自动将其定义为聚集索引。由于一个表中只能有一个聚集索引，所以这里在创建聚集索引时要先将表 XSB 中的主键删除后再创建聚集索引。

除了使用上面的方法创建索引之外，还可以直接在表设计器窗口中创建索引。下面以表 XSB 中按学号建立索引为例，介绍在表设计器窗口中创建索引的方法。

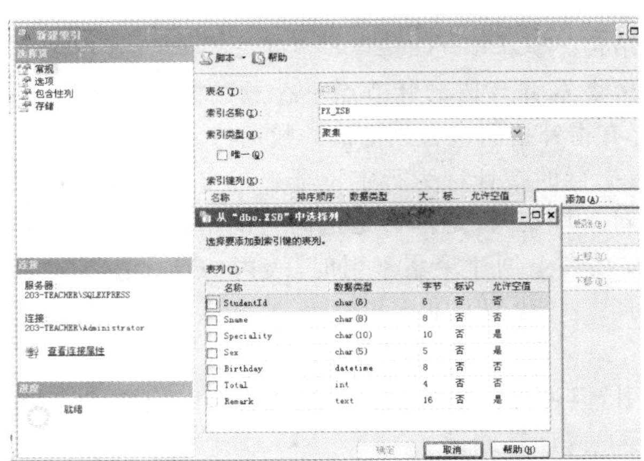

图 6-1 添加索引键列

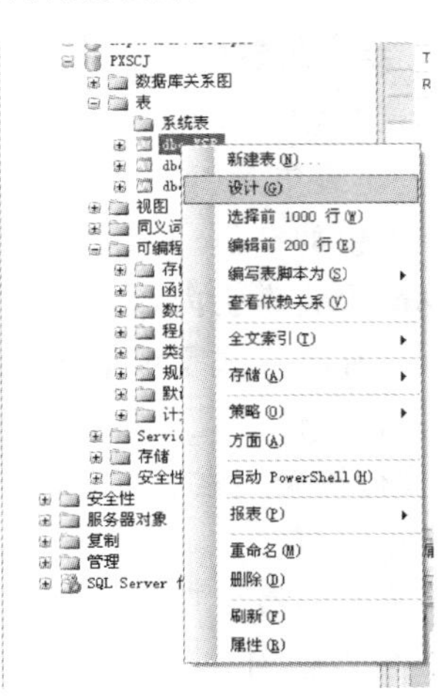

图 6-2 选择“设计”菜单项

在表设计器窗口中创建索引的方法如下。

第 1 步，启动 SQL Server Management Studio，在对象资源管理器窗口中依次展开“数据库”“PXSCJ”“表”，选择其中的表“dbo. XSB”，右击，在弹出的快捷菜单中选择“设计”菜单项(见图 6-2)，打开表设计器窗口。

第 2 步，在表设计器窗口中，选择“学号”属性列，右击，在弹出的快捷菜单中选择“索引/键”菜单项(见图 6-3)。在打开的“索引/键”对话框中单击“添加”按钮，并在右边的“标识”属性区域的“(名称)”一栏中确定新索引的名称(用系统缺省的名称或重新取名)。在右边的常规属性区域中的“列”一栏后面单击[...]按钮，可以修改要创建索引的列。

图 6-3 选择“索引/键”菜单项

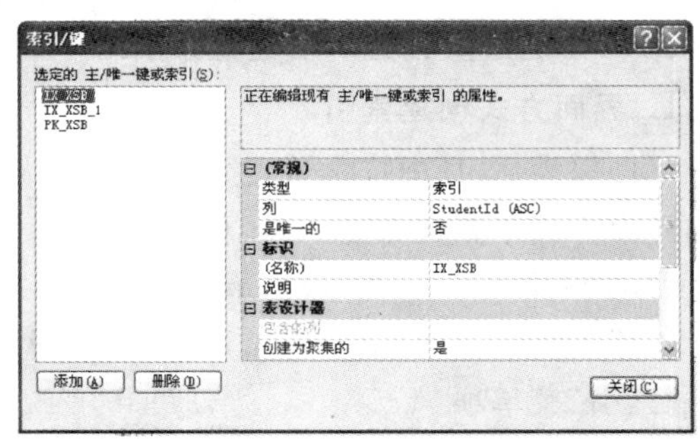

图 6-4 “索引/键”对话框

第 3 步，如图 6-4 所示，在此选择学号这一列。为获得最佳性能，最好只选择一列或两列。最后关闭该对话框，单击面板上的“保存”按钮，索引创建即完成。

索引创建好后，只需返回 SQL Server Management Studio，在对象资源管理器窗口中展开 dbo. XSB 表，单击“索引”，就可以查看已建立的索引。其他索引的创建方法与之类似。

对于唯一索引，要求表中任意两行的索引值不能相同。有兴趣的读者可以自己试试：当输入两个索引值相同的记录行时会出现什么情况？

2. 利用 T-SQL 命令创建索引

使用 CREATE INDEX 命令可以为表创建索引。

语法格式：

```
CREATE[UNIQUE]                                          /*指定索引是否唯一*/
        [CLUSTERED | NONCLUSTERED]                      /*索引的组织方式*/
    INDEX index_name                                    /*索引名称*/
  ON {[database_name.[ schema_name]. | schema_name.] table_or_view_name}
        (column [ ASC | DESC] [,…n])                    /*索引定义的数据*/
  [ INCLUDE ( column_name [,…n])]
  [ WITH ( < relational_index_option> [,…n])]           /*索引选项*/
  [ ON { partition_acheme_name ( column_name)           /*指定分区方案*/
| filegroup_name                                        /*指定索引文件所在的文件组*/
         | default
         }
  ]
[;]
```

其中：

```
< relational_index_option> ::=
    {
        PAD_INDEX= {ON | OFF}
        | FILLFACTOR= fillfactor
        | SORT_IN_TEMPDB= {ON | OFF}
        | IGNORE_DUP_KEY= {ON | OFF}
        | STATISTICS_NORECOMPUTE= {ON | OFF}
        | DROP_EXISTING= {ON | OFF}
        | ONLINE= {ON | OFF}
        | ALLOW_ROW_LOCKS= {ON | OFF}
        | ALLOW_PAGE_LOCKS= {ON | OFF}
        | MAXDOP= max_degree_of_parallelism
    }
```

说明：

- UNIQUE：表示外围表或视图创建唯一索引（即不允许存在索引值相同的两行）。此关键字的使用有两点需注意。

（1）对于视图创建的聚集索引必须是 UNIQUE 索引。

（2）如果对已存在数据的表创建唯一索引，必须保证索引项对应的值无重复值。

- CLUSTERED | NONCLUSTERED：用于指定创建聚集索引还是非聚集索引，前者表示创建聚集索引，后者表示创建非聚集索引。一个表或视图只允许有一个聚集索引，并且必须先为表或视图创建唯一聚集索引，然后才能创建非聚集索引。默认为 NONCLUSTERED。

- index_name 为索引名，索引名在表或视图中必须唯一，但在数据库中不必唯一。参数 table、view 用于指定包含索引字段的表名或视图名，指定表名、视图名时，可包含数据库和所属架构。

注意：必须使用 SCHEMABINDING 选项定义视图才能在视图上创建索引。

- column 用于指定建立索引的字段，参数 n 表示可以为索引指定多个字段。指定索引字段时，要注意如下两点：

(1) 表或视图索引字段的类型不能为 ntext、text 或 image；

(2) 通过指定多个索引的字段可创建组合索引，但组合索引的所有字段必须取自同一表。

ASC 表示索引文件按升序建立，DESC 表示索引文件按降序建立，默认设置为 ASC。

- INCLUDE 子句：指定要添加到非聚集索引的叶级别的非键列。INCLUDE 列表中列名 column 不能重复，且列不能同时用作键列和非键列。
- WITH 子句：<relational_index_option>用于指定所定义的索引选项。主要有以下几个。

(1) PAD_INDEX：用于指定索引中间级中每个页（节点）保持开放的空间，此关键字必须与 FILLFACTOR 子句同时使用。默认值为 OFF。

(2) FILLFACTOR 子句：通过参数 fillfactor 指定一个百分比，指定在 SQL Server 创建索引的过程中各索引页级的填满程度。

(3) SORT_IN_TEMPDB：指定是否在 tempdb 数据库中存储临时排序结果，默认值为 OFF。

(4) IGNORE_DUP_KEY：指定对唯一聚集索引或唯一非聚集索引执行多行插入操作时出现重复键值的错误响应。ON 发出一条警告信息，且只有违反了唯一索引的行才会失败。OFF 发出错误信息，并回滚整个 INSERT 事务。默认值为 OFF。

(5) STATISTICS_NORECOMPUTE：指定是否重新计算分发统计信息。OFF 表示已启用统计信息自动更新功能。默认值为 OFF。

(6) DROP_EXISTING：指定删除已存在的同名聚集索引或非聚集索引。

(7) ONLINE：指定在索引操作期间基础表和关联的索引是否可用于查询和数据修改操作。ON 表示在索引操作期间不持有长期表锁。OFF 表示在索引操作期间应用表锁。默认值为 OFF。

(8) ALLOW_ROW_LOCKS：指定是否允许行锁。默认值为 ON，表示允许。

(9) ALLOW_PAGE_LOCKS：指定是否允许页锁。默认值为 ON。

(10) MAXDOP：在索引操作期间覆盖最大并行度配置选项。

- ON filegroup 子句：指定索引文件所在的文件组，filegroup 为文件组名。
- ON default：为默认文件组创建指定索引。

【例 6-1】 为表 KCB 的课程名列创建索引。

```
USE PXSCJ
GO
CREATE INDEX  kc_name_ind
    ON KCB(CourseName)
```


【例 6-2】 根据表 KCB 的课程号列创建唯一聚集索引，因为指定了 CLUSTERED，所以该索引将对磁盘上的数据进行物理排序。

CREATE UNIQUE CLUSTERED INDEX kc_id_ind ON KCB (CourseId)

注意：在最初创建表 KCB 时，定义了课程号为表 KCB 的主键，所以表 KCB 已经存在了一个聚集索引，要创建以上的聚集索引首先要将表 KCB 的主键删除。

【例 6-3】 根据表 CJB 的学号列和课程号列创建复合索引。

```
CREATE INDEX CJB_ind
  ON CJB(StudentId,CourseId)
  WITH(DROP_EXISTING= ON)
```

说明：

如果不存在名为 CJB_ind 的索引，可能会提示错误，需将 WITH 子句去除。

【例 6-4】 根据表 XSB 中的总学分列创建索引，并使用 FILLFACTOR 子句。

```
CREATE NONCLUSTERED INDEX score_ind
  ON XSB(Total)
  WITH FILLFACTOR= 60
```

【例 6-5】 根据表 XSB 中学号列创建唯一聚集索引。如果输入了重复的键，将忽略该 INSERT 或 UPDATE 语句。

```
CREATE UNIQUE CLUSTERED INDEX xs_ind
  ON XSB(StudentId)
  WITH IGNORE_DUP_KEY
```

说明：

创建聚集索引时，如果表中已经存在一个聚集索引，需要删除原来的才能创建新的。

创建索引有如下几点要说明。

(1) 在计算列上创建索引。对于 UNIQUE 或 PRIMARY KEY 索引，只要满足索引条件，就可以包含计算列，但计算列必须具有确定性，必须精确。若计算列中带有函数，使用该函数时有相同的参数输入，输出的结果也一定相同时该计算列是确定的。而有些函数如 getdate()每次调用时都输出不同的结果，这时就不能在该列上定义索引。

计算列为 text、ntext 或 image 列时也不能在计算列上创建索引。

(2) 在视图上创建索引。可以在视图上定义索引。索引视图是一种在数据库中存储视图集的方法，可减少动态生成结果集的开销。索引视图还能自动反映出创建索引后对基表数据所做的修改。

使用索引视图后必须对如下七个选项进行设置。

下列六个 SET 选项必须设置为 ON：

```
ANSI_NULLS
ANSI_PADDING
ANSI_WARNINGS
ARITHABORT
CONCAT_NULL_YIELDS_NULL
QUOTED_IDENTIFIER
```

另外，必须将选项 NUMERIC_ROUNDABORT 设置为 OFF。

【例 6-6】 创建一个视图，并为该视图创建索引。

```
/*定义视图，由于使用了 WITH  SCHEMABINDING 子句，
因此定义视图时，SELECT 子句中表名必须为架构名.表名的形式*/
CREATE VIEW View_stu WITH SCHEMABINDING
AS
SELECT StudentId,Sname
   FROM  dbo.XSB
```

```
GO
/*设置选项*/
SET NUMERIC_ROUNDABORT OFF
SET ANSI_PADDING,ANSI_WARNINGS,CONCAT_NULL_YIELDS_NULL,
    ARITHABORT,QUOTED_IDENTIFIER,ANSI_NULLS  ON
/*在视图上创建索引*/
CREATE UNIQUE CLUSTERED INDEX Inx1
    ON View_stu(StudentId)
GO
```

6.1.3 重建索引

索引使用一段时间后，可能需要重新创建，这时可以使用 ALTER INDEX 语句来重新生成原来的索引。

语法格式：

```
ALTER INDEX { index_name | ALL }
  ON [ database_name. [ schema_name ] . | schema_name. ]table_or_view_name
  {  REBUILD
      [  [ WITH ( <rebuild_index_option>  [,…n ] ) ]
        | [ PARTITION= partition_number
          [ WITH ( <single_partition_rebuild_index_option>  [,…n ] ) ] ]
      ]
     | DISABLE
     | REORGANIZE
      [ PARTITION= partition_number ]
        [ WITH ( LOB_COMPACTION= { ON | OFF } ) ]
     | SET ( <set_index_option>  [,…n ] )
  }
[;]
```

其中，<rebuild_index_option> 、<single_partition_rebuild_index_option> 、<set_index_option> 的选项含义与 CREATE INDEX 中的选项含义相同。

```
<relational_index_option> ::=
{
    PAD_INDEX= {ON | OFF}
    | FILLFACTOR= fillfactor
    | SORT_IN_TEMPDB={ON | OFF}
    | IGNORE_DUP_KEY={ON | OFF}
    | STATISTICS_NORECOMPUTE={ON | OFF}
    | DROP_EXISTING={ON | OFF}
    | ONLINE={ON | OFF}
    | ALLOW_ROW_LOCKS={ON | OFF}
    | ALLOW_PAGE_LOCKS={ON | OFF}
    | MAXDOP= max_degree_of_parallelism
}
< single_partition_rebuild_index_option> ::=
```

```
{
    SORT_IN_TEMPDB={ON | OFF}
    | MAXDOP= max_degree_of_parallelism
}
< set_index_option> ::=
{
    ALLOW_ROW_LOCKS= {ON | OFF}
    | ALLOW_PAGE_LOCKS= {ON | OFF}
    | IGNORE_DUP_KEY= {ON | OFF}
    | STATISTICS_NORECOMPUTE= {ON | OFF}
}
```

说明：

(1) index_name | ALL：可以重建某个索引，也可以重建所有索引。index_name 是需要重建的索引名，ALL 关键字表示指定与表或视图相关的所有索引。

(2) REBUILD：指定将使用相同的列、索引类型、唯一性属性和排序重新生成索引。通过 ALTER INDEX 语句结合 REBUILD 选项可以重建单个或全部与表相关的索引。

(3) DISABLE：将索引标记为已用，从而不能由 SQL Server 2008 数据库引擎使用，任何索引均可被禁用。

(4) REORGANIZE：指定将重新组织的索引叶级。WITH (LOB_COMPACTION＝{ON | OFF })指定为 ON 表示压缩所有包含大型对象(LOB)数据的页，指定为 OFF 表示不压缩。

LOB 数据类型包括 image、text、ntext、varchar(MAX)、nvarchar(MAX)、varbinary(MAX)和 xml。

(5) SET(＜set_index_option＞[，… n])：指定不能重新生成或重新组织索引的索引选项，不能为已禁用的索引指定 SET。

例如，重建表 KCB 上的所有索引：

```
USE PXSCJ
GO
ALTER INDEX ALL ON KCB REBUILD
```

重建表 KCB 上的 kc_name_ind 索引：

```
ALTER INDEX kc_name_ind ON KCB REBUILD
```

6.1.4 索引的删除

在 SQL Server Management Studio 中，索引既可通过图形化向导界面方式删除，也可通过执行 T-SQL 命令删除。

1. 通过界面方式删除索引

通过图形化向导界面方式删除索引的主要步骤如下。

启动 SQL Server Management Studio，在对象资源管理器窗口中依次展开“数据库”“PXSCJ”“表”“dbo. XSB”“索引”，选择其中要删除的索引，单击鼠标右键，在弹出的快捷菜单中选择“删除”菜单项。在打开的“删除对象”对话框中单击“确定”按钮，完成删除操作。

2. 通过 T-SQL 命令删除索引

从当前数据库中删除一个或多个索引。

语法格式：

```
DROP INDEX
{   index_name ON  table_or_view_name [ WITH ( < drop_clustered_index_option
    > [,…n ] ) ] [,…n ]
  | table_or_view_name.index_name [,…n ]
}
< drop_clustered_index_option> ::=
{
   MAXDOP= max_degree_of_parallelism
  | ONLINE= { ON | OFF }
  | MOVE TO { partition_scheme_name ( column_name )
          | filegroup_name
          | "default"
           }
}
```

说明：

index_name：要删除的索引名。

table_or_view_name：索引所在的表名或视图名。

WITH 子句中的<drop_clustered_index_option>：指定控制聚集索引选项。

MOVE TO 子句：指定一个位置，以移动当前处于聚集索引叶级别的数据行。

其他选项的意义与 CREATE INDEX 语句中的选项意义相同。

DROP INDEX 语句可以一次删除一个或多个索引。这个语句不适合删除通过定义 PRIMARY KEY 或 UNIQUE 约束创建的索引。若要删除 PRIMARY KEY 或 UNIQUE 约束创建的索引，必须通过删除约束实现。

另外，在系统表的索引上不能进行 DROP INDEX 操作。

权限：默认情况下，将 DROP INDEX 权限授予表所有者，该权限不可转让。db_owner 和 db_ddladmin 固定数据库角色成员或 sysadmin 固定服务器角色成员可以通过在 DROP INDEX 内指定所有者删除任何对象。

【例 6-7】 删除 PXSCJ 数据库中表 KCB 的一个索引名为 kc_name_ind 的索引。

```
IF EXISTS (SELECT name FROM sysindexes WHERE name= "kc_name_ind")
    DROP INDEX KCB.kc_name_ind
```

说明：

索引创建以后，在系统表 sysindexes 中的 name 列会保存该索引的名称，通过搜索该名称可以判断该索引是否存在。

6.2 默认值约束及默认值对象

对于某些字段，可在程序中定义默认值(缺省值)，以方便用户使用。一个字段默认值的建立可通过如下两种方式实现：

(1) 在定义表或修改表时，定义默认值约束；

(2) 先定义默认值对象，然后将对象绑定到表的相应字段。

6.2.1 在表中定义及删除默认值约束

1. 默认值约束的定义

在定义表或修改表时，可定义一个字段的默认值约束。下面将通过例子介绍利用T-SQL语句定义一个字段的默认值约束的方法。

语法格式：

```
CREATE TABLE table_name                                /*指定表名*/
(column_name  datatype  NOT NULL | NULL
[ CONSTRAINT constraint_name ]
[DEFAULT constraint_expression]                        /*缺省值约束表达式*/
[,…n]
)
/*定义列名、数据类型、标识列、是否空值，定义缺省值约束*/
```

说明：

table_name 为创建的表名，column_name 为列名，datatype 为对应列的数据类型；DEFAULT 关键字表示 constraint_expression 表达式为缺省值约束表达式，此表达式只能是常量(如字符串)、系统函数(如 getdate())或 NULL。为保持与 SQL Server 早期版本的兼容，可以使用 CONSTRAINT 关键字给 DEFAULT 指派约束名 constraint_name。对于 timestamp 或带 IDENTITY 属性的字段不能定义缺省值约束。

【例 6-8】 在定义表时定义一个字段的默认值约束。

```
USE PXSCJ
GO
CREATE TABLE XSB2
(
  StudentId  char(6) NOT NULL,
  Name  char(8) NOT NULL,
  Sex  char(5)  NOT NULL  DEFAULT '男',
  Birthday datetime  NOT NULL,
  Speciality  char(12) NULL,
  Total  int  NULL,
  Remark varchar(500) NULL,/*备注*/
  SchoolDate datetime DEFAU LT getdate()      /*定义默认值约束*/
)
GO
```

下列程序实现的功能与上例相同，但在定义缺省值约束的同时指定了约束名：

```
USE PXSCJ
GO
CREATE TABLE XSB2
(
  StudentId  char(6) NOT NULL,
  Name  char(8) NOT NULL,
  Sex  char(5)  NOT NULL  DEFAULT '男',
  Birthday  datetime  NOT NULL,
  Speciality  char(12) NULL,
```

```
    Total   int   NULL,
    Remark   varchar(500) NULL,            /*备注*/
    SchoolDate   datetime CONSTRAINT datedflt DEFAULT getdate()   /*定义默认值约束*/
  )
  GO
```

【例 6-9】 向表 XSB2 中添加一个字段并设置默认值约束。

```
ALTER TABLE XSB2
  ADD AddDate datetime NULL
    CONSTRAINT AddDateDflt                    /*默认值约束名*/
    DEFAULT getdate() WITH VALUES       /*默认值约束*/
```

2. 默认值约束的删除

在 SQL Server Management Studio 中默认值约束可使用图形化向导界面方式删除。同时，如果已知一个默认值约束的约束名，也可在查询分析器窗口中执行 T-SQL 命令删除。使用 T-SQL 命令删除默认值约束可以使用 ALTER TABLE 语句实现。

【例 6-10】 删除例 3-21 定义的默认值约束。

```
ALTER TABLE XSB2
  DROP CONSTRAINT AddDateDflt
```

6.2.2 默认值对象的定义、绑定与删除

1. 通过 T-SQL 语句定义和绑定 DEFAULT 默认值对象

使用 T-SQL 语句可以定义一个默认值对象，并将该对象绑定到表中的字段中，从而实现为表中的列定义默认值的功能。

1）通过 T-SQL 命令定义 DEFAULT 默认值对象

语法格式：

```
CREATE DEFAULT [ schema_name . ] default_name
  AS constant_expression [ ; ]
```

说明：

CREATE DEFAULT 关键字表示创建一个名为 default_name 的默认值对象，可以包含默认值对象的架构名。表达式 constant_expression 为需要定义的默认值。默认值对象必须与列的数据类型兼容。

2）通过系统存储过程绑定 DEFAULT 默认值对象

创建默认值对象后，要使其起作用，应使用 sp_bindefault 存储过程将其绑定到列或用户定义的数据类型。

语法格式：

```
sp_bindefault [ @defname= ] 'default',
  [ @objname= ] 'object_name'
  [,[ @futureonly= ] 'futureonly_flag' ]
```

说明：

参数 default 指定要创建的默认值对象名，object_name 指定准备绑定默认值对象的表的列名或用户定义的数据类型。

不能将默认值对象绑定到 timestamp 数据类型的列、带 IDENTITY 属性的列或者已经有 DEFAULT 约束的列。

参数 futureonly_flag 仅在将默认值对象绑定到用户定义的数据类型时才使用，默认值为 NULL。当 futureonly_flag 的值为 futureonly 时，表示在此之前，该数据类型关联的列不继承该默认值对象的值。

【例 6-11】 首先在 PXSCJ 数据库中定义表 book 及名为 today 的默认值，然后将其绑定到表 book 的 hire_date 列。

```
USE PXSCJ
GO
CREATE TABLE book
(
    book_id      char(6),
    name          varchar(20)  NOT NULL,
    hire_date     datetime  NOT NULL
)
GO
CREATE DEFAULT today  AS getdate()
GO
EXEC sp_bindefault 'today','book.hire_date'
```

2. 默认值对象的删除

如果要删除一个默认值对象，首先应解除默认值对象与用户定义的数据类型及表字段的绑定关系，然后才能删除该默认值对象。

1）利用系统存储过程 sp_unbindefault 解除绑定关系

语法格式：

```
sp_unbindefault [@objname=] 'object_name' [,[@futureonly=] 'futureonly_flag']
```

说明：

格式中的选项与 sp_bindefault 类似。

2）删除默认值对象

解除默认值对象与用户定义的数据类型及表字段的绑定关系后，即可用 DROP DEFAULT 语句删除默认值对象。

语法格式：

```
DROP DEFAULT { default } [,…n ]
```

说明：

DROP DEFAULT 语句不适用于在定义表或修改表时给列设置的 DEFAULT 约束。

【例 6-12】 解除默认值对象 today 与表 book 的 hire_date 列的绑定关系，然后删除该对象。

```
EXEC sp_unbindefault 'book.hire_date'
GO
DROP DEFAULT today
```

默认值约束与默认值对象的区别是：默认值约束是在一个表内针对某一个字段定义的，仅对该字段有效；默认值对象是数据库对象之一，在一个数据库内定义，可绑定到一个用户自定义的数据类型或数据库中某个表的字段。

注意：在后续的 SQL Server 版本中将删除使用默认值对象绑定到列或用户自定义的数据类型的功能，如 CREATE DEFAULT 语句、sp_bindefault 等在后续的 SQL Server 版本中都将不可用，所以用户应避免在新的开发工作中使用该功能。建议改用 ALTER TABLE 语句或 CREATE TABLE 语句中的 DEFAULT 关键字来创建默认值定义。

6.3 数据完整性

6.3.1 数据完整性的分类

数据的完整性是指数据库中的数据在逻辑上的一致性和准确性。数据完整性一般包括以下三类。

1. 实体完整性

实体完整性又称为行完整性，要求表中有一个主键，其值不能为空且能唯一地标识对应的记录。通过索引、UNIQUE 约束、PRIMARY KEY 约束或 IDENTITY 属性可实现数据的实体完整性。

2. 域完整性

域完整性又称为列完整性，是指给定列输入的有效性。实现域完整性的方法有限制类型(通过数据类型)、格式(通过 CHECK 约束和规则)或可能的取值范围(通过 CHECK 约束、DEFALUT 定义、NOT NULL 定义和规则)等。

CHECK 约束通过显示输入到列中的值来实现域完整性；DEFAULT 定义后，如果列中没有输入值则填充默认值来实现域完整性；通过定义列为 NOT NULL 限制输入的值不能为空也能实现域完整性。

【例 6-13】 建立表 KCB2，同时定义总学分的约束条件为 0～60。

```
CREATE TABLE KCB2
(
CourseId  char(6) NOT NULL,
CourseName  char(8) NOT NULL,
Credit  tinyint CHECK (Credit>=0 AND Credit <=60) NULL   /*通过 CHECK 子句定义约
束条件*/
)
GO
```

3. 参照完整性

参照完整性又称为引用完整性。参照完整性保证主表中的数据与从表(被参照表)中的数据的一致性。SQL Server 2008 中，参照完整性的实现是通过定义外键与主键之间后外键与唯一键之间的对应关系实现的。参照完整性确保键值在所有表中一致。

码即前面所说的关键字，又称为键，是能唯一标识表中记录的字段或字段组合。如果一个表有多个码，可选其中一个作为主键(主码)，其余的称为候选键。

如果一个表中的一个字段或若干个字段的组合是另一个表的码，则称该字段或字段组合为该表的外码(外键)。例如，对于 PXSCJ 数据库中表 XSB 的每一个学号，在表 CJB 中都有相关的课程成绩记录，将表 XSB 作为主表，学号字段定义为主键，CJB 作为从表，表中的学号字段定义为外键，从而建立主表和从表之间的联系实现参照完整性。表 XSB 和表 CJB 的对应关系如图 6-5 和图 6-6 所示。

主键⇩

StudentId	Sname	Speciality	Sex	Birthday	Total	Remark
081102	王熙凤	计算机	女	1990-01-13 00:...	30	NULL
081103	李鹏	计算机	男	1991-05-16 00:...	130	NULL
081104	马其顿	通信工程	男	1989-02-26 00:...	51	NULL

图 6-5　XSB 表

外键⇩

StudentId	CourseId	Grade
081101	101	90
081101	206	60
081101	210	70
081102	102	89
081102	208	96
081103	102	78

图 6-6　CJB 表

如果定义了两个表之间的参照完整性，则要求：

(1)从表不能引用不存在的键值，例如对于 CJB 中记录出现的学号必须是 XSB 中已存在的学号；

(2)如果主表中的键值更改了，那么在整个数据库中，对于表中该键值的所有引用都要进行一致的修改；

(3)如果主表中没有关联的记录，则不能将记录添加到从表。

如果要删除主表中的某一记录，应先删除从表中与该表匹配的相关语句。

6.3.2　实体完整性的实现

如前所述，表中应该有一个列或列的组合，其值能唯一地标识表中的每一行，选择这样的一列或多列作为主键可实现表的实体完整性，通过定义 PRIMARY KEY 约束来创建主键。

一个表只能有一个 PRIMARY KEY 约束，而且 PRIMARY KEY 约束中的列不能有缺空值。由于 PRIMARY KEY 约束能确保数据的唯一性，所以经常用来定义标识列。当为表定义 PRIMARY KEY 约束时，SQL Server 2008 为主键列创建唯一索引，实现数据的唯一性。在查询中使用主键时，该索引可用来对数据进行快速访问。

如果 PRIMARY KEY 约束是由多列组合定义的，则某一列的值可以重复，但 PRIMARY KEY 约束定义中所有列的组合值必须唯一。如果要确保一个表中的非主键列不输入重复值，应在该列上定义唯一约束(UNIQUE 约束)。

例如，对于 PXSCJ 数据库中的表 XSB“学号”列是主键，表 XSB 中增加一列“身份证号码”，可以定义一个 UNIQUE 约束来要求表中的“身份证号码”列的值是唯一的。

PRIMARY KEY 约束与 UNIQUE 约束的主要区别如下。

(1) 一个数据表只能创建一个 PRIMARY KEY 约束，但一个表中可根据需要对表中不同的列创建若干个 UNIQUE 约束。

(2) PRIMARY KEY 字段的值不允许为 NULL，而 UNIQUE 字段的值可取 NULL。

(3) 一般创建 PRIMARY KEY 约束时，系统会自动产生索引，索引的缺省值类型为簇索引；创建 UNIQUE 约束时，系统会自动产生一个 UNIQUE 约束，索引的缺省值类型为非簇索引。

PRIMARY KEY 约束与 UNIQUE 约束的相同点在于：二者均不允许表中对应字段存在重复值。

1. 利用图形界面向导创建和删除 PRIMARY KEY 约束

1) 利用图形化向导界面方式创建 PRIMARY KEY 约束

如果要对表 XSB 按学号建立 PRIMARY KEY 约束，可以按创建表的步骤中所介绍的设置主键的相关步骤进行。

当创建主键时，系统将自动创建一个名称以“PK_”为前缀、后跟表名的主键索引，系统自动按聚集索引方式组织主键索引。

2) 利用图形化向导界面方式删除 PRIMARY KEY 约束

如果要删除对表 XSB 中按学号字段建立的 PRIMARY KEY 约束，按如下步骤进行：在对象资源管理器窗口中选择表 dbo. XSB 图标，右击，在弹出的快捷菜单中选择“设计”菜单项，进入表设计器窗口。选中 XSB 表设计器窗口中主键所对应的行，右击，在弹出的快捷菜单中选择“删除主键”菜单项即可。

2. 利用图形化向导界面方式创建和删除 UNIQUE 约束

1) 利用图形化向导界面方式创建 UNIQUE 约束

如果要对表 XSB 中的“学号”列创建 UNIQUE 约束，以保证该列取值的唯一性，可按以下步骤进行：

进入表 XSB 的表设计器窗口，选择“学号”属性列并右击，在弹出的快捷菜单中选择“索引/键”菜单项，打开“索引/键”对话框。

在“索引/键”对话框中单击“添加”按钮，并在右边的“标识”属性区域的“名称”一栏确定唯一键的名称(用系统默认的名或重新取名)。在右边的常规属性区域的“类型”一栏选择类型为“唯一键”，如图 6-7 所示。

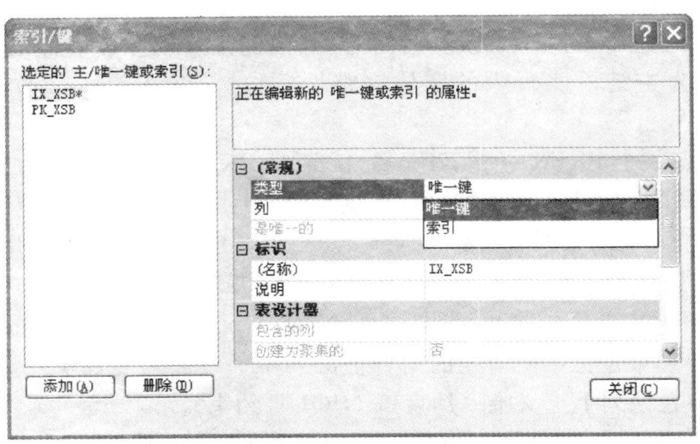

图 6-7 创建唯一键

单击常规属性区域中“列”一栏中的“[...]”按钮，选择要创建索引的列。在此选择“StudentId”这一列，并设置排序顺序。单击“关闭”按钮，然后保存修改，UNIQUE 约束就创建完成了。

2）利用图形化向导界面方式删除 UNIQUE 约束

打开图 6-7 所示的“索引/键”对话框，选择要删除的 UNIQUE 约束，单击左下方的“删除”按钮，单击“关闭”按钮，保存表的更改，这样就可以删除之前创建的 UNIQUE 约束了。

3. 利用 T-SQL 命令创建及删除 PRIMARY KEY 约束或 UNIQUE 约束

利用 T-SQL 命令可以使用两种方式定义约束：作为列的约束或作为表的约束。可以在创建表或修改表时定义。

1）创建表的同时创建 PRIMARY KEY 约束或 UNIQUE 约束

语法格式：

```
CREATE TABLE table_name
  ( { <列定义>  <column_constraint> }[,…n]
    [ <table_constraint>  ][,…n ] )
```

其中，<column_constraint>为列的约束，<table_constraint>为表的约束。

```
<column_constraint>  ::=                  /*定义列的约束*/
[ CONSTRAINT constraint_name ]
{ { PRIMARY KEY | UNIQUE }                          /*定义主键与 UNIQUE 键*/
  [ CLUSTERED | NONCLUSTERED ]                           /*定义约束的索引类型*/
  [WITH ( <index_option>  [,…n ] ) ]
  [ON { partition_scheme_name ( partition_column_name ) | filegroup | "default" } ]
| [ FOREIGN KEY ] <reference_definition>          /*定义外键*/
| CHECK [ NOT FOR REPLICATION ] ( logical_expression )   /*定义 CHECK 约束*/
}

<table_constraint> ::=                  /*定义表的约束*/
[ CONSTRAINT constraint_name ]
{
  { PRIMARY KEY | UNIQUE }
  [ CLUSTERED | NONCLUSTERED ]
      (column [ ASC | DESC ] [,…n ] )                   /*定义表的约束时需要指定列*/
  [WITH ( <index_option>  [,…n ] ) ]
  [ON { partition_scheme_name (partition_column_name) | filegroup | "default" } ]
  | FOREIGN KEY ( column [,…n ] ) <reference_definition>
  | CHECK [ NOT FOR REPLICATION ] ( logical_expression )
}
```

具体说明如下。

- CONSTRAINT constraint_name：可以为约束命名，constraint_name 为要指定的名称。如果没有给出则系统自动创建一个名称。
- PRIMARY KEY | UNIQUE：定义约束的关键字，PRIMARY KEY 为主键，UNIQUE 为唯一键。
- CLUSTERED | NONCLUSTERED：定义约束的索引类型，CLUSTERED 表示聚集索引，NONCLUSTERED 表示非聚集索引，与 CREATE INDEX 语句中的选项相同。WITH 子句和 ON 子句也与 CREATE INDEX 语句中的相同。
- FOREIGN KEY：用于定义一个外键。
- CHECK：用于定义一个 CHECK 约束。
- <table_constraint>：定义表的约束与定义列的约束基本相同，只不过在定义表的约束时需要指定约束的列。

【例 6-14】 创建表 XSB1，并对学号字段创建 PRIMARY KEY 约束，对姓名字段定义 UNIQUE 约束。

```
USE PXSCJ
GO
CREATE TABLE XSB1
{
    StudentId    char(6)      NOT NULL   CONSTRAINT XH_PK   PRIMARY KEY,
    Sname        char(8)      NOT NULL   CONSTRAINT XM_UK UNIQUE,
    Sex    bit              NOT NULL  DEFAULT '男',
    Birthday  datetime      NOT NULL,
    Speciality    char(12)      NULL,
    Total     int             NULL,
    Remark    varchar(500)    NULL
}
GO
```

当表中的主键为复合主键时，只能定义一个表的约束。

【例 6-15】 创建一个 course_name 表来记录每门课程的学生学号、姓名、课程号、学分和结束日期。其中学号、课程号和结束日期构成复合主键，学分为唯一键。

```
CREATE TABLE course_name
(
    StudentId          varchar(6)         NOT NULL,
    Sname              varchar(8)         NOT NULL,
    FinishDate         datetime           NOT NULL,
    CourseId           varchar(3),
    Credit             tinyint,
    PRIMARY   KEY(StudentId,CourseId,FinishDate),
    CONSTRAINT   XF_UK     UNIQUE(Credit)
)
```

2）通过修改表创建 PRIMARY KEY 约束或 UNIQUE 约束

使用 ALTER TABLE 语句中的 ADD 子句可以为表中已存在的列或新列定义约束。

【例 6-16】 修改例 3-26 中的表 XSB1，向其中添加一个“身份证号码”字段，对该字段定义 UNIQUE 约束，对“出生时间”字段定义 UNIQUE 约束。

```
ALTER TABLE   XSB1
  ADD   身份证号码 char(20)
      CONSTRAINT SF_UK   UNIQUE NONCLUSTERED (身份证号码)
GO
ALTER TABLE   XSB1
  ADD   CONSTRAINT CJSJ_UK   UNIQUE NONCLUSTERED (出生时间)
```


3）删除 PRIMARY KEY 约束或 UNIQUE 约束

删除 PRIMARY KEY 约束或 UNIQUE 约束需要使用 ALTER TABLE 的 DROP 子句。

语法格式：

```
ALTER TABLE table_name
  DROP CONSTRAINT constraint_name [,…n ]
```

【例 6-17】 删除例 3-26 中创建的 PRIMARY KEY 约束和 UNIQUE 约束。

```
ALTER TABLE  XSB1
  DROP  CONSTRAINT XH_PK,XM_UK
GO
```

6.3.3 域完整性的实现

SQL Server 2008 通过数据类型、CHECK 约束、规则、DEFAULT 定义和 NOT NULL 可以实现域完整性。下面介绍如何使用 CHECK 约束和规则实现域完整性。

1. CHECK 约束的定义与删除

CHECK 约束实际上是字段输入内容的验证规则，表示一个字段的输入内容必须满足 CHECK 约束的条件，若不满足，则数据无法正常输入。

注意：对于 timestamp 类型字段和 IDENTITY 属性字段不能定义 CHECK 约束。

1）通过图形化向导界面方式创建与删除 CHECK 约束

在 PXSCJ 数据库的表 CJB 中，学生每门功课的成绩一般在 0～100 的范围内。如果对用户的输入数据要施加这一限制，可按如下步骤进行。

第 1 步，启动 SQL Server Management Studio，在对象资源管理器窗口中依次展开“数据库”“PXSCJ”“表”，选择“dbo. CJB”，右击，在出现的快捷菜单中选择“设计”菜单项。

第 2 步，在打开的表设计器窗口中选择“成绩”属性列，右击，在弹出的快捷菜单中选择“CHECK 约束”菜单项。

第 3 步，在打开的“CHECK 约束”对话框中，如图 6-8 所示，单击“添加”按钮，添加一个“CHECK 约束”。单击常规属性区域中“表达式”一栏中的 [...] 按钮，打开“CHECK 约束表达式”对话框，并在“表达式”文本框中编辑相应的 CHECK 约束表达式为“Grade>=0 and Grade<=100”。

第 4 步，单击“确定”按钮，完成 CHECK 约束表达式的编辑，返回到“CHECK 约束”对话框。在“CHECK 约束”对话框中选择“关闭”按钮，并保存修改，完成 CHECK 约束的创建。此时若输入数据，如果成绩不是在 0～100 的范围内，系统将报告错误。

如果要删除上述约束，只需进入图 6-8 所示的“CHECK 约束”对话框，选中要删除的约束，单击“删除”按钮即可删除约束，然后单击“关闭”按钮即可。

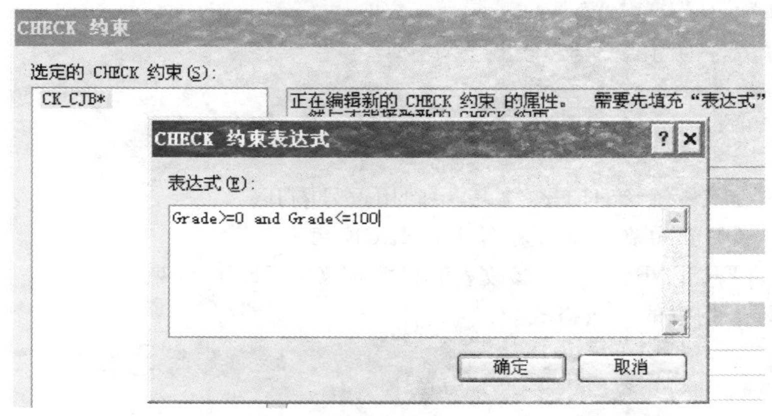

图 6-8 “CHECK 约束表达式”对话框

2）利用 T-SQL 语句在创建表时创建 CHECK 约束

在创建表时可以使用 CHECK 约束表达式来定义 CHECK 约束。CHECK 约束表达式语法格式如下：

```
CHECK [ NOT FOR REPLICATION ] ( logical_expression )
```

关键字 CHECK 表示定义 CHECK 约束，如果指定 NOT FOR REPLICATION 选项，则当复制代理执行插入、更新或删除操作时，将不会强制执行此约束。其后的 logical_expression 逻辑表达式，称为 CHECK 约束表达式，返回值为 TRUE 或 FALSE，该表达式只能为标量表达式。

【例 6-18】 创建一个表 student，只考虑学号和性别两列，性别只能包含男或女。

```
USE PXSCJ
GO
CREATE  TABLE  student
  (
    StudentId char(6) NOT NULL,
    Sex char(1) NOT NULL CHECK(Sex IN ('男','女'))
  )
```

这里 CHECK 约束指定了性别允许哪个值被定义为列的约束。CHECK 约束也可以定义为表的约束。

【例 6-19】 创建一个表 student1，只考虑学号和出生时间两列，出生时间必须大于 1980 年 1 月 1 日，并命名 CHECK 约束。

```
CREATE TABLE student1
  (
    StudentId char(6) NOT NULL,
    Birthday datetime  NOT NULL,
    CONSTRAINT  DF_student1_cjsj  CHECK(Birthday>'1980-01-01')
  )
```

如果指定的一个 CHECK 约束中，要相互比较一个表的两个或多个列，那么该约束必须定义为表的约束。

【例 6-20】 创建表 student2，有学号、最好成绩和平均成绩三列，要求最好成绩必须大于平均成绩。

```
CREATE  TABLE  student2
  (
    StudentId char(6)    NOT NULL,
    BestGrade INT  NOT NULL,
    AvgGrade INT  NOT NULL,
      CHECK(BestGrade>AvgGrade)
  )
```


也可以同时定义多个 CHECK 约束，中间用逗号隔开。

3）利用 T-SQL 语句在修改表时创建 CHECK 约束

在使用 ALTER TABLE 语句修改表时也能定义 CHECK 约束。

定义 CHECK 约束的语法格式为：

```
ALTER TABLE table_name
    [ WITH { CHECK | NOCHECK } ] ADD
    [<column_definition> ]
    [CONSTRAINT constraint_name] CHECK (logical_expression)
```

说明：

WITH 子句指定表中的数据是否用新添加的或重新启用的 FOREIGN KEY 或 CHECK 约束进行验证，如果未指定，默认为 WITH CHECK。如果不想根据现有数据验证新的 CHECK 约束或 FOREIGN KEY 约束，使用 WITH NOCHECK，除极个别的情况外，建议不要进行这样的操作。关键字 CONSTRAINT 为 CHECK 约束定义一个约束名。

【例 6-21】 通过修改 PXSCJ 数据库的表 CJB，增加成绩字段的 CHECK 约束。

```
USE PXSCJ
GO
ALTER TABLE CJB
  ADD CONSTRAINT cj_constraint  CHECK  (Grade>=0 AND Grade<=100)
```

4）利用 T-SQL 语句删除 CHECK 约束

CHECK 约束的删除可在 SQL Server Management Studio 中通过界面删除，有兴趣的读者可以自己试一试，在此介绍如何利用 T-SQL 命令删除 CHECK 约束。

使用 ALTER TABLE 语句中的 DROP 子句可以删除 CHECK 约束。

语法格式：

```
ALTER TABLE table_name
    DROP CONSTRAINT check_name
```

【例 6-22】 删除表 CJB 成绩字段的 CHECK 约束。

```
ALTER TABLE CJB
    DROP CONSTRAINT cj_constraint
```

2. 规则对象的定义、使用与删除

规则是一组由 T-SQL 语句组成的条件语句，规则提供了另外一种在数据库中实现域完整性与用户定义完整性的方法。规则对象的使用方法与默认值对象的使用方法类似：

（1）定义规则对象；

（2）将规则对象绑定到列或用户自定义的数据类型。

在 SQL Server 2008 中规则对象的定义可以利用 CREATE RULE 语句来实现。

1）规则对象的定义

语法格式：

```
CREATE RULE [ schema_name. ] rule_name
    AS condition_expression
[ ; ]
```

参数 rule_name 为定义的新规则名，规则名必须符合标识符规则。参数 condition_expression 为规则的条件表达式，该表达式可为 WHERE 子句中任何有效的表达式，但规则表达式中不能包含列或其他数据库对象，可以包含不引用数据库对象的内置函数。

在 condition_expression 条件表达式中包含一个局部变量，每个局部变量的前面都有一个@符，使用 UPDATE 或 INSERT 语句修改或插入值时，该表达式用于对规则关联的列值进行约束。

创建规则时，一般使用局部变量表示 UPDATE 或 INSERT 语句输入的值。另外，有如下几点需说明。

- 创建的规则对先前已存在于数据库中的数据无效。
- 单个批处理中，CREATE RULE 语句不能与其他 T-SQL 语句组合使用。
- 规则表达式的类型必须与列的数据类型兼容，不能将规则绑定到 text、image 或 timestamp 列。要用单引号（'）将字符和日期常量引起来。

- 对于用户定义的数据类型，当在该数据类型的数据列中插入或更新该类型的数据列时，绑定到该类型的规则才会激活。规则不检验变量，所以在向用户定义的数据类型的变量赋默认值时，不能与列绑定的规则冲突。
- 如果列同时有默认值和规则与之关联，则默认值必须满足规则的定义，与规则冲突的默认值不能插入列。

2）将规则对象绑定到用户定义的数据类型或列

将规则对象绑定到列或用户定义的数据类型中可以使用系统存储过程 sp_bindrule。

语法格式：

```
sp_bindrule [ @rulename= ] 'rule',
    [ @objname= ] 'object_name'
    [,[ @futureonly= ] 'futureonly_flag' ]
```

具体说明如下。

参数 rule 为 CREATE RULE 语句创建的规则名，要用单引号括起来。

参数 object_name 为绑定到规则的列或用户定义的数据。如果 object_name 采用“表名·字段名”格式，则认为绑定到表的列，否则绑定到用户定义的数据类型。

参数 futureonly_flag 仅当将规则绑定到用户定义的数据类型时才使用。

如果 futureonly_flag 设置为 futureonly，用户定义的数据类型的现有列不继承新规则。如果 futureonly_flag 为 NULL，当被绑定的数据类型当前无规则时，新规则将绑定到用户定义的数据类型的每一列，默认值为 NULL。

3）应用举例

【例 6-23】 创建一个规则，并绑定到表 KCB 的课程号列，用于限制课程号的输入范围。

```
USE PXSCJ
GO
CREATE RULE  kc_rule
    AS @range like '[1-5][0-9][0-9]'
GO
EXEC sp_bindrule 'kc_rule','KCB.CourseId'
GO
```

程序如果正确执行将提示：“已将规则绑定到表的列”。

启动 SQL Server Management Studio，在对象资源管理器窗口中依次展开“数据库”“PXSCJ”“表”“dbo. KCB”“列”，选择“CourseId”，在表 KCB 的“列属性-课程号”窗口中的“规则”栏可以查看已经新建的规则。

【例 6-24】 创建一个规则，用以限制输入到该规则所绑定的列中的值只能是该规则中列出的值。

```
CREATE RULE list_rule
  AS @list IN ('C 语言','离散数学','微机原理')
GO
EXEC sp_bindrule 'list_rule','KCB. CourseName'
GO
```

【例 6-25】 定义一个用户数据类型 course_num，然后将例 3-33 定义的规则“kc_rule”绑定到用户数据类型 course_num 上，最后创建表 KCB1，其课程号的数据类型为course_num。

```
EXEC sp_addtype 'course_num','char(3)','not null'  /*创建用户定义的数据类型*/
EXEC sp_bindrule 'kc_rule','course_num'/*将规则对象绑定到用户定义的数据类型*/
GO
CREATE TABLE KCB1
(
  CourseId course_num,          /*将学号定义为 course_num 类型*/
  CourseName char(16) NOT NULL,
  CourseYear tinyint,
  Period tinyint,
  Credit tinyint
)
GO
```

4）规则对象的删除

删除规则对象前，首先应使用系统存储过程 sp_unbindrule 解除被绑定对象与规则对象之间的绑定关系，使用格式如下：

```
sp_unbindrule [@objname= ] 'object_name'
        [,[@futureonly= ] 'futureonly_flag']
```

在解除列或用户自定义的数据类型与规则对象之间的绑定关系后，就可以删除规则对象了。

语法格式：

```
DROP RULE { [ schema_name . ] rule_name } [,…n ][ ; ]
```

【例 6-26】 解除规则对象 kc_rule 与列或用户定义的数据类型的绑定关系，并删除规则对象 kc_rule。

```
EXEC sp_unbindrule 'KCB.CourseId'
EXEC sp_unbindrule 'course_num'
GO
DROP RULE kc_rule
GO
```

说明：

规则对象 kc_rule 绑定了表 KCB 的课程号列和用户自定义的数据类型 course_num，只有在和这两者都解除绑定关系后才能删除该规则对象。但解除与用户定义的数据类型 course_num 的关系后，系统自动解除由 course_num 定义的列与规则对象的绑定关系。

6.3.4 参照完整性的实现

对两个相关联的表（主表与从表，也称为父表与子表）进行数据插入和删除时，通过参照完整性保证它们之间数据的一致性。

利用 FOREIGN KEY 定义从表的外键，PRIMARY KEY 或 UNIQUE 约束定义主表中的主键或唯一键（不允许为空），可实现主表与从表之间的参照完整性。

定义表间的参照关系：先定义主表的主键（或唯一键），再对从表定义外键约束（根据查询的需要可先对从表的该列创建索引）。

下面首先介绍利用图形化向导界面方式定义表间的参照关系，然后介绍利用 T-SQL 命令定义表间的参照关系。

1. 利用图形化向导界面方式定义表间的参照关系

例如，要实现表 XSB 与表 CJB 之间的参照完整性，操作步骤如下。

第 1 步，按照前面所介绍的方法定义主表的主键。由于之前在创建表的时候已经定义表 XSB 中的“学号”字段为主键，所以这里就不需要再定义主表的主键了。

第 2 步，启动 SQL Server Management Studio，在对象资源管理器窗口中依次展开“数据库”“PXSCJ”，选择“数据库关系图”，右击，在出现的快捷菜单中选择“新建数据库关系图”菜单项，打开“添加表”对话框。

第 3 步，在出现的“添加表”对话框中选择要添加的表，本例中选择了表 XSB 和表 CJB。单击“添加”按钮完成表的添加，之后单击“关闭”按钮退出对话框。

第 4 步，在数据库关系图设计窗口将鼠标指针指向主表的主键，并拖动到从表，即将表 XSB 中的“学号”字段拖动到从表 CJB 中的“学号”字段。

第 5 步，在弹出的“表和列”对话框中输入关系名、设置主键表和列名，如图 6-9 所示，单击“表和列”对话框中的“确定”按钮，再单击“外键关系”对话框中的“确定”按钮，进入如图 6-9所示的界面。

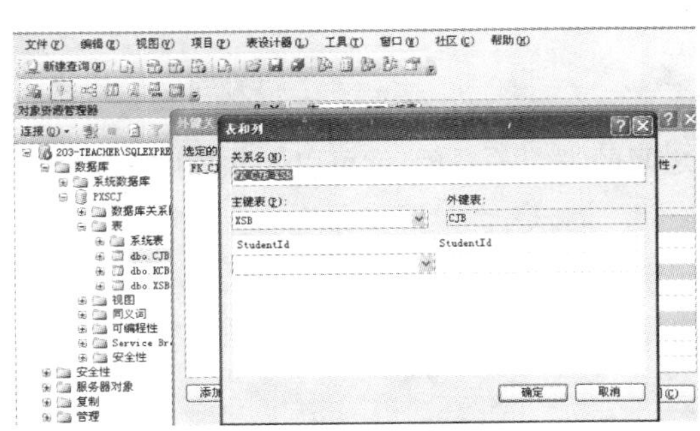

图 6-9 设置参照完整性

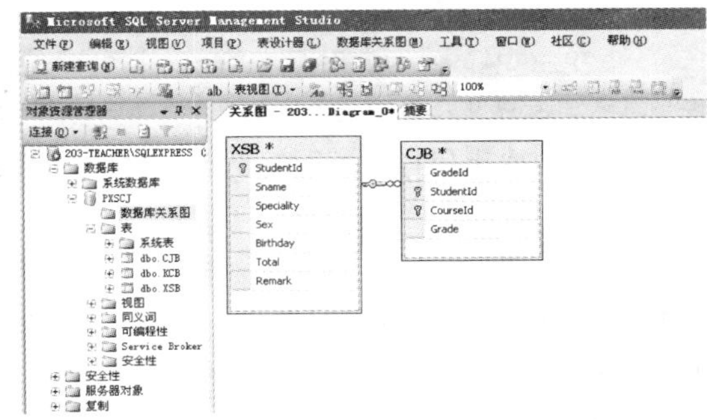

图 6-10 主表和从表的参照关系图

如果要在图 6-10 的基础上再添加表 KCB 并建立相应的参照完整性关系，可以使用以下步骤：右击图 6-10 的空白区域，选择“添加表”选项，在随后弹出的“添加表”对话框中添加表 KCB，之后定义表 CJB 和表 KCB 之间的参照关系，结果如图 6-11 所示。

2. 利用图形化向导界面方式删除表间的参照关系

如果要删除前面建立的表 XSB 与表 CJB 之间的参照关系，可按以下步骤进行。

第 1 步，在 PXSCJ 数据库的数据库关系图目录下选择要修改的关系图，如 Diagram_0，右击，在弹出的快捷菜单中选择“修改”菜单项（见图 6-12），打开数据库关系图设计窗口。

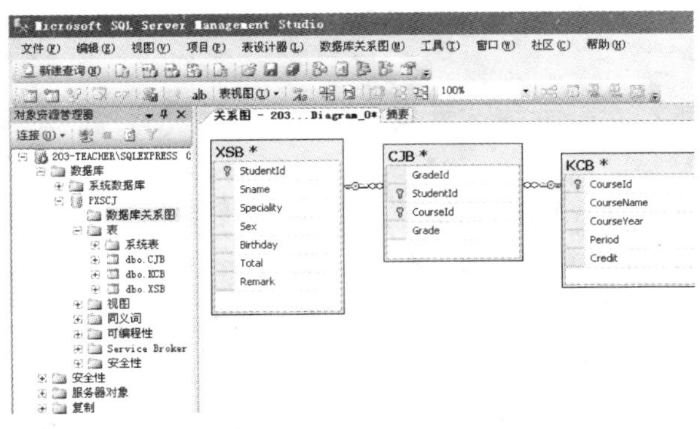

图 6-11 三个表之间的参照关系图

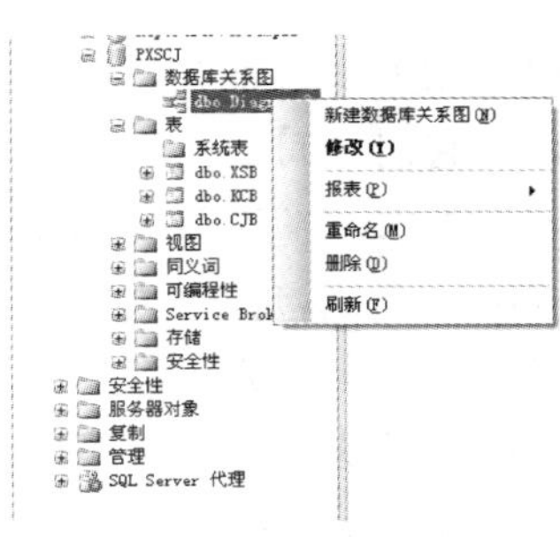

图 6-12 选择“修改”菜单项

第 2 步，在数据库关系图设计窗口中，选择已经建立的关系，右击，选择“从数据库中删除关系”，如图 6-13 所示。在随后弹出的“Microsoft SQL Server Management Studio”提示框中，单击“是”按钮，如图 6-14 所示，即可删除表之间的关系。

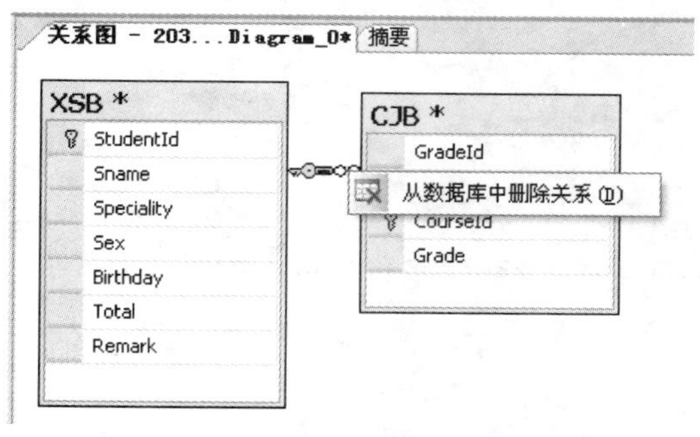

图 6-13　删除关系

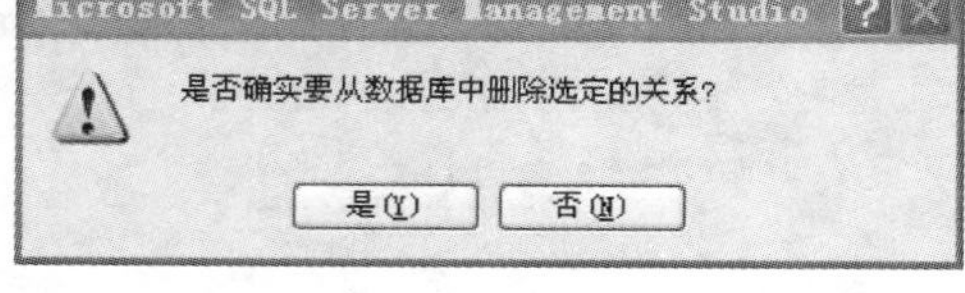

图 6-14　删除选定的关系提示框

3. 利用 T-SQL 命令定义表间的参照关系

前面已介绍了创建主键(PRIMARY KEY 约束)及唯一键(UNIQUE 约束)的方法，在此将介绍通过 T-SQL 命令创建外键的方法。

1) 创建表的同时定义外键约束

语法格式：

```
CREATE TABLE table_name        /*指定表名*/
(<column_definition>
  [ CONSTRAINT constraint_name ]
[ FOREIGN KEY ][ ( column [,…n ] )] <reference_definition>
  )
```

其中：

```
<reference_definition> ::=
    REFERENCES referenced_table_name [ ( ref_column [,…n ] ) ]
    [ ON DELETE { NO ACTION | CASCADE | SET NULL | SET DEFAULT } ]
    [ ON UPDATE { NO ACTION | CASCADE | SET NULL | SET DEFAULT } ]
    [ NOT FOR REPLICATION ]
```

2) 通过修改表定义外键约束

使用 ALTER TABLE 语句中的 ADD 子句也可以定义外键约束。

语法格式：

```
ALTER TABLE table_name
ADD  [ CONSTRAINT constraint_name]
FOREIGN KEY   ( column [,…n ] )
REFERENCES   ref_table ( ref_column [,…n ] )
```

【例 6-27】 在 PXSCJ 数据库中创建主表 XS，XS. 学号为主键，然后定义从表 XS_KC，XS_KC. 学号为外键。

```
USE PXSCJ
CREATE TABLE XS
(    StudentId char(6) NOT NULL
        CONSTRAINT XH_PK PRIMARY KEY,
```

```
Sname char(8) NOT NULL,
Speciality char(10) NULL,
Sex bit NOT NULL,
Birthday smalldatetime NOT NULL,
Total tinyint NULL,
Remark text NULL
)
GO
CREATE TABLE XS_KC
(StudentId char(6) NOT NULL  FOREIGN KEY REFERENCES XS (StudentId),
CourseId char(3) NOT NULL,
Grade smallint,
Credit smallint
)
GO
```

4. 利用 T-SQL 命令删除表间的参照关系

删除表间的参照关系,实际上删除从表的外键约束即可。

语法格式与前面其他约束删除的格式类似。

【例 6-28】 删除对表 CJB 的课程号字段定义的外键约束。

```
ALTER TABLE CJB
    DROP CONSTRAINT kc_foreign
```

6.4 事务

人们非常熟悉银行转帐,假定资金从帐户 A 转到帐户 B,至少需要两步:减少一个帐户的资金和增加另一个帐户的资金。在进行转帐时,系统必须保证这些步骤是一个整体,否则期间任何一个步骤,如突然遭遇停电或其他事故等,都要撤消对这两个帐户数据所做的任何修改,这就需要使用事务处理,把事务作为一个整体,或者成功或者失败。

6.4.1 事务的作用

事务能确保把对多个数据的修改作为一个单元来处理。例如从一个帐户借入并贷给另一个帐户,两步必须同时完成。假定张三帐户直接转帐 1000 元到李四帐户,就需要创建帐户表,存放用户的帐户信息。T-SQL 语句如下:

```
/*- - - - - - - - - - - - - - - - - - - - - - - 建表- - - - - - - - - - - - - */
USE PXSCJ
GO
IF EXISTS(SELECT *  FROM sysobjects WHERE name='bank')
DROP TABLE bank
GO
CREATE TABLE bank
(
customeName char (10),     /*顾客姓名*/
currentmoney money      /*当前余额*/
)
Go
```

```
/*添加约束,根据银行规定,帐户余额不能少于1元,否则视为销户*/
ALTER TABLE bank
  ADD CONSTRAINT CK_currentMoney CHECK(currentMoney>=1)
GO
/*插入测试数据,张三开户,开户金额为1000元;李四开户,开户金额为1元*/
INSERT INTO bank(customeName,currentMoney) VALUES('张三',1000)
INSERT INTO bank(customeName,currentMoney) VALUES('李四',1)
/*查看结果*/
SELECT *  FROM bank
Go
```

上述代码的输出结果如图 6-15 所示。

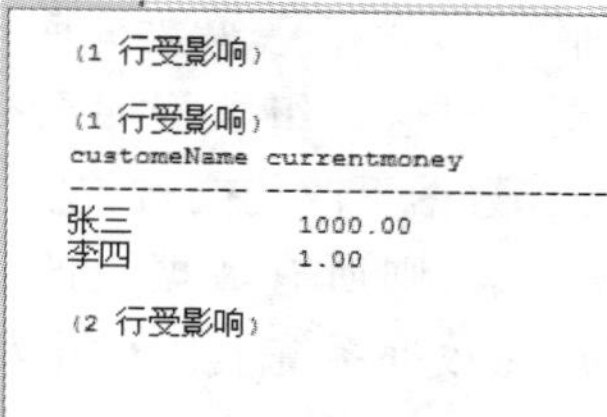

```
(1 行受影响)

(1 行受影响)
customeName currentmoney
----------- ---------------------
张三          1000.00
李四          1.00

(2 行受影响)
```

图 6-15　输出结果(开户)

注意:目前两个帐户的余额总和为 1000 元+1 元=1001 元。

现在开始模拟实现转帐:从张三的帐户直接转帐 1000 元到李四的帐户,即使用 UPDATE 语句修改张三的帐户和李四的帐户,张三的帐户减少 1000 元,李四的帐户增加 1000 元。

转帐后的余额应保持不变,仍为 1001 元。

T-SQL 语句实现如下:

```
/*--转帐测试:张三希望通过转帐,直接汇钱给李四*/
/*张三帐户减少1000元,李四帐户增加1000元*/
    UPDATE bank SET currentMoney= currentMoney-1000
    WHERE customeName='张三'
    UPDATE bank SET currentMoney= currentMoney+1000
    WHERE customeName='李四'
    GO
    /*再次查看转帐后的结果*/
    SELECT *  FROM bank
    GO
```

上述代码的输出结果如图 6-16 所示。

```
结果
消息 547, 级别 16, 状态 0, 第 3 行
UPDATE 语句与 CHECK 约束"CK_currentMoney"冲突。该冲突发生于数据库"PXSCJ",表"dbo.bank", column 'currentmoney'。
语句已终止。

(1 行受影响)
customeName currentmoney
----------- ---------------------
张三          1000.00
李四          1001.00
```

图 6-16　输出结果(转帐)

输出结果是张三的帐户没减少,但李四的帐户却多了1000元,转帐后两个帐户的钱多出了1000元,显然与期望的结果不相符。分析其原因如下。

通过查看SQL Server错误提示,显示UPDATE语句有错,执行时违反了CK_currentMoney约束,即余额不能少于1元。两条修改语句中第一条语句出错了,转出没有成功;但第二条修改语句转入却没有中断执行,才出现上述结果。

如何才能在任何情况下,比如停电等,银行转帐都不会出现上述情况呢?解决的办法就是使用事务。将两条UPDATE语句当成一个整体,要么都成功执行,要么都不执行。如果其中任何一条语句出现错误,则整个转帐业务应取消,使两个帐户余额恢复原来数据。

6.4.2 事务的概念及特性

事务提供了一种机制,是一个操作序列,它包含了一组数据库操纵命令,并且所有的命令作为一个整体一起向系统提交或撤消请求,即这一组数据库命令要么执行要么不执行。如果某一事务成功,则在该事务中进行的所有数据更改均会被提交,成为数据库中的永久组成部分。如果事务遇到错误且必须取消或回滚,则所有数据更改均会回到更改前的状态。因此,事务是一个不可分割的逻辑工作单位,在数据系统上执行并发操作时事务是作为最小的控制单位来使用的。它特别适合于多用户同时操作的数据库系统,如航空公司的订票系统、银行的转帐系统、证券公司的交易系统等。

事务是作为单个逻辑工作单位执行的一个系列操作。一个逻辑工作单位必须有4个属性,即原子性(atomicity)、一致性(consistency)、隔离性(isolation)及持久性(durability),以使数据能正确地提交到数据库中,这些特性通常简称ACID。

原子性:事务能确保把对多个数据修改作为一个单元处理,也就是原子操作。事务中的所有元素必须作为一个整体提交或回滚。如果事务中的任何元素失败,则整个事务将失败。再次以银行转帐事务为例,如果该事务提交了,则这两个帐户的数据将会更新。如果由于某种原因,事务在成功更新这两个帐户之前终止,则不会更新这两个帐户余额,并且会撤消对任何帐户余额的修改,事务不能部分提交。

一致性:当事务完成时,数据必须处于一致状态,也就是说,在事务开始之前,存储中的数据处于一致状态。正在进行的事务中,数据可能处于不一致的状态,如数据可能有部分修改。然而,当事务成功完成时,数据必须再次回到一致状态。也就是通过事务对数据所做的修改不能使数据处于稳定状态。

隔离性:对数据进行修改的所有并发事务是彼此隔离的。这表明事务是独立的,它不应以任何方式依赖或影响其他事务。修改数据的事务可以在另一个使用相同数据的事务结束之后访问这些数据。另外,当事务修改数据时,如果任何其他进程正在同时使用相同的数据,则直到该事务成功提交之后,对数据的修改才能生效。

持久性:在事务完成之后,它对于系统的影响是永久的。该修改即使出现故障也将一直保持。

6.4.3 事务的分类

事务可以分为显示事务、隐性事务及自动提交事务等类型。

1. 显示事务

显示事务是显示地定义其开始和结束的事务。当明确输入BEGIN TRANSACTION和COMMIT TRANSACTION语句时,就会发生显示事务。典型的显示事务的语法格式如下:

```
BEGIN TRANSACTION
插入记录
删除记录
COMMIT TRANSACTION
```

2. 隐性事务

通过 T-SQL 的 SET IMPLIT_TRANSACTIONS ON 语句，将隐性事务模式设置为打开。当连接以隐性事务模式进行操作时，将在提交或回滚当前事务后自动启动新事务，无须描述事务的开始，只需提交或回滚每个事务。隐性事务模式生成连续的事务链。

在将隐性事务模式设置为打开之后，SQL Server 首次执行下列任何语句，都会自动启动一个事务，如表 6-1 所示。

表 6-1　会自动启动一个事务的语句

ALTER TABLE	INSERT
CREATE	OPEN
DELETE	REVOKE
DROP	SELECT
FETCH	TRUNCATE TABLE
GRANT	UPDATE

在发出 COMMIT 或 ROLLBACK 语句之前，该事务将一直保持有效。在第一个事务被提交或回滚之后，下次连接执行这些语句时，SQL Server 将自动启动一个新事务。SQL Server 将不断地生成一个隐性事务链，直到隐性事务模式关闭为止。下面的例子说明了如何启动隐性事务：

```
SET NOCOUNT OFF
GO
USE PXSCJ
GO
CREATE TABLE ImpTran
(
cola int primary key,
colb char(3) NOT NULL
)
GO
SET IMPLICIT_TRANSACTIONS ON
GO
/*第一次执行 INSERT 语句的时候将自动启动一个隐性事务*/
INSERT INTO ImpTran VALUES (1,'aaa')
GO
INSERT INTO ImpTran VALUES (2,'bbb')
GO
/*提交第一个事务*/
COMMIT TRANSACTION
```

```
GO
/*执行 SELECT 语句将启动第二个隐性事务*/
SELECT COUNT(* ) FROM ImpTran
GO
INSERT INTO ImpTran VALUES (3,'ccc')
GO
SELECT * FROM ImpTran
GO
/*提交第二个事务*/
COMMIT TRANSACTION
GO
SET IMPLICIT_TRANSACTIONS OFF
GO
```

3. 自动提交事务

所有 T-SQL 语句在完成时，都会提交或回滚。如果一条语句成功完成，则将其提交，如果遇到任何错误，则将其回滚。只要没有用显示事务模式或隐性事务模式替代自动提交模式，SQL Server 连接就以自动提交模式为默认模式进行操作。

6.4.4 用 T-SQL 表示事务

T-SQL 使用下列语句来管理事务。

(1) 开始事务：BEGIN TRANSACTION。

(2) 提交事务：COMMIT TRANSACTION。

(3) 回滚(撤消)事务：ROLLBACK TRANSACTION。

下列变量在事务处理中非常有用。

```
@@ERROR
@@TRANCOUNT
```

下面通过实例讲述事务在实际开发中的应用。

在实际开发中最常用的是显示事务，它明确地指定事务的开始边界。判断 T-SQL 语句是否有错，可使用全局变量@@ERROR，它用来判断当前 T-SQL 语句执行是否有错，若有错则返回非零值。下面应用显示事务来解决上述转帐问题，T-SQL 语句如下所示：

```
USE PXSCJ
GO
SET NOCOUNT ON        /*不显示受影响的行数信息*/
Print  '查看转帐事务前的余额'
SELECT   *   FROM bank
GO
/*开始事务(指定事务从此处开始，后续的 T-SQL 语句都是一个整体)*/
BEGIN TRANSACTION
/*定义变量，用于累计事务执行过程中的错误*/
DECLARE @errorNo INT
SET @errorNo= 0  /*初始化为无错误*/
/*张三的帐户减少 1000 元，李四的帐户增加 1000 元*/
```

```
UPDATE bank SET currentMoney= currenMoney-1000
WHERE customeName='张三'
Set @errorNo= @errorNo+ @@error     /*累计是否有错误*/
UPDATE bank SET currentMoney=currenMoney+1000
WHERE customeName='李四'
Set @errorNo=@errorNo+@@error     /*累计是否有错误*/
Print  '查看转帐过程中的余额'
SELECT *  FROM bank
/*根据语句执行情况,确定事务是提交或撤消*/
IF @errorNo< > 0        /*如果有错误*/
BEGIN
Print  '交易失败,回滚事务'
ROLLBACK TRANSACTION
END
ELSE
BEGIN
Print   '交易成功,提交事务,永久保存'
COMMIT TRANSACTION
END
GO
Print   '查看转帐事务后的余额'
SELECT  *   FROM bank
GO
```

在连接数据库后,将上述代码输入,并设置数据显示方式为文本,按 F5 键执行并查看执行结果。

习 题

1. 试描述索引的概念与作用。
2. 索引是否越多越好?
3. 试说明 PRIMARY KEY 约束与 UNIQUE 约束的异同点。
4. 试说明数据完整性的含义与分类。
5. 试说明规则与 CHECK 约束的不同之处。

第7章 存储过程和触发器

存储过程和触发器都是 SQL Server 的数据库对象。存储过程的存在独立于表，它存放在服务器上，供客户端调用，因此存储过程可以充分地利用高性能的运算能力，而无须把大量的结果集中传送客户端再处理，从而大大减少网络数据传输的开销，提高应用程序访问数据库的速度和效率。触发器的使用则和表的更新操作紧密结合，它是一种特殊的存储过程，使用触发器可以大大提高数据库应用程序的灵活性和健壮性，实现复杂的业务规则，更有效地实现数据完整性。

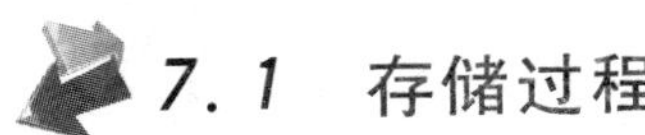

7.1 存储过程

在 SQL Server 2008 中，使用 T-SQL 语句编写存储过程。存储过程可以接受输入参数、返回表格或标量结果和消息，调用"数据定义语言"(DDL)和"数据操作语言"(DML)语句，然后返回输出参数。使用存储过程的优点如下。

(1) 存储过程在服务器端运行，执行速度快。

(2) 存储过程执行一次后，就驻留在高速缓冲存储器中，以后操作时只需从高速缓冲存储器中调用已编译好的二进制代码即可，提高了系统性能。

(3) 使用存储过程可以完成所有数据库操作，并可通过编程方式控制对数据库信息访问的权限，确保数据库的安全。

(4) 自动完成需要预先执行的任务。存储过程可以在 SQL Server 启动时自动执行，而不必在系统启动后再进行手工操作，大大方便了用户的使用，可以自动完成一些需要预先执行的任务。

7.1.1 存储过程的类型

在 Microsoft SQL Server 2008 中有下列几种类型的存储过程。

1. 系统存储过程

系统存储过程是由 SQL Server 提供的存储过程，可以作为命令执行。系统存储过程定义在系统数据库 master 中，其前缀是"sp_"，例如，常用的显示系统对象信息的"sp_help"系统存储过程，为检索系统表的信息提供了方便快捷的方法。

系统存储过程允许系统管理员执行修改系统表的数据库管理任务，可以在任何一个数据库中执行。SQL Server 2008 提供了很多的系统存储过程，通过执行系统存储过程，可以实现一些比较复杂的操作。

2. 扩展存储过程

扩展存储过程是指在 SQL Server 2008 环境之外，使用编程语言(例如 C++语言)创建的外部例程形成的动态链接库(DLL)。使用时，先将 DLL 加载到 SQL Server 2008 系统中，并且按照使用系统存储过程的方法执行。扩展存储过程在 SQL Server 实例地址空间中运行。但因为扩展存储过程不易撰写，而且可能会引发安全性问题，所以微软公司可能会在未来的 SQL Server 中删除这个功能，本书将不详细介绍扩展存储过程。

3. 用户存储过程

Microsoft SQL Server 2008 中，用户存储过程可以使用 T-SQL 语言编写，也可以使用 CLR 方式编写。在本书中，T-SQL 存储过程就称为存储过程。

1）存储过程

存储过程保存 T-SQL 语句集合，可以接受和返回用户提供的参数。存储过程既可以包含根据客户端应用程序提供的信息在一个或多个表中插入新行所需的语句，也可以从数据库向客户端应用程序返回数据。

例如，电子商务 Web 应用程序可能使用存储过程根据联机用户指定的搜索条件返回有关特定产品的信息。

2）CLR 存储过程

CLR 存储过程是对 Microsoft .NET Framework 公共语言运行时 CLR 方法的引用，可以接受和返回用户提供的参数。它们在".NET Framework 程序集"中是作为类的公共静态方法实现的。简单地说，CLR 存储过程就是可以使用 Microsoft Visual Studio 2008 环境下的语言作为脚本编写的、可以对 Microsoft .NET Framework 公共语言运行时 CLR 方法进行引用的存储过程。

7.1.2 常用的系统存储过程

SQL Server 提供系统存储过程，它们是一组预编译的 T-SQL 语句。系统存储过程提供了管理数据库和更新表的机制，并充当从系统表中检索信息的快捷方式。

通过配置 SQL Server，可以生成对象、用户、权限的信息和定义，这些信息和定义存储在系统中。每个数据库都有一个包含配置信息的系统表集，用户数据库的系统表是在创建数据库时自动创建的。用户可以通过系统存储过程访问和更新系统表。

所有系统存储过程的名称都以"sp_"开头，并存放在数据库 master 中。系统管理员拥有这些存储过程的使用权限。可以在任何数据库中运行系统存储过程，但执行的结果会反映在当前数据库中。

表 7-1 列出了一些常用的系统存储过程。

表 7-1 常用的系统存储过程

系统存储过程	说明
sp_databases	列出服务器上的所有数据库
sp_helpdb	报告有关指定数据库或所有数据库的信息
sp_renamedb	更改数据库的名称
sp_tables	返回当前环境下可查询的对象的列表
sp_columns	返回某个表列的信息
sp_help	查看某个表的所有信息
sp_helpconstraint	查看某个表的约束
sp_helpindex	查看某个表的索引
sp_stored_procedures	列出当前环境中的所有存储过程
sp_password	添加或修改登录帐户的密码
sp_helptext	显示默认值、未加密的存储过程、用户存储过程、触发器或视图的实际文本

例如:常用系统存储过程的使用。

```
EXEC sp_databases     /*列出当前系统中的数据库*/
EXEC  sp_renamedb 'Northwind','Northwind1' /*修改数据库的名称(单用户访问)*/
USE stuDB
GO
EXEC sp_tables  /*当前数据库中查询的对象的列表*/
EXEC sp_columns stuInfo  /*返回某个表列的信息*/
EXEC sp_help stuInfo  /*查看表 stuInfo 的信息*/
EXEC sp_helpconstraint stuInfo  /*查看表 stuInfo 的约束*/
EXEC sp_helpindex stuMarks  /*查看表 stuMarks 的索引*/
EXEC sp_helptext 'view_stuInfo_stuMarks'  /*查看视图的语句文本*/
EXEC sp_stored_procedures  /*查看当前数据库中的存储过程*/
```

7.1.3 用户存储过程的创建与执行

除了使用系统存储过程,用户还可以创建自己的存储过程。所有的存储过程都创建在当前数据库中。

1. 使用 T-SQL 命令创建存储过程

1)创建存储过程

创建存储过程的语句是 CREATE PROCEDURE 或 CREATE PROC,两者同义。

语法格式:

```
CREATE { PROC | PROCEDURE } [schema_name.] procedure_name [ ; number ]
                        /*定义存储过程名*/
  [ { @parameter [ type_schema_name. ] data_type }        /*定义参数的类型*/
    [ VARYING ] [=default ] [ OUTPUT ]          /*定义参数的属性*/
  ][,…n ]
[ WITH < procedure_option> ] [,…n ]          /*定义存储过程的处理方式*/
[ FOR REPLICATION ]
AS { < sql_statement> [;][ …n ]          /*执行的操作*/
  }
[;]
```

其中:

```
< procedure_option>  ::=
    [ ENCRYPTION ]
    [ RECOMPILE ]
    [< EXECUTE_AS_Clause>  ]
```

说明:

- procedure_name:新存储过程的名称。存储过程名必须符合标识符规则,且对于数据库及其所有者必须唯一。
- @parameter:存储过程中的参数。在 CREATE PROCEDURE 语句中可以声明一个或多个参数。存储过程最多可以有 2100 个参数,使用@符号作为第一个字符来指定参数名称,参数名称必须符合标识符规则,每个过程的参数仅用于该过程本身。
- data_type:参数的数据类型。除 table 之外的所有数据类型均可以用作 T-SQL 存储过程的参数。

- default:参数的默认值。如果定义了默认值,不必指定该参数的值即可执行过程。默认值必须是常量或 NULL。如果过程将该参数使用 LIKE 关键字,那么默认值中可以包含通配符(%、_、[]、[^])。
- OUTPUT:表明参数是输出参数。该选项的值可以返回给 EXEC[UTE]。使用 OUTPUT 参数可将信息返回给调用过程。
- procedure_option:用于定义存储过程的处理方式。ENCRYPTION 指对存储过程的定义进行加密。RECOMPILE 指定数据库引擎不缓存该过程的计划,该过程在运行时编译。如果指定了 FOR REPLICATION,则不能使用此选项。
- FOR REPLICATION:用于说明不能在订阅服务器上执行为复制创建的存储过程。该选项将忽略 RECOMPILE。如果指定了 FOR REPLICATION,则无法声明参数。
- AS:指定过程要执行的操作。
- sql_statement:存储过程中包含的 T-SQL 语句。

2) 创建存储过程的注意事项

对于存储过程的创建要注意下列几点。

(1) 用户定义的存储过程只能在当前数据库中创建(临时存储过程除外,临时存储过程总是在系统数据库 tempdb 中创建)。

(2) 成功执行 CREATE PROCEDURE 语句后,存储过程名称存储在 sysobjects 系统表中,而 CREATE PROCEDURE 语句的文本存储在 syscomments 中。

(3) 自动执行存储过程。SQL Server 启动时可以自动执行一个或多个存储过程。这个或这些存储过程必须由系统管理员在数据库 master 中创建,并在 sysadmin 固定服务器角色下作为后台过程执行。这些过程不能有任何输入参数。

(4) sql_statement 的限制。如下语句必须使用对象的架构名对数据库对象进行限定:

CREATE TABLE、ALTER TABLE、DROP TABLE、TRUNCATE TABLE、CREATE INDEX、DROP INDEX、UPDATE STATISTICS 及 DBCC 语句。

如下语句不能出现在 CREATE PROCEDURE 定义中:

SET PARSEONLY、SET SHOWPLAN_TEXT、SET SHOWPLAN_XML 和 SET SHOWPLAN_ALL、CREATE DEFAULT、CREATE SCHEMA、CREATE FUNCTION、ALTER FUNCTION、CREATE PROCEDURE、ALTER PROCEDURE、CREATE TRIGGER、ALTER TRIGGER、CREATE VIEW、ALTER VIEW、USE database_name。

(5) 权限。CREATE PROCEDURE 的权限默认授予 sysadmin 固定服务器角色成员、db_owner 和 db_ddladmin 固定数据库角色成员。sysadmin 固定服务器角色成员和 db_owner 固定数据库角色成员可以将 CREATE PROCEDURE 权限转让给其他用户。

注意:存储过程的定义只能在单个批处理中进行。

2. 存储过程的执行

1) 执行

通过 EXECUTE 或 EXEC 命令可以执行一个已定义的存储过程,EXEC 是 EXECUTE 的简写。

语法格式:

```
[ { EXEC | EXECUTE } ]
  {  [ @return_status= ]
    {  module_name [ ;number ] | @module_name_var }
  [ [ @parameter= ] { value | @variable [ OUTPUT ] | [ DEFAULT ] }]
    [,…n ]
    [ WITH RECOMPILE ]
  }
[;]
```

说明：

- @return_status：为可选的整型变量，保存存储过程的返回状态。EXECUTE 语句使用该变量前，必须对其声明。
- module_name：是要调用的存储过程或用户定义标量函数的完全限定或者不定期完全限定名称。number 用于调用已定义的一组存储过程中的某一个。
- @module_name_var：局部定义的变量名，保存存储过程或用户定义函数的名称。
- @parameter：为 CREATE PROCEDURE 语句中定义的参数名。value 为实参。如果省略@parameter，则后面的实参顺序要与定义时参数的顺序一致。使用@parameter＝value 格式时，参数名称和实参不必按在存储过程中定义的顺序提供。但是，如果任何参数使用了@parameter＝value 格式，则对后续的所有参数均必须使用该格式。
- @variable：为局部变量，用于保存 OUTPUT 参数返回的值。
- DEFAULT：DEFAULT 关键字表示不提供实参，而是使用对应的默认值。
- WITH RECOMPILE：执行模块后，强制编译、使用和放弃新计划。

2）执行的注意事项

存储过程的执行要注意以下两点。

(1) 如果存储过程名的前缀为“sp_”，SQL Server 会首先在数据库 master 中寻找符合该名称的系统存储过程。如果没能找到合法的过程名，SQL Server 才会寻找架构名称为 dbo 的存储过程。

(2) 执行存储过程时，若语句是批处理中的第一个语句，则不一定要指定 EXECUTE 关键字。

3. 举例

1）设计简单的存储过程

【例 7-1】 返回 081101 号学生的成绩情况。该存储过程不使用任何参数。

```
USE PXSCJ
GO
CREATE PROCEDURE student_info
    AS
        SELECT *
            FROM CJB
            WHERE StudentId='081101'
GO
```

存储过程定义后，执行存储过程 student_info：

```
EXECUTE student_info
```

如果该存储过程是批处理中的第一条语句，则可使用：

```
    student_info
```

执行结果如图 7-1 所示。

2）使用带参数的存储过程

【例 7-2】 从数据库 PXSCJ 的三个表中查询某人指定课程的成绩和学分。该存储过程接受与传递参数精确匹配的值。

```
USE PXSCJ
GO
CREATE PROCEDURE student_info1 @name char (8),@cname char(16)
AS
    SELECT a. StudentId,Sname,CourseName,Grade,t.Credit
        FROM XSB  a  INNER JOIN  CJB  b
            ON a. StudentId= b. StudentId INNER  JOIN  KCB  t
            ON b.CourseId= t. CourseId
            WHERE a. Sname= @name and t. CourseName= @cname
GO
```

执行存储过程 student_info1：

```
EXECUTE student_info1 '刘明仪','计算机基础'
```

执行结果如图 7-2 所示。

以下命令的执行结果与上面相同：

```
EXECUTE student_info1 @name='刘明仪',@cname='计算机基础'
```

或者

```
DECLARE @proc char(20)
SET @proc='student_info1'
EXECUTE @proc @name='刘明仪',@cname='计算机基础'
```

3）使用带 OUTPUT 参数的存储过程

【例 7-3】 返回学号为 081101 的学生的平均成绩。

```
CREATE PROCEDURE selectavggrade
  @avggrade float output
AS
  SELECT  @avggrade= AVG(Grade) FROM CJB WHERE StudentId='081101'
  GO
```

接下来执行存储过程 selectavggrade 来查看结果：

```
DECLARE @str float
EXEC selectavggrade @str OUTPUT
SELECT @str AS 平均成绩
```

执行结果如图 7-3 所示。

GradeId	StudentId	CourseId	Grade
1	081101	101	90
2	081101	206	60
3	081101	210	70

图 7-1　执行结果(例 7-1)

StudentId	Sname	CourseName	Grade	Credit
081101	刘明仪	计算机基础	90	5

图 7-2　执行结果(例 7-2)

平均成绩
73

图 7-3　执行结果(例 7-3)

4）使用带有通配符参数的存储过程

【例 7-4】 从三个表的连接中返回指定学生的学号、姓名、所选课程名称及该课程的成绩。该存储过程在参数中使用了模式匹配，如果没有提供参数，则使用预设的默认值。

```
CREATE PROCEDURE st_info @name varchar(30)='李%'
 AS
  SELECT a.StudentId,a.Sname,c.CourseName,b.Grade
      FROM  XSB a  INNER JOIN  CJB  b
      ON a. StudentId= b. StudentId INNER JOIN KCB c
      ON c.CourseId= b. CourseId
      WHERE Sname LIKE @name
GO
```

执行存储过程：

```
EXECUTE st_info          /*参数使用默认值*/
```

或者

```
EXECUTE st_info '王%'              /*传递给@name 的实参为'王%'*/
```

7.1.4 存储过程的修改

使用 ALTER PROCEDURE 命令可修改已存在的存储过程并保留以前赋予的许可。

语法格式：

```
ALTER { PROC | PROCEDURE } [schema_name.] procedure_name [ ; number ]
  [ { @parameter [ type_schema_name. ] data_type }[ VARYING ] [= default ] [ OUT
[PUT] ]
  ][,…n ]
[ WITH < procedure_option> ] [,…n ]
[ FOR REPLICATION ]
AS { < sql_statement> [;][ …n ]
    | EXTERNAL NAME assembly_name.class_name.method_name
  }
[;]
```

说明：

- 各参数定义与 CREATE PROCEDURE 中的相同。
- 如果原来的过程定义是用 WITH ENCRYPTION 或 WITH RECOMPILE 创建的，那么只有在 ALTER PROCEDURE 中也包含这些选项，这些选项才有效。
- 使用 ALTER PROCEDURE 进行修改后，SQL Server 会覆盖存储过程以前的定义，但存储过程的权限和启动属性保持不变。

【例 7-5】 对例 7-2 中创建的存储过程 student_info1 进行修改，将第一个参数改成学生的学号。

```
USE PXSCJ
GO
ALTER PROCEDURE student_info1
  @number char(6),@cname char(16)
  AS
      SELECT StudentId,CourseName,Grade
          FROM  CJB,KCB
          WHERE CJB. StudentId= @number AND CourseName= @cname
GO
```

【例 7-6】 创建名为 select_students 的存储过程，默认情况下，该存储过程可查询所有学生信息，随后授予权限。当该存储过程需更改为能检索计算机专业的学生信息时，用 ALTER PROCEDURE 重新定义该存储过程。

- 创建 select_students 存储过程：

```
CREATE PROCEDURE select_students        /*创建存储过程*/
    AS
        SELECT  *
            FROM  XSB
            ORDER BY StudentId
GO
```

- 修改存储过程 select_students：

```
ALTER PROCEDURE select_students WITH ENCRYPTION
    AS
        SELECT *
            FROM  XSB
            WHERE Speciality='计算机'
            ORDER BY StudentId
GO
```

7.1.5 存储过程的删除

当不再使用一个存储过程时，就要把它从数据库中删除。使用 DROP PROCEDURE 语句可永久地删除存储过程。在删除存储过程之前，必须确认该存储过程没有任何依赖关系。

语法格式：

```
DROP { PROC | PROCEDURE } { [ schema_name. ] procedure } [,…n ]
```

说明：

procedure 是指要删除的存储过程或存储过程组的名称。

【例 7-7】 删除数据库 PXSCJ 中的 student_info1 存储过程。

```
USE PXSCJ
GO
IF EXISTS(SELECT name FROM sysobjects WHERE name='student_info1')
    DROP PROCEDURE student_info1
```

说明：

删除存储过程之前可以先查找系统表 sysobjects 中是否存在这一存储过程。

7.1.6 界面方式操作存储过程

1. 创建存储过程

例如，如果要通过图形化向导界面方式定义一个存储过程来查询 PXSCJ 数据库中每个同学各门功课的成绩，可以按以下主要步骤进行：

启动 SQL Server Management Studio，在对象资源管理器窗口中依次展开“数据库”“PXSCJ”“可编程性”，选择“存储过程”项，右击，在弹出的快捷菜单中选择“新建存储过程”菜单项(见图 7-4)，打开存储过程脚本编辑窗口，如图 7-5 所示。在该窗口中输入要创建的存储过程的代码，输入完成后单击“执行”按钮，若执行成功则创建完成。

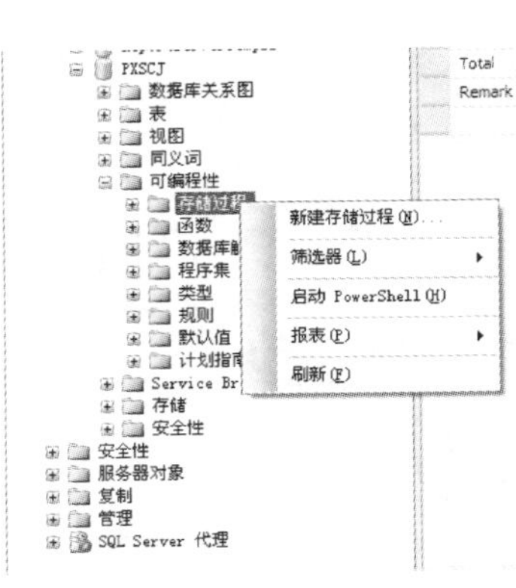

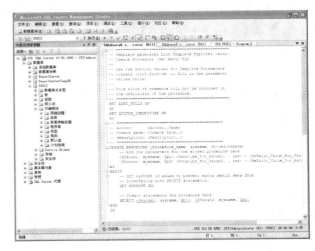

图 7-4 选择“新建存储过程”菜单项

图 7-5 存储过程脚本编辑窗口

2. 修改存储过程

选择要修改的存储过程，右击，在弹出的快捷菜单中选择“修改”菜单项，打开存储过程脚本编辑窗口，在该窗口中修改相关的 T-SQL 语句。修改完成后，执行修改后的脚本，若执行成功则修改了存储过程。

3. 删除存储过程

选择要删除的存储过程，右击，在弹出的快捷菜单中选择“删除”菜单项，根据提示删除该存储过程。

7.2 触发器

触发器是在数据库中发生事件时自动执行的特殊存储过程，这些事件主要是发生在表上的 DML(INSERT、UPDATE、DELETE)操作，所以触发器与数据操作有关，通过创建触发器来强制实现不同表中逻辑相关数据的引用完整性或一致性。到目前为止，要在数据库服务器端实现或执行业务规则的方法如下。

- 使用存储过程实现业务规则。用户必须首先创建存储过程，然后由客户端来调用存储过程以执行业务规则。
- 使用约束实现业务规则。比如创建了一个检查约束，在向表中输入数据时，将强制性地保证表中的数据满足约束条件。

SQL Server 提供了两种机制的业务规则来实现数据完整性，即约束和触发器。触发器是一个功能强大的工具，与表紧密连接。当用户修改(INSERT、UPDATE、DELETE)指定表或视图中的数据时，该表中的相应触发器就会自动执行。触发器可以实现比约束更复杂的数据完整性，所以触发器常用来实现复杂的业务规则，但是，不管触发器所进行的操作多么复杂，它都只作为一个独立的单元被执行，被看作一个事务。如果在执行触发器的过程中发生了错误，则整个事务将会自动回滚。

7.2.1 触发器概述

1. 为什么需要触发器

为什么需要触发器(trigger)呢？触发器典型的应用就是银行的取款机系统。

假定取款机系统的数据库设计需要两张表，即帐户信息表 bank 和交易信息表 transInfo，如图 7-6 所示。

帐户信息表bank

	customerName	cardID	currentMoney
1	张三	1001 0001	1000.0000
2	李四	1001 0002	1.0000

交易信息表transInfo

	transDate	cardID	transType	transMoney
1	2005-10-11 11:30:46.623	1001 0001	支取	200.0000

图 7-6 帐户信息表 bank 和交易信息表 transInfo

当张三取钱 200 元时，虽然交易信息表 transInfo 中保存了取钱 200 元的交易信息，但帐户信息表 bank 中的余额仍是 1000，并没有自动跟随修改。显然，我们应该根据交易类型是“支取”或“存入”，自动减少或增加帐户信息表中的余额。而且，它还应该具有事务的特征：一旦交易失败，对余额的修改也应该自动取消。

如何解决呢？这种特殊的业务规则使用普通约束行吗？答案显然是否定的。使用事务行吗？事务能保证一旦交易失败，余额修改也自动取消，但实现不了自动修改的触发功能。严格地说，在我们往交易信息表中插入数据后，就应自动地触发一个动作：修改对应帐户的余额，确保交易信息表和帐户信息表数据的完整性。最优的解决方案是采用触发器，触发器是一种特殊的存储过程，也具有事务的功能，它能在多表之间执行特殊的业务规则或保持复杂的数据逻辑关系。

2. 触发器的特点

触发器是在对表进行插入、更新或删除操作时自动执行的存储过程。它不同于存储过程，触发器主要是通过事件进行触发而被执行，而存储过程可以通过存储过程名而直接调用。触发器主要有以下特点。

(1) 与表相关联。触发器定义在表上。

(2) 自动触发。当对表中的数据进行插入、更新或删除操作时，如果在该表上对指定操作定义了触发器，则该触发器自动执行。

(3) 不能直接调用。与存储过程不同，触发器不能直接被调用，也不能传递或者接受参数。

(4) 是事务的一部分。可以将触发器和触发它的语句作为可在触发器内回滚的单个事务对待。

3. 触发器的作用

触发器的主要作用是保持数据库中数据的完整性，而不是返回查询结果。触发器的主要优点是可以包含复杂的处理逻辑。触发器能够对数据库中的相关表进行级联修改，强制比 CHECK 约束更复杂的数据完整性，自定义错误以及比较数据修改前后的状态。

1) 数据库相关表间的级联修改

用户能够使用触发器对数据库中的相关表进行级联修改和删除。

2）强制比CHECK约束更复杂的数据完整性

与CHECK约束不同，触发器可以引用其他表中的列，能够实现比CHECK约束更复杂的约束。约束和触发器在特殊情况下各有优势。触发器使用T-SQL代码的复杂处理逻辑，因此触发器可以支持约束的所有功能。如果能够用约束实现就最好不使用触发器；在约束所支持的功能无法满足应用程序的功能要求时，触发器就非常有用。

3）自定义错误信息

当执行触发器的条件被满足时，通过使用触发器可以调用动态自定义的错误信息。

4）比较修改前后数据的状态

触发器提供了引用INSERT、UPDATE、DELETE语句引起的数据变化的能力，并允许在触发器中引用被修改语句所影响的数据行。

4. 触发器的类型

在SQL Server 2008中，按照触发事件的不同可以将触发器分为两大类：DML触发器和DDL触发器。

1）DML触发器

当数据库中发生数据操纵语言(DML)事件时将调用DML触发器。一般情况下，DML事件包括对表或视图执行的INSERT语句、UPDATE语句和DELETE语句，因而DML触发器也可分为三种类型：INSERT触发器、UPDATE触发器和DELETE触发器。

利用DML触发器可以方便地保持数据库中数据的完整性。

2）DDL触发器

DDL触发器也是由相应的事件触发，但触发该触发器的事件是数据定义语言(DDL)语句。这些语句主要是以CREATE、ALTER、DROP等关键字开头的语句。DDL触发器的主要作用是执行管理操作，例如审核系统、控制数据库的操作等。通常情况下，DDL触发器主要是用于下发一些操作需求：防止对数据库架构进行某些修改；希望数据库中发生某些变化以利于相应数据库架构中的更改；记录数据库架构中的更改或事件。DDL触发器只在响应由T-SQL语法所指定的DDL事件时才会触发。

7.2.2 DML触发器的工作过程

设计触发器时，了解触发器的工作过程是十分重要的。由于DML触发器是通过事件触发而被执行的，这些事件通常就是对表的数据操作，主要包括INSERT、UPDATE和DELETE，因此DML触发器可分为INSERT触发器、UPDATE触发器和DELETE触发器。本章重点讨论这几种触发器的工作过程。

(1) INSERT触发器：当向表中插入数据时触发，自动执行触发器所定义的SQL语句。

(2) UPDATE触发器：当更新表中某列、多列数据时触发，自动执行触发器所定义的SQL语句。

(3) DELETE触发器：当删除表中记录时触发，自动执行触发器所定义的SQL语句。

触发器有两个特殊的表：inserted表和deleted表。这两个表是逻辑表，并且是由系统管理的，存储在内存中，而不是存储在数据库中，因此，不允许用户直接对其修改。

这两个表与被触发器作用的表有相同的表结构。这两个表是动态驻留在内存中的，当执行触发器时，系统自动创建了这两个表，当触发器工作完成时，它们也被删除。这两个表主要保存因用户操作而被影响到的原数据值或新数据值。另外，这两个表是只读的，即用户不能向其写入内容，但可以引用表的数据。

（1）inserted 表：在执行 INSERT 或 UPDATE 语句时，即当 INSERT 触发器或 UPDATE 触发器触发时，新加行或被更新后的记录行同时添加到 inserted 表和触发器表中。inserted 表用于存储 INSERT 和 UPDATE 语句所影响的行的副本，即在 inserted 表中临时保存了插入行或更新后的记录行。由此可以从 inserted 表中检查插入的数据行是否满足业务需求。如果不满足，就可以向用户报告错误消息，并回滚撤消操作。

（2）deleted 表：在执行 DELETE 或 UPDATE 语句时，即当 DELETE 触发器或 UPDATE 触发器触发时，行从触发器中删除，并传输到 deleted 表中。deleted 表存储了 DELETE 或 UPDATE 语句所影响的行的副本，即在 deleted 表中临时保存了被删除行或被更新前的记录行。由此可以从 deleted 表中检查删除的数据行是否能删除。如果不能，就可以回滚撤消此操作，因为触发器本身是一个特殊的事务单元。

更新（UPDATE）语句可看成两步操作，即捕获更新数据前的 DELETE 语句和捕获更新数据后的 INSERT 语句。当在定义有触发器的表上执行 UPDATE 语句时，原始行被移入到 deleted 表中，更新行被移入到 inserted 表中。

综上所述，inserted 表和 deleted 表用于临时存放对表中数据行的修改信息，它们在具体的增加、删除、更新操作时的情况如表 7-2 所示。

表 7-2　inserted 表和 deleted 表

修改操作	inserted 表	deleted 表
增加（INSERT）记录	存放新增的记录	—
删除（DELETE）记录	—	存放被删除的记录
更新（UPDATE）记录	存放更新后的记录	存放更新前的记录

7.2.3　DML 触发器的创建

创建 DML 触发器的 T-SQL 语法如下：

```
CREATE TRIGGER trigger_name
ON { table_name|view_name}
  [WITH ENCRYPTION]
  FOR [DELETE,INSERT,UPDATE]
AS
  T-SQL 语句
GO
```

对参数的说明如下。

（1）trigger_name：触发器名称。触发器名称必须符合标识符规则，并且在数据库中必须唯一。

（2）table_name|view_name：在其上执行触发器的表或视图，有时称为触发器表或触发器视图。

（3）WITH ENCRYPTION：加密触发器定义的 SQL 文本。

（4）[DELETE,INSERT,UPDATE]：指定在表或视图上执行哪些数据修改语句时将激活触发器的关键字，必须至少指定一个选项，在触发器定义中允许使用以任意顺序组合的这些关键字。如果指定的选项多于一个，需用逗号分隔这些选项。

1. 创建 INSERT 触发器

问题：现在来解决上述银行取款机系统的问题，当我们向交易信息表(transInfo)中插入一条交易信息时，应自动更新对应帐户的余额。

分析：显然我们应该在交易信息表上创建 INSERT 触发器，根据交易类型(transType)字段的值是“存入”或“支取”，增加或减少对应帐户的余额。如何获取插入数据行的交易类型及卡号呢？我们可以检查系统自动创建的临时表 inserted 表，该表保存了插入数据行的副本。

T-SQL 主要代码如下所示。

```
CREATE TRIGGER trig_transInfo
 ON transInfo
   FOR INSERT
   AS
   DECLARE @type char(4),@outMoney MONEY
   DECLARE @myCardID char(10),@balance MONEY
   SELECT @type= transType,@outMoney= transMoney,
         @myCardID= cardID FROM inserted
     IF  (@type='支取')

         Begin
         IF (@outMoney<=@balance)
         UPDATE bank SET currentMoney= currentMoney- @outMoney
               ELSE
                 print '余额不足'
               END
     IF (@type='存入')
         UPDATE bank SET currentMoney= currentMoney+ @outMoney
             WHERE cardID= @myCardID
/*显示交易金额及余额*/
GO

/*测试触发器插入测试,张三取钱 200,李四存钱 5000*/
INSERT INTO transInfo(cardId,transType,transMoney)
  VALUES('1001 0001','支取',200)
INSERT INTO transInfo(cardId,transType,transMoney)
  VALUES('1001 0002','存入',5000)
/*查看结果*/
SELECT *  FROM bank
SELECT *  FROM transInfo
```

上述代码的输出结果如图 7-7 所示。当张三取钱 200 元时(在交易信息表中插入交易记录)，将触发交易信息表上的 INSERT 触发器，自动根据交易的类型，修改帐户信息表中卡号的余额信息，并打印显示本次交易信息。

2. 创建 DELETE 触发器

DELETE(删除)触发器的典型应用就是银行系统中的数据备份。当交易记录过多时，为了不影响数据访问的速度，交易信息表需要定期删除部分数据。当删除数据时，一般需要自动备份，以方便将来的客户查询、数据恢复或年终统计等操作。

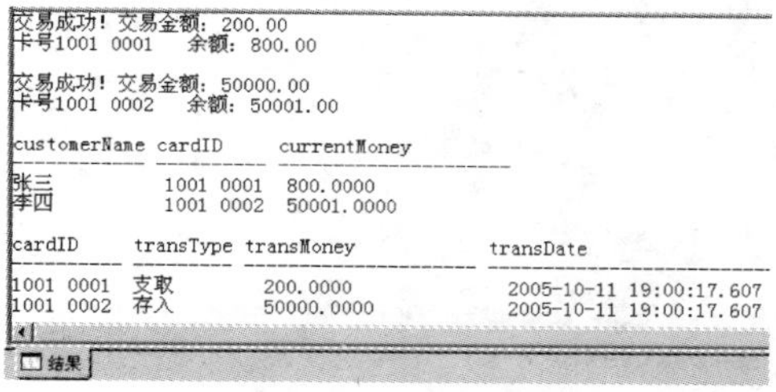

```
交易成功! 交易金额: 200.00
卡号1001 0001    余额: 800.00

交易成功! 交易金额: 50000.00
卡号1001 0002    余额: 50001.00

customerName cardID       currentMoney
------------ ----------   --------------------
张三           1001 0001   800.0000
李四           1001 0002   50001.0000

cardID      transType transMoney               transDate
----------  --------- ---------------------    ------------------------
1001 0001   支取         200.0000                2005-10-11 19:00:17.607
1001 0002   存入         50000.0000              2005-10-11 19:00:17.607
结果
```

图 7-7　使用 INSERT 触发器

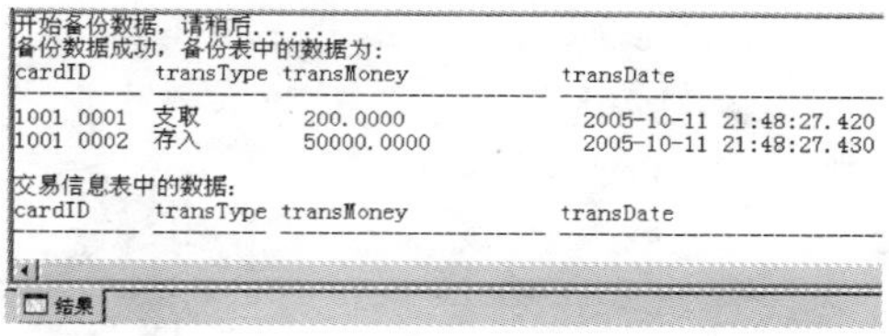

```
开始备份数据，请稍后......
备份数据成功，备份表中的数据为:
cardID      transType transMoney               transDate
----------  --------- ---------------------    ------------------------
1001 0001   支取         200.0000                2005-10-11 21:48:27.420
1001 0002   存入         50000.0000              2005-10-11 21:48:27.430

交易信息表中的数据:
cardID      transType transMoney               transDate
----------  --------- ---------------------    ------------------------
结果
```

图 7-8　使用 DELETE 触发器

问题：当删除交易信息表时，要求自动备份被删除的数据到表 backupTable 中。

分析：在交易信息表上创建 DELETE 触发器，则被删除的数据可以从 deleted 表中获取。

T-SQL 主要代码如下所示。

```
/*关键代码*/
CREATE TRIGGER trig_delete_transInfo
  ON transInfo
    FOR DELETE
     AS
        print '开始备份数据,请稍后……'
        IF NOT EXISTS(SELECT *  FROM sysobjects
            WHERE name='backupTable')
          SELECT *  INTO backupTable FROM deleted
      ELSE
          INSERT INTO backupTable SELECT *  FROM deleted
        print '备份数据成功,备份表中的数据为:'
        SELECT *  FROM backupTable
GO
```

上述代码的输出结果如图 7-8 所示。交易信息表中的数据被删空，备份到表 backupTable 中。

3. 创建 UPDATE 触发器

UPDATE(更新)触发器主要用于跟踪数据的变化。UPDATE 触发器的典型应用就是银行系统，为安全起见，一般要求每次交易的金额不能超过一定的数额。

问题：跟踪用户的交易，交易金额超过 20 000 元，则取消交易，并给出错误提示。

分析：我们可以从交易信息表中直接获取用户每次的交易金额，也可以根据帐户信息表中余额的变化来获取。交易的方式较多，用户可能用卡消费，也可能用存折消费，存折的交易信息与卡略有不同，可能不会将交易信息存放在交易信息表中，而保存在其他表中，但存折和卡对应的帐号余额只有一个，所以较安全的方案是，根据帐户信息表(bank)中余额的变化来获取交易金额。为了获取金额的变化，应该在帐户信息表上创建 UPDATE 触发器。更新操作可以视为两步操作。

- 删除更改前的数据行：删除的数据转移到了 deleted 表中。
- 再插入更改后的新数据行：插入的数据同时也保存在 inserted 表中。

既然更改前的原有数据保存在 deleted 表中,更改后的数据保存在 inserted 表中,我们只需将更改前后的余额进行比较,就可以知道交易金额的数量是否超过 20 000 元了。

T-SQL 主要代码如下所示。

```
/*关键代码*/
CREATE TRIGGER trig_update_bank
  ON bank
    FOR UPDATE
    AS
        DECLARE @beforeMoney MONEY,@afterMoney MONEY
        SELECT @beforeMoney= currentMoney FROM deleted
        SELECT @afterMoney= currentMoney FROM inserted
        IF ABS(@afterMoney- @beforeMoney)> 20000
          BEGIN
              print '交易金额:'+ convert(varchar(8),
                  ABS(@afterMoney- @beforeMoney))
              RAISERROR ('每笔交易不能超过 2 万元,交易失败',16,1)
              ROLLBACK TRANSACTION
          END
GO
/*测试触发器:修改余额*/
update bank set currentMoney= currentMoney+ 25000
    Where cardId='1001 0001'                /*凭存折*/
INSERT INTO transInfo(cardId,transType,transMoney)
    VALUES('1001 0002','支取',30000)     /*凭卡*/
INSERT INTO transInfo(cardId,transType,transMoney)
    VALUES('1001 0002','存入',5000)        /*凭卡*/
/*查看结果*/
print  '帐户信息表中的数据:'
SELECT  *  FROM  bank
print  '交易信息表中的数据:'
SELECT * FROM transInfo
```

上述代码的输出结果如图 7-9 所示。凭存折存钱时,执行 UPDATE 语句,触发 UPDATE 触发器,报告出错。当凭卡取钱时,虽然执行 INSERT INTO transInfo… 语句,但该语句触发了 transInfo 表上的 INSERT 触发器,在该触发器中,执行了如下的更新语句:

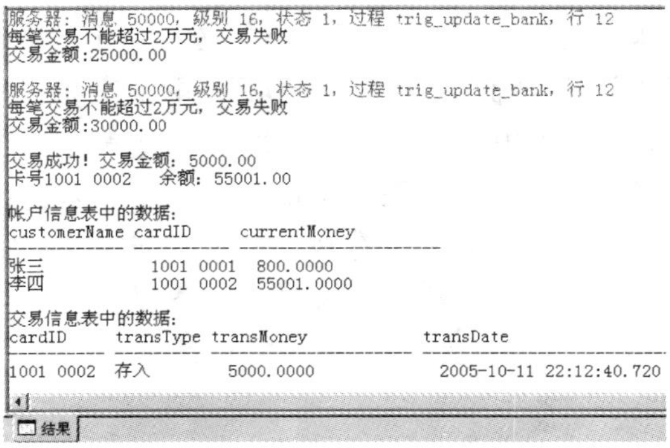

```
服务器: 消息 50000, 级别 16, 状态 1, 过程 trig_update_bank, 行 12
每笔交易不能超过2万元, 交易失败
交易金额:25000.00

服务器: 消息 50000, 级别 16, 状态 1, 过程 trig_update_bank, 行 12
每笔交易不能超过2万元, 交易失败
交易金额:30000.00

交易成功! 交易金额: 5000.00
卡号1001 0002   余额: 55001.00

帐户信息表中的数据:
customerName cardID     currentMoney
------------ ---------- ---------------------
张三            1001 0001  800.0000
李四            1001 0002  55001.0000

交易信息表中的数据:
cardID     transType transMoney            transDate
---------- --------- --------------------- ---------------------------
1001 0002  存入        5000.0000             2005-10-11 22:12:40.720
```

结果

图 7-9　使用 UPDATE 触发器

```
Update bank set currentMoney= currentMoney+@outMoney
  Where cardId= @myCardId
```

从而触发 bank 表上的 UPDATE 触发器。所以凭卡取钱超过 20 000 元,也会报告错误。当取钱没超过 20 000 元时将顺利通过检查,如凭卡存入 5000 元。

7.2.4 DML 触发器的修改

要修改 DML 触发器执行的操作,可以使用 ALTER TRIGGER 语句。

修改 DML 触发器的语法格式:

```
ALTER TRIGGER schema_name.trigger_name
  ON ( table | view )
  [ WITH ENCRYPTION ]
  ( FOR | AFTER | INSTEAD OF )
      { [ DELETE ] [,] [ INSERT ] [,] [ UPDATE ] }
  [ NOT FOR REPLICATION ]
  AS {  sql_statement [ ; ] [ …n ]
      | EXTERNAL NAME assembly_name.class_name.method_name
}
```

【例 7-8】 修改数据库 PXSCJ 中在表 XSB 上定义的触发器 xsb_delete,将其修改为 UPDATE 触发器。

```
USE PXSCJ
GO
ALTER TRIGGER xsb_delete ON XSB
    FOR UPDATE
    AS
    PRINT '执行的操作是修改'
GO
```

7.2.5 触发器的删除

触发器本身是存在表中的,因此,当表被删除时,表中的触发器也将一起被删除。删除触发器使用 DROP TRIGGER 语句。

语法格式:

```
DROP TRIGGER schema_name.trigger_name [, … n ] [ ; ]    /*删除 DML 触发器*/
DROP TRIGGER trigger_name [, … n ] ON { DATABASE | ALL SERVER }[ ; ]/*删除 DDL 触发器*/
```

说明:

trigger_name 为要删除的触发器名称,可以包含触发器的架构名。如果是删除 DDL 触发器,则要使用 ON 关键字指定在数据库作用域还是服务器作用域。

【例 7-9】 删除 DML 触发器 xsb_delete。

```
USE PXSCJ
GO
IF EXISTS (SELECT name FROM sysobjects WHERE name='xsb_delete')
    DROP TRIGGER xsb_delete
```

【例 7-10】 删除 DDL 触发器 safety。

```
DROP TRIGGER safety ON DATABASE
```

7.2.6 界面方式操作触发器

1. 创建触发器

通过界面方式只能创建 DML 触发器。

以在表 XSB 上创建触发器为例，利用对象资源管理器创建 DML 触发器的步骤如下。

启动 SQL Server Management Studio，在对象资源管理器窗口中依次展开“数据库”“PXSCJ”“表”“dbo. XSB”，选择其中的“触发器”项，右击，在弹出的快捷菜单中选择“新建触发器”菜单项（见图 7-10）。在打开的触发器脚本编辑窗口（见图 7-11）输入相应的创建触发器的命令，输入完成后，单击“执行”按钮，若执行成功，则触发器创建完成。

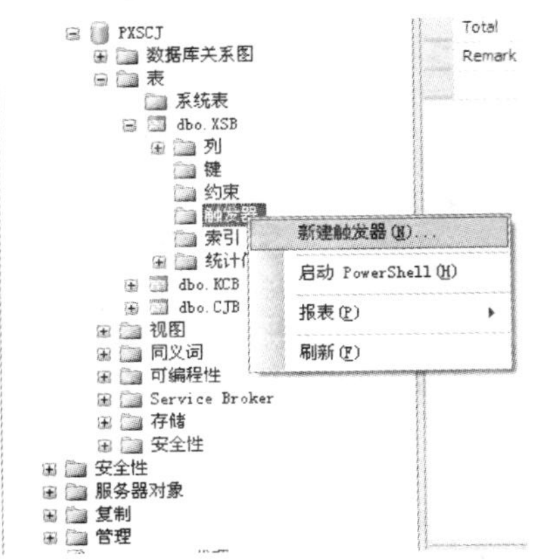

图 7-10　选择“新建触发器”菜单项

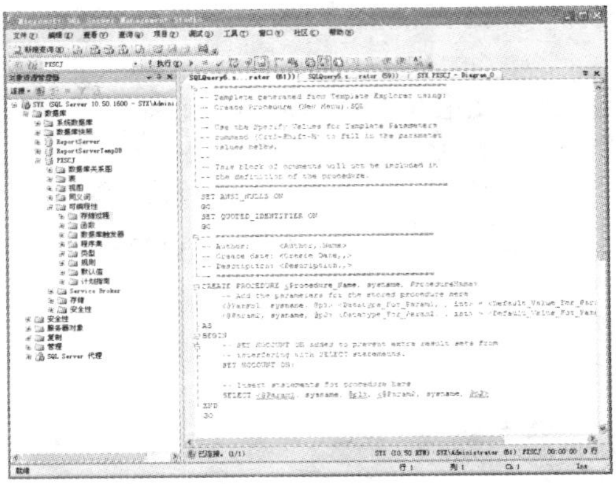

图 7-11　触发器脚本编辑窗口

2. 修改触发器

进入对象资源管理器，修改触发器的步骤与创建触发器的步骤相同。在对象资源管理器中选择要修改的触发器，右击，在弹出的快捷菜单中选择“修改”菜单项，打开触发器脚本编辑窗口，在该窗口中可以进行触发器的修改，修改后单击“执行”按钮重新执行即可。但是被设置成“WITH　ENCRYPTION”的触发器是不能被修改的。

3. 删除触发器

以表 XSB 的 DML 触发器为例，启动 SQL Server Management Studio，在对象资源管理器窗口中依次展开“数据库”“PXSCJ”“表”“dbo. XSB”“触发器”，选择要删除的触发器名称，右击，在弹出的快捷菜单中选择“删除”菜单项，在弹出的“删除对象”对话框中单击“确定”按钮，即可完成触发器的删除操作。

7.3 ADO. NET 存储技术及数据库的应用

7.3.1 ADO. NET 3.5

1. 模型结构

图 7-12 所示展示了 ADO. NET 对象模型中的主要对象。ADO. NET 的对象模型由两个部分组成：数据提供程序（Data Provider，有时也叫托管提供程序）和数据集（DataSet）。数据提供程序负责与物理数据源的连接，数据集表示实际的数据。这两个部分都可以和数据使用程序通信，如 WebForm 程序和 WinForm 程序。

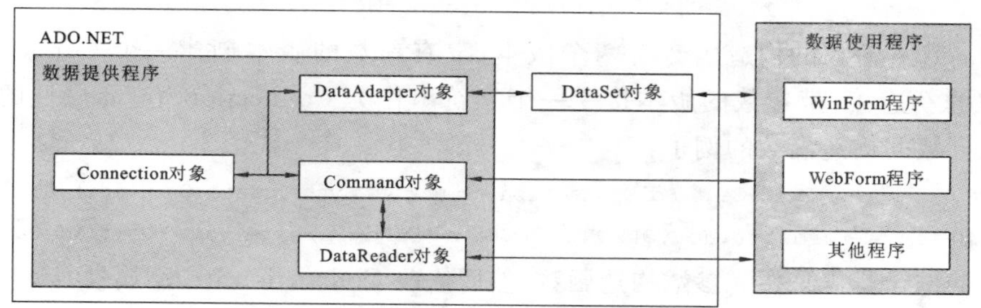

图 7-12　ADO.NET 的对象模型

1）数据提供程序

数据提供程序包含 4 个对象。其中，Connection 对象表示与一个数据源的物理连接。Command 对象在数据源上执行一条 SQL 语句或一个存储过程。DataReader 对象用于从数据源中获取只读的数据流，它往往被用来显示查询的结果。DataReader 只能够通过调用 Command 对象的 ExecuteReader 方法来创建。DataAdapter 对象（数据适配器）是功能最复杂的对象，它是 Connection 对象和数据集之间的桥梁。DataAdapter 对象管理 4 个 Command 对象处理后端数据集和数据源的通信，它通过 SelectCommand 对象填充数据集，其他 3 个对象在需要时用来插入、删除或改变数据源中的数据。

2）数据集

数据集是数据的内存驻留表示形式，无论数据源是什么，它都会提供一致的关系编程模型。图 7-13 所示为 DataSet 对象模型。数据集有点像是一个简化的关系数据库，包含了表以及表与表之间的关系。

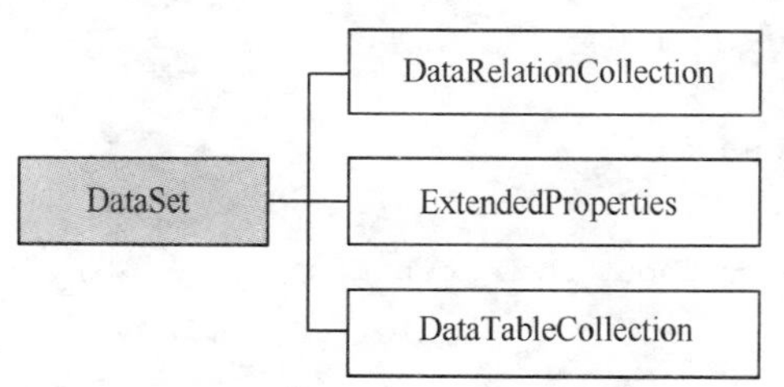

图 7-13　DataSet 对象模型

2. Connection 对象

在 ADO.NET 中，数据库连接是通过 Connection 对象来管理的，此外事务的管理也通过 Connection 对象进行。Connection 对象最重要的属性是连接字符串 ConnectionString，用于提供登录数据库和指向特定数据库所需的信息。用户如果要在代码中使用连接字符串，在 Visual Studio 2005 IDE 环境下，可以使用设计器生成连接字符串，再复制到代码中。

例如，MS SQL Server 数据库连接字符串如下：

```
" Data Source= MSSQLServer; Initial Catalog=MyDB; Integrated Security= SSPI;"
```

这是一个 ADO.NET 方式连接到 MS SQL Server 数据库服务器的连接字符串，要连接的初始数据库是 MyDB，连接使用 Windows 集成安全性认证方式。

所有的 ConnectionString 都有相同的格式，它们由一组关键字和值构成，中间用分号隔开，两端加上单引号或双引号。关键字不区分大小写，但是值可能会根据数据源的情况区分大小写。

例如，假设 SQL Server 数据库服务器为 127.0.0.1（本机），要访问的数据库名为 MyDB，采用 Windows 集成安全性认证方式。在 SqlClient 方式下的字符串如下：

```
"data source=127.0.0.1;  initial catalog=MyDB; integrated security=SSPI;"
```

Connection 对象的构造函数有两个版本，没有参数的版本创建一个 ConnectionString 属性为空的新连接，带参数的版本接受一个字符串作为 ConnectionString 属性的值。以下是使用带参数的构造函数的例子：

```
System.Data.SqlClient.SqlConnection  conn=new System.Data.SqlClient.SqlConnection
("Provider=Microsoft.Jet.OLEDB.4.0;User ID=Admin;Data Source=c:\\data.mdb");
```

下面的例子是先采用无参数构造函数，然后修改 ConnectionString 属性：

```
System. Data. SqlClient. SqlConnection   conn = new  System. Data. SqlClient.
SqlConnection ();
conn.ConnectionString=       "Provider=Microsoft.Jet.OLEDB.4.0;User
ID=Admin;Data Source=c:\\data.mdb"
```

Connection 对象的两个主要方法是 Open 和 Close。Open 方法使用 ConnectionString 属性中的信息联系数据源并建立一个连接；而 Close 方法关闭已打开的连接。

程序编写者应该养成及时关闭连接的习惯，因为大多数数据源只支持有限数目的连接，过多的连接会白白消耗服务器资源。为了有效地使用数据库连接，在数据库应用程序中打开和关闭数据连接时一般都会使用如下两种技术。

- 利用 try…catch…finally 语句块

利用 try…catch…finally 语句块，确保在 finally 块中关闭任何已打开的连接。例如：

```
try
{
    conn.Open();
    /*操作数据库*/
}
catch ( Exception ex )
{
    /*Do something about the exception*/
}
finally
{
    /*Ensure that the connection is freed*/
    conn.Close ( ) ;
}
```

- 使用 using 语句块

在 C# 语言中，程序员已经从释放资源的工作中解脱出来，系统的垃圾收集器替代了显式的对象清理。在 C# 中可以使用 using 语句块，保证在退出语句块时对象能立即释放。


```
string source="server=(local)\\NetSDK;" + " integrated security=SSPI;" +
"database=Northwind";
using ( SqlConnection conn=new SqlConnection ( source ) )
{
    /*Open the connection*/
    conn.Open ( ) ;
    /*Do something useful*/
}
```

3. Command 对象

在 Connection 对象成功连接数据库后，可以通过 Command 对象与 DataAdapter 对象（将在后面介绍）执行 SQL 命令与存储过程。

例如，用户可以通过调用 Command 对象的 ExecuteReader 方法来创建 DataReader 对象，并利用 DataReader 对象的属性和方法来访问数据库。

在 C# .NET 中，Command 对象是由基类 DbCommand 类的派生类来实例化的，它的命名空间为 System. Data. Common，程序集为 System. Data（在 system. data. dll 中）。

DbCommand 类成员主要有以下几个。

- 常用的公共属性

CommandText：获取或设置针对数据源运行的文本命令。

CommandType：指定如何解释 CommandText 属性。

Connection：获取或设置 DbCommand 使用的 DbConnection。

Parameters：获取 DbParameter 对象的集合。

UpdatedRowSource：获取或设置命令结果在 DbDataAdapter 的 Update 方法使用时如何应用于 DataRow。

- 受保护的属性

DbConnection：获取或设置 DbCommand 使用的 DbConnection。

DbParameterCollection：获取 DbParameter 对象的集合。

DbTransaction：获取或设置执行 DbCommand 对象的 DbTransaction。

- 公共方法

Cancel：试图取消 DbCommand 的执行。

CreateParameter：创建 DbParameter 对象的新实例。

ExecuteReader（已重载）：对连接对象执行 CommandText，并返回 DbDataReader。当以数据流的形式返回结果时，使用 ExecuteReader。

ExecuteNonQuery()：执行插入、修改、删除数据。

ExecuteScalar()：执行插入，并返回结果中第 1 行第 1 列。

4. DataAdapter 对象

DataAdapter 对象是由 DbDataAdapter 类来初始化的。而 DbDataAdapter 类是从 System. Data. Common. DbCommand 类继承的，应用程序不直接创建 DbDataAdapter 接口的实例，而是创建继承 DbDataAdapter 的类的实例。

DbDataAdapter 类的主要成员如下。

- 常用的公共属性

SelectCommand：获取或设置在数据源中选择记录的命令。

UpdateCommand：获取或设置更新数据源中的记录的命令。

- 公共方法

Fill：填充 DataSet 或 DataTable。

FillSchema：将 DataTable 添加到 DataSet 中，并配置架构以匹配数据源中的架构。

GetFillParameters：获取当执行 SQL SELECT 语句时用户设置的参数。

Update：为 DataSet 调用相应的 INSERT、UPDATE 或 DELETE 语句。

- 显式接口实现

System. Data. IDbDataAdapter. DeleteCommand：该属性用于获取或设置用于从数据集中删除记录的 SQL 语句。

System. Data. IDbDataAdapter. InsertCommand：该属性用于获取或设置用于将新记录插入到数据源中的 SQL 语句。

System. Data. IDbDataAdapter. SelectCommand：该属性用于获取或设置用于在数据源中选择记录的 SQL 语句。

System. Data. IDbDataAdapter. UpdateCommand：该属性用于获取或设置用于更新数据源中的记录的 SQL 语句。

5. DataReader 对象

建立与数据库的连接之后，可以使用 ADO. NET 中的 DataReader 对象访问数据。DataReader 对象只能读取数据，不能写入数据，并且只能顺序地读取数据，即将数据表中的行从头至尾依次顺序读出。DataReader 被创建时，记录指针在表的最前端，可使用 Read() 方法每次从表中读出 1 条记录。

所有 DataReader 对象基类为 DbDataReader 类，它的命名在 System. Data. Common 名称空间中，具体的程序集则放在 System. Data 即 system. data. dll 中。

DbDataReader 类的主要成员如下。

- 属性

FieldCount：获取当前行中的列数。

HasRows：获取一个值，它指示此 DbDataReader 是否包含一个或多个行。

IsClosed：获取一个值，它指示 DbDataReader 是否已关闭。

- 常用的受保护方法

Dispose：释放由 DbDataReader 占用的资源。

GetDbDataReader：返回被请求的列序号的 DbDataReader 对象。

- 常用的公共方法

Close：关闭 DbDataReader 对象。

GetData：返回被请求的列序号的 DbDataReader 对象。

GetString：获取指定列作为 String 实例的值。

Read：前进到结果集中的下一个记录。

在介绍了. NET Framework 数据提供程序的 4 个核心对象之后，下面结合具体的例子说明如何利用 Connection 对象与 DataReader 对象所提供的方法连接并访问数据库的数据。

步骤如下：

(1) 使用 Connection 对象创建数据库连接；

(2) 使用 Command 对象的 ExecuteReader 方法执行 SQL 查询或存储过程，创建 DataReader 对象；

(3) 使用 DataReader 对象的属性和方法访问数据库。

【例 7-11】 利用 ADO. NET 3. 5 所提供的 Connection 对象，创建与数据库 PXSCJ 的一个连接，并创建 DataReader 对象访问数据库 PXSCJ 的表 XSB，将该表中所有的记录以控制台的方式显示出来。

首先建立程序运行的环境。打开 Microsoft Visual Studio 2008 开发环境，在“文件”菜单中选择“新建”子菜单中的“项目”菜单项，在弹出的“新建项目”对话框中选择 Visual C# 模板中的“控制台应用程序”，如图 7-14 所示。

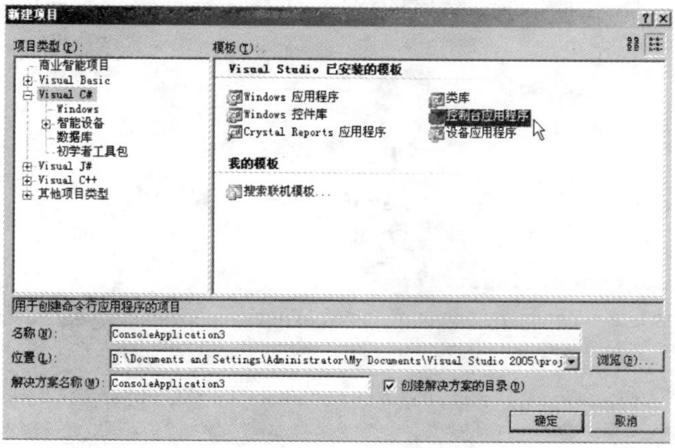

图 7-14　选择"控制台应用程序"

程序的代码如下：

```
using System;
using System.Data.SqlClient;
public class liumin
{
    static void Main(string[] args)
    {
        string connectionString=
          @"Server=0BD7E57C949A420;database=PXSCJ;Integrated Security=True";
        System.Data.SqlClient.SqlConnection conn=
          new System.Data.SqlClient.SqlConnection(connectionString);
        conn.Open();
        SqlCommand cmd=new SqlCommand("SELECT *  FROM dbo.XSB",conn);
        System.Data.SqlClient.SqlDataReader reader=cmd.ExecuteReader();
        while (reader.Read())
        {
            Console.WriteLine("{0},{1},{2},{3},{4},{5},{6}",
            reader[0],reader[1],reader[2],reader[3],reader[4],reader[5],reader[6]);
    }
        reader.Close();
        conn.Close();
    }
};
```

执行的结果如图 7-15 所示。

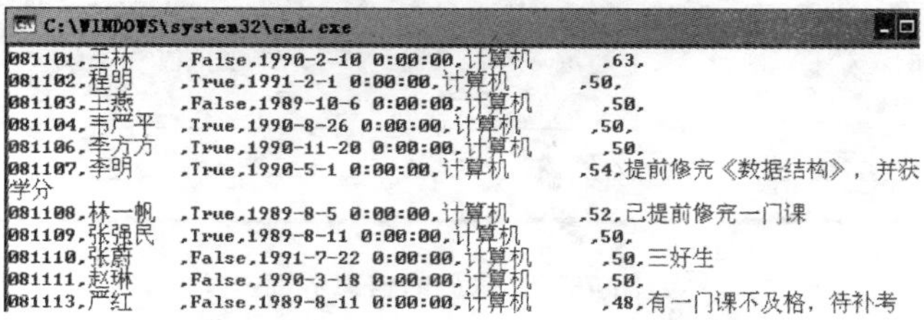

图 7-15　执行结果(以控制台的方式显示)

上面的程序可以优化为下面所给出的程序(注意比较这两个程序的不同之处):

```
using System;
using System.Data.SqlClient;
public class liumin
{
    static void Main(string[] args)
    {
      string connectionString=
        @"Server=0BD7E57C949A420;database=PXSCJ;Integrated Security=True";
      using (System.Data.SqlClient.SqlConnection conn
              =new  System.Data.SqlClient.SqlConnection(connectionString))
    {
        conn.Open();
    SqlCommand cmd=new SqlCommand("SELECT *  FROM dbo.XSB",conn);
    System.Data.SqlClient.SqlDataReader reader=cmd.ExecuteReader();
    while (reader.Read())
    {
        Console.WriteLine("{0},{1},{2},{3},{4},{5},{6}",
        reader[0],reader[1],reader[2],reader[3],reader[4],reader[5],reader[6]);
      }
      reader.Close();
    }
  }
};
```

7.3.2 数据库的应用

【例 7-12】 在一个职员管理系统中,通常会通过窗体查询职员的信息,包括员工编号、员工姓名、部门名称、薪水等情况。

要求:(1) 通过窗体查询数据库中员工的信息;

(2) 通过窗体向数据库中对应表插入员工的信息;

(3) 通过窗体删除、修改数据库中员工的信息。

设计主界面如图 7-16 所示。

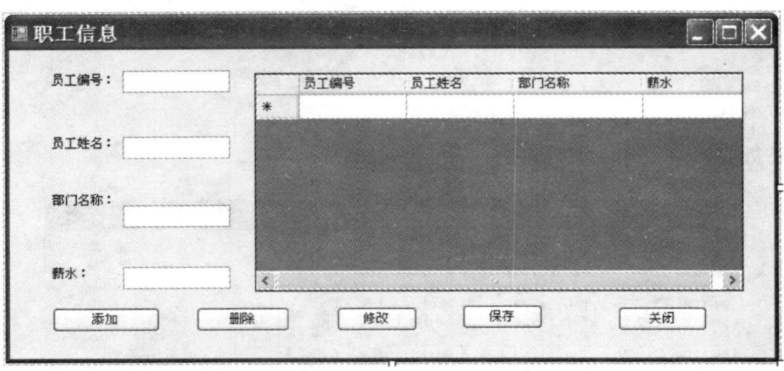

图 7-16 职员的信息界面

实体类:(映射数据库中的表 Employees)

```
public  class Employees
    {
        private int id;
        public int Id
        {
            get { return id; }
            set { id=value; }
        }
        private string ename;
        public string Ename
        {
            get { return ename; }
            set {ename=value; }
        }
        private string departmentName;
        public string DepartmentName
        {
            get { return departmentName; }
            set { departmentName=value; }
        }
        private decimal salary;
        public decimal Salary
        {
            get { return salary; }
            set { salary=value; }
        }
    }

/*定义连接数据库的字符串*/
string connectionString="Data Source=ZHANG\\SQLEXPRESS;Initial
Catalog=Employee;User ID=sa;password=123";

/*关闭窗体*/
    private void btnClose_Click(object sender,EventArgs e)
    {
        this.Close();
    }
```

- 查询所有员工的信息

```
/*窗体加载事件*/
private void Form1_Load(object sender,EventArgs e)
    {
        BindEmployee();
    }
/*绑定数据的方法*/
    public void BindEmployee()
```

```
        {
            this.dgvEmployees.DataSource=GetAllEmployee();
        }
    /*查询 Employees 表中的数据*/
        public  IList< Employees>  GetAllEmployee()
        {
            IList< Employees>  emps=new List< Employees> ();
            string sql="select *  from Employees";
            SqlConnection conn=new SqlConnection(connectionString);
            SqlCommand objcommand=new SqlCommand(sql,conn);
            conn.Open();
            SqlDataReader dataReader=objcommand.ExecuteReader();
            while (dataReader.Read())
            {
                Employees emp=new Employees();
                emp.Id=Convert.ToInt32(dataReader["Id"]);
                emp.Ename=Convert.ToString(dataReader["Ename"]);
                emp.DepartmentName=
Convert.ToString(dataReader["DepartmentName"]);
                emp.Salary=Convert.ToDecimal(dataReader["Salary"]);

                emps.Add(emp);
            }
            conn.Close();
            return emps;
        }
```

- 添加员工的信息

```
    /*添加事件*/
        private void btnNew_Click(object sender,EventArgs e)
        {
            Employees emp=new Employees ();
          emp.Id=Convert.ToInt32(this.txtId.Text.Trim());
          emp.Ename=this.txtEname .Text.Trim();
          emp.DepartmentName=this.txtDepartname .Text.Trim();
          emp.Salary=Convert.ToDecimal(this.txtSalary.Text.Trim());
          InsertEmployee(emp);
          BindEmployee();
           MessageBox.Show("信息添加成功","提交提示",MessageBoxButtons.OK,
MessageBoxIcon.Information);
          ClearText();

        }
    /*清空文本框中的数据*/
        public void ClearText()
```

```
    {
        this.txtId.Text="";
        this.txtEname.Text="";
        this.txtDepartname.Text="";
        this.txtSalary.Text="";
    }
/*添加方法*/
```

方法一：

```
public void InsertEmployee(Employees emp)
{
    int id=emp.Id;
    string name=emp.Ename;
    string depname=emp.DepartmentName;
    decimal salary=emp.Salary;
    SqlConnection conn=new SqlConnection(connectionString);
    string sql="insert into Employees values(" + "'" + id + "'" + ",'" + name
+ "'" + ",'" + depname + "'" + ",'" + salary + "'" + ")";
    SqlCommand objcommand=new SqlCommand(sql,conn);
    conn.Open();
    objcommand.ExecuteNonQuery();
    conn.Close();
}
```

方法二：

```
/*在数据库 Employee 中创建 InsertEmployees 存储过程*/
create procedure DeleteEmployees
@id int,
@ename char(10),
@dname char(10),
@salary money
as
    insert into Employees values(@id,@ename,@dname,@salary)
go

/*向表 Employees 中插入数据的方法*/
public void InsertEmployee(Employees emp)
{
    int id=emp.Id;
    string name=emp.Ename;
    string depname=emp.DepartmentName;
    decimal salary=emp.Salary;
    SqlConnection conn=new SqlConnection(connectionString);
    SqlCommand objcommand=new SqlCommand("dbo.InsertEmployees",conn);
        objcommand.CommandType=CommandType.StoredProcedure;
        objcommand.Parameters.Add ("@id",SqlDbType.Int ).Value=id;
        objcommand.Parameters.Add("@ename",SqlDbType.Char,10).Value=name;
```

```
        objcommand.Parameters.Add("@dname",SqlDbType.Char,10).Value=depname;
        objcommand.Parameters.Add("@salary",SqlDbType.Money ).Value=salary;
        conn.Open();
        objcommand.ExecuteNonQuery();
        conn.Close();
    }
```

- 删除数据

① 定义一全局变量。

```
    string eid=string.Empry;
```

② 在 DataGridView 控件的 CellClick 事件中获取单击事件所在行的第一列值。

```
  private void dgvEmployees_CellClick(object sender,DataGridViewCellEventArgs
e)
    {
      eid=this.dgvEmployees.Rows[e.RowIndex].Cells["Id"].Value.ToString();
    }
```

③ 在“删除”按钮的 Click 事件中完成如下代码。

```
  private void btnDelete_Click(object sender,EventArgs e)
    {
        DialogResult result=MessageBox.Show("确实要删除信息吗?","提交提示",
MessageBoxButtons.OKCancel,MessageBoxIcon.Information);
        if (result==DialogResult.OK)
        {
         DeleteEmployee(Convert.ToInt32(eid));
         BindEmployee();
            MessageBox.Show("信息删除成功!","提交提示",MessageBoxButtons.OK,
MessageBoxIcon.Information);
        }
    }
```

④ 删除数据库 Employee 中表 Employees 的数据的方法如下。

方法一：

```
  public void DeleteEmployee(int id)
  {
    SqlConnection conn=new SqlConnection(connectionString);
    string sql="delete from Employees where ID=" +  "'" + id +  "'";
    SqlCommand objcommand=new SqlCommand(sql,conn);
    conn.Open();
    objcommand.ExecuteNonQuery();
    conn.Close();
  }
```

方法二：

```
  /*在数据库 Employee 中创建 DeleteEmployees 存储过程*/
    create procedure DeleteEmployees
    @id  int
    as
```

```
        delete from Employees where Id=@id
    go
    public void DeleteEmployee(int id)
    {
        SqlConnection conn=new SqlConnection(connectionString);
        SqlCommand objcommand=new SqlCommand("dbo.DeleteEmployees",conn);
        objcommand.CommandType=CommandType.StoredProcedure;
        objcommand.Parameters .Add ("@id",SqlDbType.Int ).Value=id;
        conn.Open();
        objcommand.ExecuteNonQuery();
            conn.Close();
    }
```

- 修改数据

根据鼠标单击的那一行的行首查询出员工的信息,并绑定到界面的文本框中。

① 根据员工的编号查询员工的信息,并分别绑定到对应的文本框中。

```
private void btnUpdate_Click(object sender,EventArgs e)
    {
        Employees emp=new Employees();
        emp=SelectEmployeeById(Convert.ToInt32 (eid));
        this.txtId.Text=emp.Id.ToString ();
        this.txtEname.Text=emp.Ename;
        this.txtDepartname.Text=emp.DepartmentName;
        this.txtSalary.Text=emp.Salary.ToString ();
}
```

根据员工的编号查询员工的信息。

方法一:

```
public Employees  SelectEmployeeById(int id)
    {
        Employees emp=new Employees();
        SqlConnection conn=new SqlConnection(connectionString);
        string sql="select *  from Employees where ID=" +  "'" +  id +  "'";
        SqlCommand objcommand=new SqlCommand(sql,conn);
        conn.Open();
        SqlDataReader dataReader=objcommand.ExecuteReader();
        if(dataReader.Read())
        {
            emp.Id=Convert.ToInt32(dataReader["Id"]);
            emp.Ename=Convert.ToString(dataReader["Ename"]);
        emp.DepartmentName=Convert.ToString(dataReader["DepartmentName"]);
                emp.Salary=Convert.ToDecimal(dataReader["Salary"]);
        }
        conn.Close();
        return emp;
    }
```

方法二：

在数据库管理系统中创建存储过程。

```
create procedure SelectEmployeesById
  @id int
as
  select *  from employees where Id=@id
go

public Employees  SelectEmployeeById(int id)
{
    Employees emp=new Employees();
    SqlConnection conn=new SqlConnection(connectionString);
SqlCommand objcommand=new SqlCommand("dbo.SelectEmployeesById",conn);
    conn.Open();
    SqlDataReader dataReader=objcommand.ExecuteReader();
    if(dataReader.Read())
    {
        emp.Id=Convert.ToInt32(dataReader["Id"]);
        emp.Ename=Convert.ToString(dataReader["Ename"]);
    emp.DepartmentName=Convert.ToString(dataReader["DepartmentName"]);
        emp.Salary=Convert.ToDecimal(dataReader["Salary"]);
    }
    conn.Close();
    return emp;
}
```

② 对修改的数据进行保存。

在“保存”按钮的 click 事件中的代码如下。

```
private void btnSave_Click(object sender,EventArgs e)
{
    Employees emp=new Employees();
    emp.Id=Convert.ToInt32(this.txtId.Text.Trim());
    emp.Ename=this.txtEname.Text.Trim();
    emp.DepartmentName=this.txtDepartname.Text.Trim();
    emp.Salary=Convert.ToDecimal(this.txtSalary.Text.Trim());
    UpdateEmployee(emp);
    BindEmployee();
     MessageBox.Show("信息修改成功","提交提示",MessageBoxButtons.OK,
MessageBoxIcon.Information);
    ClearText();
}
```

修改数据表中的数据。

方法一：

```
public void UpdateEmployee(Employees emp)
    {
        SqlConnection conn=new SqlConnection(connectionString);
```

```
            string sql ="update Employees set Ename ="+ "'"+ emp.Ename + "',"+
                        "DepartmentName="+ "'"+ emp.DepartmentName + "',"+ "Salary=
                        "+ "'"+ emp.Salary + "'"+ "where ID=" + "'" + emp.Id+ "'";
        SqlCommand objcommand=new SqlCommand(sql,conn);
        conn.Open();
        objcommand.ExecuteNonQuery();
        conn.Close();
    }
```

方法二：

在数据库 Employee 中创建 UpdateEmployees 存储过程。

```
create procedure UpdateEmployees
@id int,
@ename char(10),
@dname char(10),
@salary money
as
    update Employees set ename=@ename,
                         departmentname=@dname,
                         salary=@salary
        where id=@id
go

public void UpdateEmployee(Employees emp)
{
    SqlConnection conn=new SqlConnection(connectionString);
    SqlCommand objcommand=new SqlCommand("dbo.UpdateEmployees",conn);
    objcommand.CommandType=CommandType.StoredProcedure;
    objcommand.Parameters .Add ("@id",SqlDbType.Int ).Value=id;
    objcommand.Parameters.Add("@ename",SqlDbType.Char,10).Value=name;
objcommand.Parameters.Add("@dname",SqlDbType.Char,10).Value=depname;
objcommand.Parameters.Add("@salary",SqlDbType.Money ).Value=salary;
    conn.Open();
    objcommand.ExecuteNonQuery();
    conn.Close();
}
```

若要根据员工的编号查询员工的信息，则可用如下的方法实现。

方法一：

```
public Employees  SelectEmployeeById(int id)
{
    Employees emp=new Employees();
    SqlConnection conn=new SqlConnection(connectionString);
    string sql="select *  from Employees where ID=" + "'" + id + "'";
    SqlCommand objcommand=new SqlCommand(sql,conn);
```

```
        conn.Open();
        SqlDataReader dataReader=objcommand.ExecuteReader();
        if(dataReader.Read())
        {
            emp.Id=Convert.ToInt32(dataReader["Id"]);
            emp.Ename=Convert.ToString(dataReader["Ename"]);
        emp.DepartmentName=Convert.ToString(dataReader["DepartmentName"]);
            emp.Salary=Convert.ToDecimal(dataReader["Salary"]);
        }
        conn.Close();
        return emp;
    }
```

方法二：

```
/*在数据库管理系统中创建存储过程*/
create procedure SelectEmployeesById
  @id int
as
  select *  from employees where Id=@id
go

public Employees  SelectEmployeeById(int id)
{
    Employees emp=new Employees();
    SqlConnection conn=new SqlConnection(connectionString);
  SqlCommand objcommand=new SqlCommand("dbo.SelectEmployeesById",conn);
    conn.Open();
    SqlDataReader dataReader=objcommand.ExecuteReader();
    if(dataReader.Read())
    {
        emp.Id=Convert.ToInt32(dataReader["Id"]);
        emp.Ename=Convert.ToString(dataReader["Ename"]);
    emp.DepartmentName=Convert.ToString(dataReader["DepartmentName"]);
        emp.Salary=Convert.ToDecimal(dataReader["Salary"]);
    }
    conn.Close();
    return emp;
}
```


习　　题

1. 什么是存储过程？SQL Server 提供了 3 种存储过程，它们分别是什么？
2. 存储过程的优点是什么？
3. 举例说明存储过程的定义与执行。
4. 什么是触发器？存储过程和触发器有什么联系与区别？
5. 存储过程和触发器的作用是什么？使用它们有什么好处？

第8章 系统安全管理

数据的安全性管理是数据库服务器应实现的重要功能之一。SQL Server 2008 数据库采用了非常复杂的安全保护措施,其安全管理体现在如下几个方面。

(1) 对用户登录进行身份验证(authentication)。当用户登录到数据库系统时,系统对该用户的帐户和口令进行验证,包括确认用户帐户是否有效以及能否访问数据库系统。

(2) 对用户进行的操作进行权限控制。用户登录到数据库后,只能对数据库中的数据在允许的权限内进行操作。

也就是说,一个用户如果要对某一数据库进行操作,必须满足以下三个条件:

- 登录 SQL Server 服务器时必须通过身份验证;
- 必须是该数据库的用户,或者是某一数据库角色的成员;
- 必须有执行该操作的权限。

下面将介绍 SQL Server 是如何在这三个方面进行管理的。

8.1 SQL Server 2008 的安全机制

8.1.1 SQL Server 2008 的身份验证模式

SQL Server 2008 的身份验证模式是指系统确认用户的方式。SQL Server 2008 有两种身份验证模式:Windows 身份验证模式和 SQL Server 身份验证模式。图 8-1 给出了这两种身份验证方式登录 SQL Server 服务器的情形。

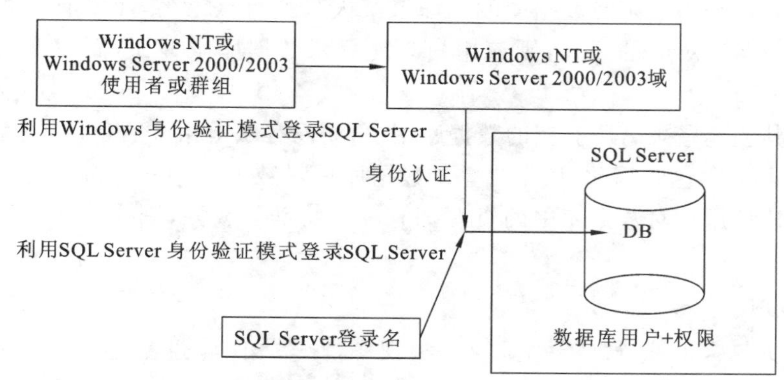

图 8-1 两种身份验证模式登录 SQL Server 服务器的情形

1. Windows 身份验证模式

用户登录 Windows 时进行身份验证,登录 SQL Server 时就不再进行身份验证。以下是对于 Windows 身份验证模式登录的几点重要说明。

(1) 必须将 Windows 帐户加入到 SQL Server 中,才能采用 Windows 帐户登录 SQL Server。

(2) 如果使用 Windows 帐户登录到另一个网络的 SQL Server,必须在 Windows 中设置彼此的托管权限。

2. SQL Server 身份验证模式

在 SQL Server 身份验证模式下，SQL Server 服务器要对登录的用户进行身份验证。当 SQL Server 在 Windows XP 或 Windows 2000/2003 上运行时，系统管理员设定身份验证模式的类型可为 Windows 身份验证模式和混合模式。当采用混合模式时，SQL Server 系统既允许使用 Windows 登录名登录，也允许使用 SQL Server 登录名登录。

8.1.2 SQL Server 2008 的安全机制

SQL Server 2008 的安全机制主要是通过 SQL Server 的安全性主体和安全对象来实现的。SQL Server 2008 安全性主体主要有三个级别，分别是服务器级别、数据库级别和架构级别。

1. 服务器级别

服务器级别所包含的安全对象主要有登录名、固定服务器角色等。其中登录名用于登录数据库服务器，而固定服务器角色用于给登录名赋予相应的服务器权限。

SQL Server 2008 中的登录名主要有两种：第一种是 Windows 登录名，第二种是 SQL Server 登录名。

Windows 登录名对应 Windows 身份验证模式，该身份验证模式所涉及的帐户类型主要有 Windows 本地用户帐户、Windows 域用户帐户、Windows 组。

SQL Server 登录名对应 SQL Server 身份验证模式，在该身份验证模式下，能够使用的帐户类型主要是 SQL Server 帐户。

2. 数据库级别

数据库级别所包含的安全对象主要有用户、角色、应用程序角色、证书、对称密钥、非对称密钥、程序集、全文目录、DDL 事件、架构等。

用户安全对象是用来访问数据库的。如果某人只拥有登录名，而没有在相应的数据库中为其创建登录名所对应的用户，则该用户只能登录数据库服务器，而不能访问相应的数据库。

若此时为其创建登录名所对应的数据库用户，而没有赋予相应的角色，则系统默认为用户自动具有 Public 角色。因此，该用户登录数据库后对数据库中的资源只拥有一些公共的权限。如果想让该用户对数据库中的资源拥有一些特殊的权限，则应该将该用户添加到相应的角色中。

3. 架构级别

架构级别所包含的安全对象主要有表、视图、函数、存储过程、类型、同义词、聚合函数等。

架构的作用简单地说是将数据库中的所有对象分成不同的集合，这些集合没有交集，每一个集合就称为一个架构。数据库中的每一个用户都会有自己的默认架构。这个默认架构可以在创建数据库用户时由创建者设定，若不设定则系统默认架构为 dbo。数据库用户只能对属于自己架构中的数据库对象执行相应的数据操作。至于操作的权限则由数据库角色所决定。

例如，若某数据库中的表 A 属于架构 S1，表 B 属于架构 S2，而某用户默认的架构为 S2，如果没有授予用户操作表 A 的权限，则该用户不能对表 A 执行相应的数据库操作。但是，该用户可以对表B执行相应的操作。

一个数据库使用者想要登录服务器上的SQL Server数据库，并对数据库中的表执行数据更新操作，则该使用者必须经过图8-2所示的安全验证。

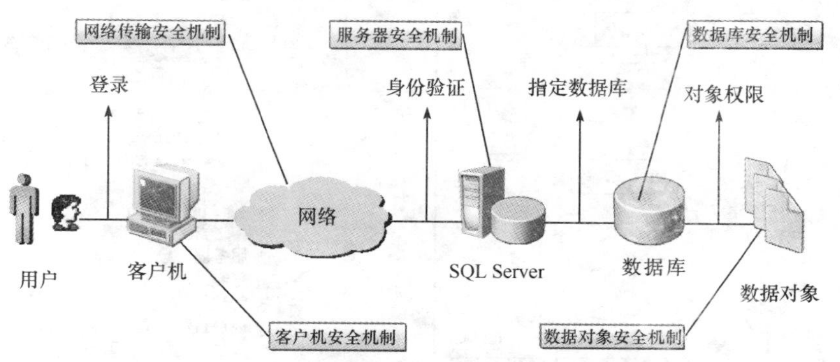

图8-2 SQL Server数据库安全验证

8.2 建立和管理用户帐户

不管使用哪种身份验证模式，用户都必须具备有效的Windows用户登录名。SQL Server有两个常用的默认的登录名：sa（系统管理员，在SQL Server中拥有系统和数据库的所有权限）、BUILTIN\Administrators（SQL Server为每个Windows系统管理员提供的默认用户帐户，在SQL Server中拥有系统和数据库的所有权限）。

8.2.1 界面方式管理用户帐户

1. 建立Windows身份验证模式的登录名

对于Windows XP或Windows 2000/2003操作系统，安装本地SQL Server 2008的过程中，允许选择身份验证模式。例如，安装时选择Windows身份验证模式，在此情况下，如果要增加一个Windows XP或Windows 2000/2003的新用户liu，如何授权该用户，使其能通过信任连接访问SQL Server呢？

步骤如下（在此以Windows XP为例）。

第1步，创建Windows的用户。

以管理员身份登录到Windows XP，选择"开始"，打开"控制面板"中的"性能和维护"，选择其中的"管理工具"，双击"计算机管理"，进入"计算机管理"对话框。

在该对话框中选择"本地用户和组"中的"用户"，右击，在弹出的快捷菜单中选择"新用户"菜单项，打开"新用户"对话框。如图8-3所示，在该对话框中输入用户名、密码，单击"创建"按钮，然后单击"关闭"按钮，完成新用户的创建。

第2步，将Windows帐户加入到SQL Server中。

以管理员身份登录到SQL Server Management Studio，在对象资源管理器中找到并选择图8-4所示的"登录名"项，右击，在弹出的快捷菜单中选择"新建登录名"，打开"登录名-新建"对话框。如图8-5所示，可以通过单击"常规"选择页的"搜索"按钮，在"选择用户或组"对话框中选择相应的用户名或用户组，将其添加到SQL Server 2008登录用户列表中。例如，本例的登录名为：0BD7E57C949A420\liu（0BD7E57C949A420为本地计算机名）。

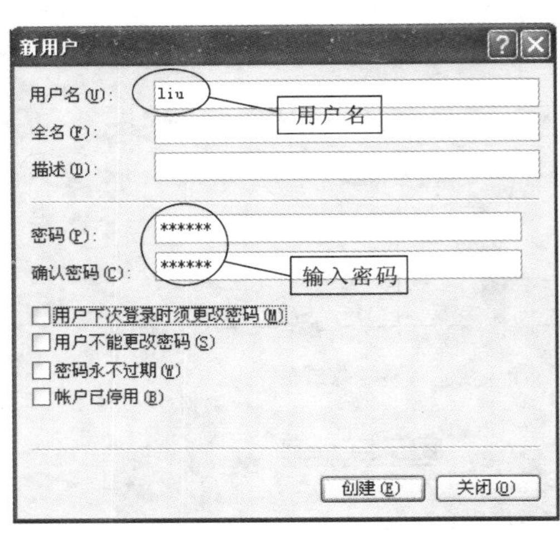

图 8-3　创建新用户的界面

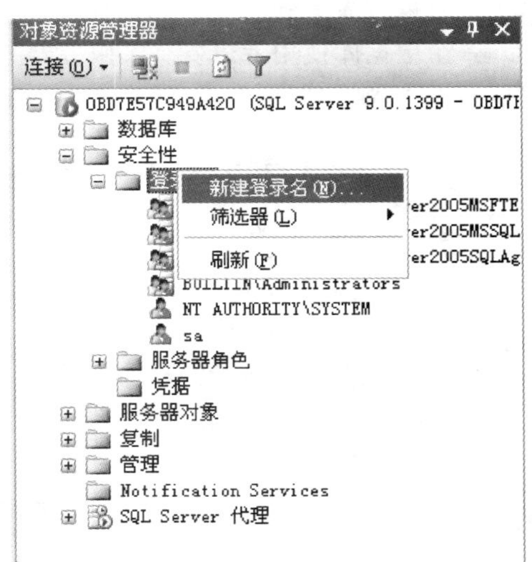

图 8-4　新建登录名

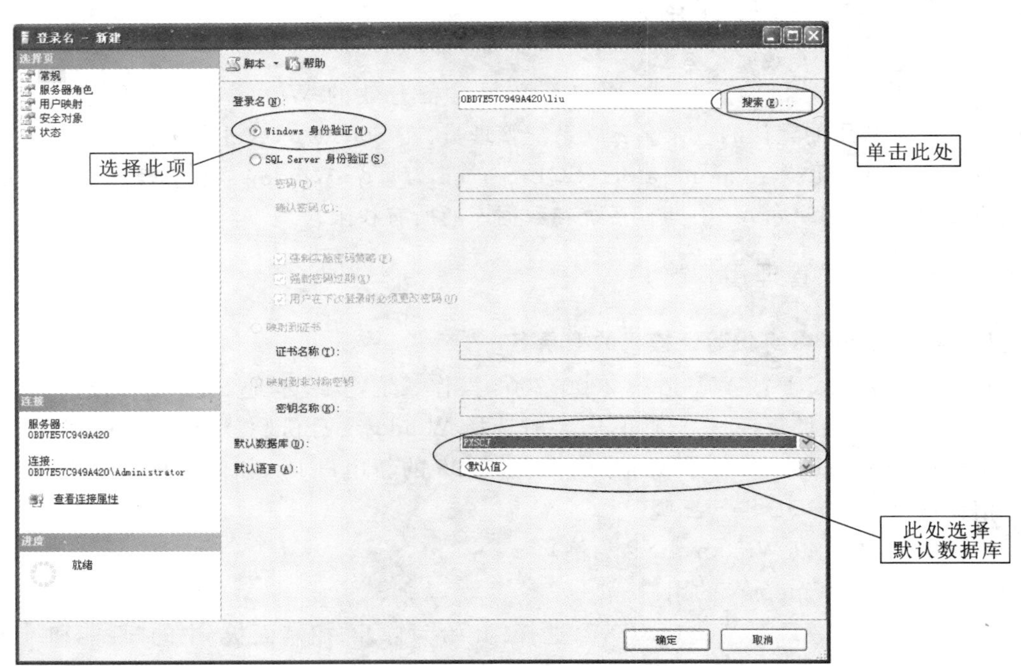

图 8-5　新建登录名

在“默认数据库”栏中选择数据库 PXSCJ 为默认数据库。接着在“用户映射”选择页中选中“PXSCJ”数据库前面的复选框以允许用户访问这个默认数据库。设置完后单击“确定”按钮即可新建一个 Windows 身份验证模式的登录名。

创建完后可以使用用户名 liu 登录 Windows，然后使用 Windows 身份验证模式连接 SQL Server。对比一下，它与用系统管理员身份连接 SQL Server 有什么不同。

2. 建立 SQL Server 身份验证模式的登录名

要建立 SQL Server 身份验证模式的登录名，首先应将身份验证模式设置为混合模式。本书在安装 SQL Server 时已经将身份验证模式设为了混合模式。如果用户在安装 SQL

Server 时身份验证模式没有设置为混合模式，则先要将身份验证模式设为混合模式。

步骤如下。

第 1 步，在对象资源管理器中选择要登录的 SQL Server 服务器图标，右击，在弹出的快捷菜单中选择“属性”菜单项，打开“服务器属性”对话框。

第 2 步，在打开的“服务器属性”对话框中选择“安全性”选择页。选择身份验证为“SQL Server 和 Windows 身份验证模式”，单击“确定”按钮，保存新的配置，重启 SQL Server 服务器即可。

创建 SQL Server 身份验证模式的登录名也在图 8-5 所示的界面中进行，输入一个自己定义的登录名，例如 david，选中“SQL Server 身份验证”选项，输入密码，并将“强制密码过期”复选框中的钩去掉，设置完单击“确定”按钮即可。

为了测试创建的登录名能否连接 SQL Server，可以使用新建的登录名 david 来进行测试，具体步骤如下。

在对象资源管理器窗口中单击“连接”，在下拉列表中选择“数据库引擎”，弹出“连接到服务器”对话框。在该对话框中，“身份验证”选择“SQL Server 身份验证”，“登录名”填写 david，输入密码，单击“连接”按钮，就能连接 SQL Server 了。登录后的对象资源管理器窗口如图 8-6 所示。

图 8-6 使用 SQL Server 身份验证模式登录

图 8-7 新建数据库用户帐户

3. 管理数据库用户

在实现了数据库的安全登录后，检查用户权限的下一个安全等级就是数据库的访问权。数据库的访问权是通过映射数据库的用户与登录帐户之间的关系来实现的。

一个登录名连接上 SQL Server 2008 以后，就需要设置用户访问数据库的权限。为此，需要创建数据库用户帐户，然后给这些用户帐户授予权限。设置权限以后，用户就可以用这个帐户连接 SQL Server 2008 并访问能够访问的数据库。

使用 SQL Server Management Studio 创建数据库用户帐户的步骤如下(以 PXSCJ 为例)。

以系统管理员身份连接 SQL Server，依次展开“数据库”“PXSCJ”“安全性”，选择“用户”，右击，选择“新建用户”菜单项，进入“数据库用户-新建”对话框。在“用户名”框中填写一个数据库用户名，“登录名”框中填写一个能够登录 SQL Server 的登录名，如 david。注意：一个登录名在本数据库中只能创建一个数据库用户。选择默认架构为 dbo，如图 8-7 所示，单击“确定”按钮完成创建。

用户创建成功后，在对象资源管理器窗口中的“用户”栏可查看到该用户。

在“用户”列表中，还可以修改现有的数据库用户的属性，或者删除该用户，这些操作比较简单，这里不再介绍。

8.2.2 命令方式管理用户帐户

在 SQL Server 2008 中，还可以使用命令方式操作用户帐户，例如创建和删除登录名、创建和删除数据库用户等。

1. 创建登录名

在 SQL Server 2008 中，创建登录名可以使用 CREATE LOGIN 命令。

语法格式：

```
CREATE LOGIN login_name
{  WITH PASSWORD='password' [ HASHED ] [ MUST_CHANGE ]
     [,< option_list> [,… ] ]      /*WITH 子句用于创建 SQL Server 登录名*/
     | FROM                        /*FROM 子句用户创建其他登录名*/
   {
   WINDOWS [ WITH <windows_options> [,… ] ]
   | CERTIFICATE certname
   | ASYMMETRIC KEY asym_key_name
   }
}
```

其中：

```
<option_list> ::=
      SID= sid
    | DEFAULT_DATABASE=database
    | DEFAULT_LANGUAGE=language
    | CHECK_EXPIRATION={ ON | OFF}
    | CHECK_POLICY={ ON | OFF}
    [ CREDENTIAL=credential_name ]

<windows_options> ::=
    DEFAULT_DATABASE=database
    | DEFAULT_LANGUAGE=language
```

说明：

login_name 是创建的登录名，有四种类型的登录名，即 SQL Server 登录名、Windows 登录名、证书映射登录名和非对称密钥映射登录名，这里只具体介绍前两种。

1）创建 Windows 身份验证模式登录名

创建 Windows 登录名使用 FROM 子句，在 FROM 子句的语法格式中，WINDOWS 关键字指定将登录名映射到 Windows 登录名，其中，<windows_options>为创建 Windows 登录名的选项，DEFAULT_DATABASE 指定默认数据库，DEFAULT_LANGUAGE 指定默认语言。

> **注意：**创建 Windows 登录名时首先要确认该 Windows 用户是否已经创建，在指定登录名 login_name 时要符合“[域\用户名]”的格式，“域”为本地计算机名。

【例 8-1】 使用命令方式创建 Windows 登录名 tao(假设 Windows 用户 tao 已经创建，本地计算机名为 0BD7E57C949A420)，默认数据库设为 PXSCJ。

```
USE master
GO
CREATE LOGIN [0BD7E57C949A420\tao]
    FROM WINDOWS
        WITH DEFAULT_DATABASE=PXSCJ
```

命令执行成功后在“登录名”的“安全性”列表上就可以查看到该登录名。

FROM 子句中还有另外两个选项：CERTIFICATE 选项用于指定将与登录名关联的证书名称；ASYMMETRIC KEY 选项用于指定将与此登录名关联的非对称密钥的名称。

2) 创建 SQL Server 身份验证模式登录名

创建 SQL Server 登录名使用 WITH 子句。

- PASSWORD：用于指定正在创建的登录名的密码，password 为密码字符串。HASHED 选项指定在 PASSWORD 参数后输入的密码已经过哈希运算，如果未选择此选项，则在将作为密码输入的字符串储存在数据库之前，对其进行哈希运算。如果指定 MUST_CHANGE 选项，则 SQL Server 会在首次使用新登录名时提示用户输入新密码。

<option_list>：用于指定在创建 SQL Server 登录名时的一些选项，选项如下。

(1) SID：指定新 SQL Server 登录名的全局唯一标识符，如果未选择此选项，则自动指派。

(2) DEFAULT_DATABASE：指定默认数据库，如果未指定此选项，则默认数据库将设置为 master。

(3) DEFAULT_LANGUAGE：指定默认语言，如果未指定此选项，则默认语言将设置为服务器的当前默认语言。

(4) CHECK_EXPIRATION：指定是否对此登录名强制实施密码过期政策，默认值为 OFF。

(5) CHECK_POLICY：指定应对此登录名强制实施运行 SQL Server 的计算机的 Windows 密码政策，默认值为 ON。

只有在 Windows Server 2003 及更高版本上才会强制执行 CHECK_EXPIRATION 和 CHECK_POLICY。

【例 8-2】 创建 SQL Server 登录名 sql_tao，密码为 123456，默认数据库设为 PXSCJ。

```
CREATE LOGIN sql_tao
  WITH PASSWORD='123456',
    DEFAULT_DATABASE=PXSCJ
```

2. 删除登录名

删除登录名使用 DROP LOGIN 命令。

语法格式：

```
DROP LOGIN login_name
```

login_name 为要删除的登录名。

【例 8-3】 删除 Windows 登录名 tao。

```
DROP LOGIN [0BD7E57C949A420\tao]
```

【例 8-4】 删除 SQL Server 登录名 sql_tao。

```
DROP LOGIN sql_tao
```

3. 创建数据库用户

创建数据库用户使用 CREATE USER 命令。

语法格式：

```
CREATE USER user_name
[{ FOR | FROM }
  {
    LOGIN login_name
    | CERTIFICATE cert_name
    | ASYMMETRIC KEY asym_key_name
  }
  | WITHOUT LOGIN
]
[ WITH DEFAULT_SCHEMA=schema_name ]
```

说明：

- user_name：用于指定数据库用户名。FOR 或 FROM 子句用于指定相关联的登录名。
- LOGIN login_name：指定要创建数据库用户的登录名。login_name 必须是服务器中有效的登录名。当此登录名进入数据库时，它将获取正在创建的数据库用户名的名称和 ID。
- WITHOUT LOGIN：指定不将用户映射到现在登录名。
- WITH DEFAULT_SCHEMA：指定服务器为此数据库用户解析对象名称时将搜索的第一个架构，默认为 dbo。

【例 8-5】 使用 SQL Server 登录名 sql_tao(假设已经创建)在数据库 PXSCJ 中创建数据库用户 tao，默认架构名使用 dbo。

```
USE PXSCJ
GO
CREATE USER tao
    FOR  LOGIN sql_tao
    WITH  DEFAULT_SCHEMA=dbo
```

命令执行成功后，可以在数据库 PXSCJ 的"用户"列表中查看到该数据库用户。

4. 删除数据库用户

删除数据库用户使用 DROP USER 语句。

语法格式：

```
DROP USER user_name
```

user_name 为要删除的数据库用户名，在删除之前要使用 USE 语句指定数据库。

【例 8-6】 删除数据库 PXSCJ 的数据库用户 tao。

```
USE PXSCJ
GO
DROP USER tao
```

8.3 服务器角色与数据库角色

在 SQL Server 中，通过角色可将用户分为不同的类，相同类用户（相同角色的成员）进行统一管理，赋予相同的操作权限。

SQL Server 给用户提供了预定义的服务器角色（固定服务器角色）和数据库角色（固定数据库角色），固定服务器角色和固定数据库角色都是 SQL Server 内置的，不能进行添加、修改和删除。用户也可根据需要，创建自己的数据库角色，以便对具有同样操作的用户进行统一管理。

8.3.1 固定服务器角色

服务器角色独立于各个数据库。如果在 SQL Server 中创建一个登录名后，要赋予该登录者具有管理服务器的权限，此时可设置该登录名为服务器角色的成员。SQL Server 提供了以下固定服务器角色。

- sysadmin：系统管理员，可对 SQL Server 服务器进行所有的管理工作，为最高管理角色。这个角色一般适合于数据库管理员（DBA）。
- securityadmin：安全管理员，可以管理登录和 CREATE DATABASE 权限，还可以读取错误日志和更改密码。
- serveradmin：服务器管理员，具有对服务器进行设置及关闭服务器的权限。
- setupadmin：设置管理员，添加和删除链接服务器，并执行某些系统存储过程。
- processadmin：进程管理员，可以用来结束进程。
- diskadmin：用于管理磁盘文件。
- dbcreator：数据库创建者，可以创建、更改、删除或还原任何数据库。
- bulkadmin：可执行 BULK INSERT 语句，但是这些成员对要插入数据的表必须有 INSERT 权限。BULK INSERT 语句的功能是以用户指定的格式复制一个数据文件至数据库表或视图。

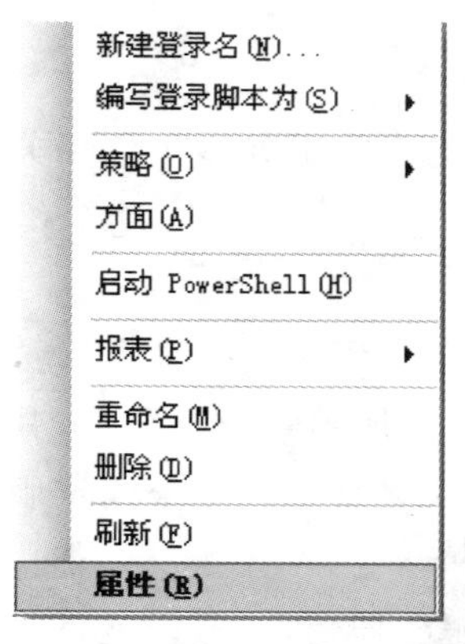

图 8-8 选择“属性”菜单项

用户只能将一个用户登录名添加为上述某个固定服务器角色的成员，不能自行定义服务器角色。例如，对于前面已建立的登录名“0BD7E57C949A420\liu”，如果要给其赋予系统管理员权限，可通过对象资源管理器或系统存储过程将该用户登录名加入 sysadmin 角色。

1. 通过对象资源管理器添加服务器角色成员

第 1 步，以系统管理员身份登录到 SQL Server 服务器，在对象资源管理器窗口中依次展开“安全性”“登录名”，选择登录名，例如“0BD7E57C949A420\liu”，双击或单击鼠标右键，选择“属性”菜单项（见图 8-8），打开登录属性对话框。

第 2 步，在打开的登录属性对话框中选择“服务器角色”选择页。如图 8-9 所示，登录属性对话框右边列出了所有的固定服务器角色，用户可以根据需要，在服务器角色前的复选框中打钩来为登录名添加相应的服务器角色，单击“确定”按钮完成添加。

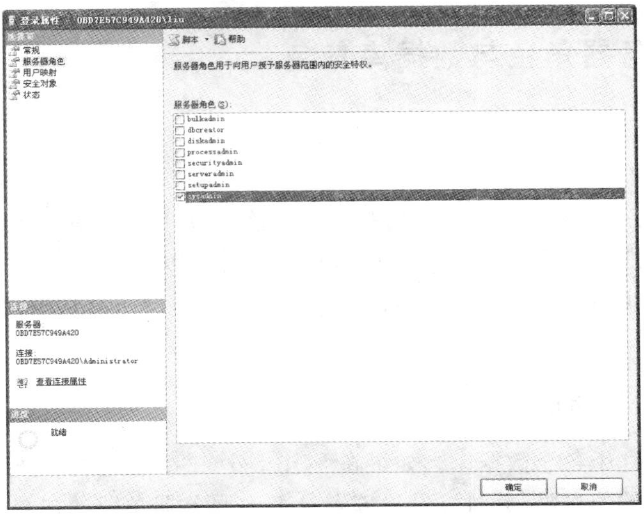

图 8-9　SQL Server 服务器角色设置窗口

说明：

服务器角色的设置也可在新创建用户登录名时进行。

2. 利用系统存储过程添加固定服务器角色成员

利用系统存储过程 sp_addsrvrolemember 可将一登录名添加到某一固定服务器角色中，使其成为固定服务器角色的成员。

语法格式：

```
sp_addsrvrolemember [ @loginame= ] 'login',  [@rolename= ] 'role'
```

参数含义：

login 指定添加到固定服务器角色 role 的登录名，login 可以是 SQL Server 登录名或 Windows 登录名。对于 Windows 登录名，如果还没有授予 SQL Server 访问权限，将自动对其授予访问权限。固定服务器角色名 role 必须为 sysadmin、securityadmin、serveradmin、setupadmin、processadmin、diskadmin、dbcreator、bulkadmin 之一。

说明：

(1) 为登录名添加固定服务器角色后，该登录名就会得到与此固定服务器角色相关的权限。

(2) 不能更改 sa 角色成员资格。

(3) 不能在用户定义的事务内执行 sp_addsrvrolemember 存储过程。

(4) sysadmin 固定服务器的成员可以将任何固定服务器角色添加到某个登录名，其他固定服务器角色的成员可以执行 sp_addsrvrolemember 为某个登录名添加同一个固定服务器角色。

(5) 如果不想让用户有任何管理权限，就不要将他们指派给服务器角色，这样就可以将他们限定为普通用户。

【例 8-7】 将 Windows 用户 0BD7E57C949A420\liu 添加到 sysadmin 固定服务器角色中。

```
EXEC sp_addsrvrolemember '0BD7E57C949A420\liu','sysadmin'
```

3. 利用系统存储过程删除固定服务器角色成员

利用 sp_dropsrvrolemember 系统存储过程可从固定服务器角色中删除 SQL Server 登录名或 Windows 登录名。

语法格式：

```
sp_dropsrvrolemember [ @loginame= ] 'login',[ @rolename= ] 'role'
```

参数含义：

login：将要从固定服务器角色删除的登录名。

role：服务器角色名，默认值为 NULL，必须是有效的固定服务器角色名。

说明：

(1) 不能删除 sa 登录名。

(2) 不能从用户定义的事务内执行 sp_dropsrvrolemember。

(3) sysadmin 固定服务器角色的成员执行 sp_dropsrvrolemember，可删除任意固定服务器角色中的登录名，其他固定服务器角色的成员只可以删除相同固定服务器角色中的其他成员。

【例 8-8】 从 sysadmin 固定服务器角色中删除 SQL Server 登录名 david。

```
EXEC sp_dropsrvrolemember 'david','sysadmin'
```

也可在对象资源管理器中删除固定服务器角色中的登录名，请读者试一试。

8.3.2 固定数据库角色

固定数据库角色定义在数据库级别上，并且有权进行特定数据库的管理及操作。SQL Server 提供了以下固定数据库角色。

(1) db_owner：数据库所有者，这个数据库角色的成员可执行数据库的所有管理操作。用户发出的所有 SQL 语句均受限于该用户具有的权限。例如，CREATE DATABASE 仅限于 sysadmin 和 dbcreator 固定服务器角色的成员使用。

sysadmin 固定服务器角色的成员、db_owner 固定数据库角色的成员以及数据库对象的所有者都可授予、拒绝或废除某个用户或某个角色的权限。使用 GRANT 赋予执行 T-SQL 语句或对数据进行操作的权限；使用 DENY 拒绝权限，并防止指定的用户、组或角色从组和角色成员的关系中继承权限；使用 REVOKE 取消以前授予或拒绝的权限。

(2) db_accessadmin：数据库访问权限管理者，具有添加、删除数据库使用者、数据库角色和组的权限。

(3) db_securityadmin：数据库安全管理员，可管理数据库中的权限，如设置数据库表的增加、删除、修改和查询等存取权限。

(4) db_ddladmin：数据库 DDL 管理员，可增加、修改或删除数据库中的对象。

(5) db_backupoperator：数据库备份操作员，具有执行数据库备份的权限。

(6) db_datareader：数据库数据读取者。

(7) db_datawriter：数据库数据写入者，具有对表进行增加、删修、修改的权限。

(8) db_denydatareader：数据库拒绝数据读取者，不能读取数据库中任何表的内容。

(9) db_denydatawriter：数据库拒绝数据写入者，不能对任何表进行增加、删修、修改操作。

（10）public：是一个特殊的数据库角色，每个数据库用户都是 public 角色的成员，因此不能将用户、组或角色指派为 public 角色的成员，也不能删除 public 角色的成员。通常将一些公共的权限赋给 public 角色。

在创建一个数据库用户之后，可以将该数据库用户加入到数据库角色中从而授予其管理数据库的权限。例如，对于前面已建立的数据库 PXSCJ 上的数据库用户 david，如果要给其赋予数据库管理员权限，可通过对象资源管理器或系统存储过程将该用户加入 db_owner 角色中。

1. 使用对象资源管理器添加固定数据库角色成员

第 1 步，以系统管理员身份登录到 SQL Server 服务器，在对象资源管理器窗口中依次展开"数据库""PXSCJ""安全性""用户"，选择一个数据库用户，例如 david，双击或单击鼠标右键选择"属性"菜单项，打开"数据库用户-david"对话框。

第 2 步，在打开的对话框中，在"常规"选择页中的"数据库角色成员身份"栏，用户可以根据需要，在数据库角色成员前的复选框中打钩来为数据库用户添加相应的数据库角色，如图 8-10 所示，单击"确定"按钮完成添加。

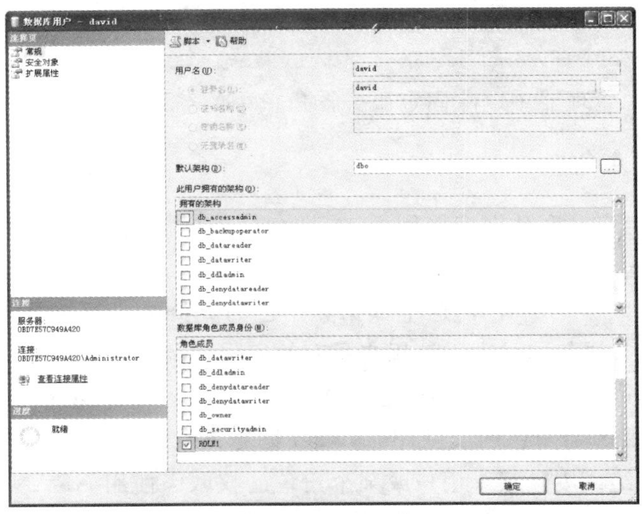

图 8-10　添加固定数据库角色成员

2. 使用系统存储过程添加固定数据库角色成员

利用系统存储过程 sp_addrolemember 可以将一个数据库用户添加到某一固定数据库角色中，使其成为该固定数据库角色的成员。

语法格式：

```
sp_addrolemember [ @rolename= ] 'role',[ @membername= ] 'security_account'
```

参数含义：

role：当前数据库中的数据库角色的名称。

security_account：添加到该角色的安全帐户，可以是数据库用户或当前数据库角色。

说明：

（1）当使用 sp_addrolemember 将用户添加到角色时，新成员将继承所有应用到角色的权限。

（2）不能将固定数据库或固定服务器角色或者 dbo 添加到其他角色。例如，不能将 db_

owner 固定数据库角色添加成为用户定义的数据库角色的成员。

(3) 在用户定义的事务中不能使用 sp_addrolemember。

(4) 只有 sysadmin 固定服务器角色和 db_owner 固定数据库角色中的成员可以执行 sp_addrolemember，以将成员添加到数据库角色。

(5) db_securityadmin 固定数据库角色的成员可以将用户添加到任何用户定义的角色。

【例 8-9】 将数据库 PXSCJ 上的数据库用户 david(假设已经创建)添加为固定数据库角色 db_owner 的成员。

```
USE PXSCJ
GO
EXEC sp_addrolemember 'db_owner','david'
```

3. 使用系统存储过程删除固定数据库角色成员

利用系统存储过程 sp_droprolemember 可以将某一成员从固定数据库角色中去除。

语法格式：

```
sp_droprolemember [ @rolename= ] 'role',[ @membername= ] 'security_account'
```

说明：

(1) 删除某一角色的成员后，该成员将失去作为该角色的成员身份所拥有的任何权限。

(2) 不能删除 public 角色的用户，也不能从任何角色中删除 dbo。

【例 8-10】 将数据库用户 david 从 db_owner 中去除。

```
USE PXSCJ
GO
EXEC sp_droprolemember 'db_owner','david'
```

4. 数据库用户的操作权限

在 SQL Server 中，可授予数据库用户的权限分为以下三个层次。

(1) 在当前数据库中创建数据库对象及进行数据库备份的权限，主要有创建表、视图、存储过程、规则、缺省值对象、函数的权限，以及备份数据库、日志文件的权限。

(2) 用户对数据库表的操作权限及执行存储过程的权限主要有如下几种。

SELECT：对表或视图执行 SELECT 语句的权限。

INSERT：对表或视图执行 INSERT 语句的权限。

UPDATE：对表或视图执行 UPDATE 语句的权限。

DELETE：对表或视图执行 DELETE 语句的权限。

REFERENCES：用户对表的主键和唯一索引字段生成外键引用的权限。

EXECUTE：执行存储过程的权限。

(3) 用户对数据库中指定表字段的操作权限主要如下。

SELECT：对表字段进行查询操作的权限。

UPDATE：对表字段进行更新操作的权限。

8.3.3 自定义数据库角色

固定数据库角色的权限是固定的，有时有些用户需要一些特定的权限，如数据库的删除、修改和执行权限。固定数据库角色无法满足这种要求，这时就需要创建一个自定义数据库角色。

在创建数据库角色时将一些权限授予该角色，然后将数据库用户指定为该角色的成员，这样用户将继承这个角色的所有权限。

例如，要在数据库 PXSCJ 上定义一个数据库角色 ROLE1，该角色中的成员有 david，对数据库 PXSCJ 可进行的操作有查询、插入、删除、修改。下面将介绍如何实现这些功能。

1. 通过对象资源管理器创建数据库角色

第 1 步，创建数据库角色。

以系统管理员身份登录 SQL Server，在对象资源管理器窗口中展开“数据库”，选择要创建角色的数据库(如 PXSCJ)，展开其中的“安全性”，选择“角色”，右击，在弹出的快捷菜单中选择“新建”菜单项，在弹出的子菜单中选择“新建数据库角色”菜单项，如图 8-11 所示，进入“数据库角色-新建”对话框。

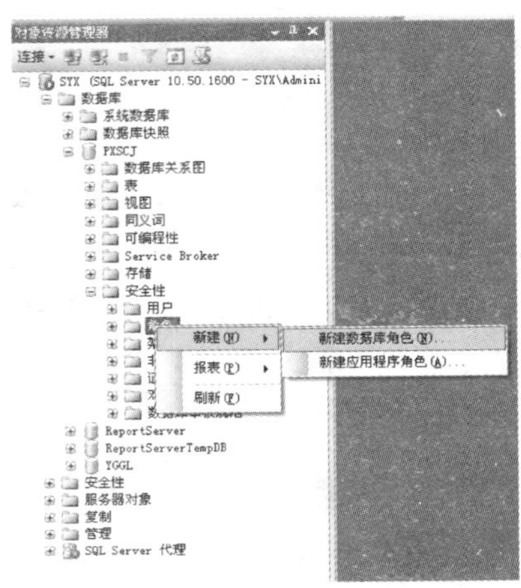

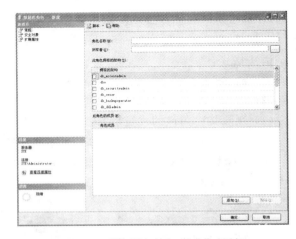

图 8-11 选择“新建数据库角色”菜单项

图 8-12 “数据库角色-新建”对话框

在“数据库角色-新建”对话框中，如图 8-12 所示，选择“常规”选择页，在“常规”选择页中输入要定义的角色名称(如 ROLE1)，并配置相应的权限。完成相应的配置后，单击“确定”按钮，完成数据库角色的创建。

第 2 步，将数据库用户加入数据库角色中。

当数据库用户成为某一数据库角色的成员之后，该数据库用户就获得了该数据库角色所拥有的对数据库操作的权限。

将用户加入自定义数据库角色的方法与将用户加入固定数据库角色的方法类似，这里不再重复。图 8-13 所示的是将用户 david 加入 ROLE1 角色中。

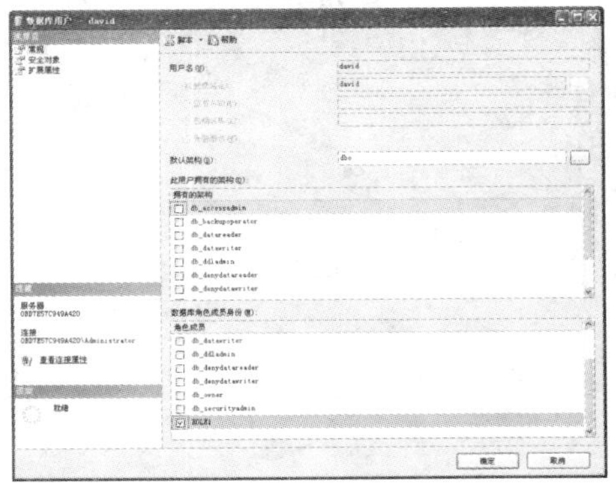

图 8-13 添加到数据库角色

此时数据库角色成员还没有任何权限，当授予数据库角色权限时，这个角色的成员也将获得相同的权限。

2. 通过 SQL 命令创建数据库角色

1) 定义数据库角色

创建用户自定义数据库角色可以使用 CREATE ROLE 语句。

语法格式：

```
CREATE ROLE role_name [ AUTHORIZATION owner_name ]
```

说明:

role_name 为要创建的数据库角色的名称;AUTHORIZATION owner_name 用于指定新的数据库角色的所有者,如果未指定,则执行 CREATE ROLE 的用户将拥有该角色。

【例 8-11】 在当前数据库中创建名为 ROLE2 的新角色,并指定 dbo 为该角色的所有者。

```
USE PXSCJ
GO
CREATE ROLE ROLE2
AUTHORIZATION dbo
```

2) 给数据库角色添加成员

向用户定义数据库角色添加成员也使用存储过程 sp_ addrolemember,用法与之前介绍的基本相同。

【例 8-12】 使用 Windows 身份验证模式的登录名(如 0BD7E57C949A420\liu)创建数据库 PXSCJ 的用户(如 0BD7E57C949A420\liu),并将该数据库用户添加到 ROLE1 数据库角色中。

```
USE PXSCJ
GO
CREATE USER [0BD7E57C949A420\liu]
    FROM LOGIN [0BD7E57C949A420\liu]
GO
EXEC sp_addrolemember 'ROLE1','0BD7E57C949A420\liu'
```

【例 8-13】 将 SQL Server 登录名创建的数据库 PXSCJ 的数据库用户 wang(假设已经创建)添加到数据库角色 ROLE1 中。

```
USE PXSCJ
GO
EXEC sp_addrolemember 'ROLE1','wang'
```

【例 8-14】 将数据库角色 ROLE2(假设已经创建)添加到 ROLE1 中。

```
EXEC sp_addrolemember 'ROLE1','ROLE2'
```

将一个成员从数据库角色中去除也使用系统存储过程 sp_droprolemember,之前已经介绍过。

3. 通过 SQL 命令删除数据库角色

要删除数据库角色可以使用 DROP ROLE 语句。

语法格式:

```
DROP ROLE role_name
```

其中,role_name 为要删除的数据库角色的名称。

说明:

(1) 无法从数据库删除拥有安全对象的角色。若要删除拥有安全对象的数据库角色,必须首先转移这些安全对象的所有权或从数据库删除它们。

(2) 无法从数据库删除拥有成员的角色。若要删除拥有成员的数据库角色,必须首先删除角色的所有成员。

(3) 不能使用 DROP ROLE 删除固定数据库角色。

【例 8-15】 删除数据库角色 ROLE2。

在删除 ROLE2 之前首先需要将 ROLE2 中的成员删除，可以使用界面方式，也可以使用命令方式。若使用界面方式，只需在 ROLE2 的属性页中操作即可。命令方式在删除固定数据库成员时已经介绍，请参见前面内容。

确认 ROLE2 可以删除后，使用以下命令删除 ROLE2：

```
DROP ROLE ROLE2
```

8.4 数据库权限的管理

数据库的权限指明了用户能够获得哪些数据库对象的使用权，以及用户能够对哪些对象执行何种操作。用户在数据库中拥有的权限取决于用户帐户的数据库权限和用户所在数据库角色的类型。数据库角色的内容之前已经介绍，本节主要介绍数据库权限的内容。

8.4.1 授予权限

权限的授予可以使用命令方式或界面方式完成。

1. 使用命令方式授予权限

利用 GRANT 语句可以给数据库用户或数据库角色授予数据库级别或对象级别的权限。

语法格式：

```
GRANT { ALL [ PRIVILEGES ] } | permission [ ( column [,…n ] ) ] [,…n ]
    [ ON securable ] TO principal [,…n ]
    [ WITH GRANT OPTION ] [ AS principal ]
```

说明：

- ALL：表示授予所有可用的权限。ALL PRIVILEGES 是 SQL-92 标准的用法。对于语句权限，只有 sysadmin 角色成员可以使用 ALL；对于对象权限，sysadmin 角色成员和数据库对象所有者都可以使用 ALL。
- permission：权限的名称。根据安全对象的不同，permission 的取值也不同。对于数据库，permission 的取值可为 BACKUP DATABASE、BACKUP LOG、CREATE DATABASE、CREATE DEFAULT、CREATE FUNCTION、CREATE PROCEDURE、CREATE RULE、CREATE TABLE 或 CREATE VIEW；对于表、表值函数或视图，permission 的取值可为 SELECT、INSERT、UPDATE 或 REFERENCES；对于存储过程，permission 的取值可为 EXECUTE；对于用户函数，permission 的取值可为 EXECUTE 和 REFERENCES。
- column：指定表、视图或表值函数中要授予其权限的列的名称。只能授予对列的 SELECT、REFERENCES 及 UPDATE 权限。column 可以在权限子句中指定，也可以在安全对象名称之后指定。
- ON securable：指定将授予其权限的安全对象。例如，要授予表 XSB 上的权限时 ON 子句为 ON XSB。对于数据库级别的权限不需要指定 ON 子句。
- principal：主体的名称，指被授予权限的对象，可为当前数据库的用户、数据库角色，指定的数据库用户、角色必须在当前数据库中存在，不可将权限授予其他数据库中的用户、角色。

● WITH GRANT OPTION：表示允许被授权者在获得指定权限的同时还可以将指定权限授予其他用户、角色或 Windows 组，WITH GRANT OPTION 子句仅对对象权限有效。

● AS principal：指定当前数据库执行 GRANT 语句的用户所属的角色名或组名。当对象上的权限被授予一个组或角色时，用 AS 将对象权限进一步授予不是组或角色成员的用户。

GRANT 语句可使用两个特殊的用户帐号：public 角色和 guest 用户。授予 public 角色的权限可应用于数据库中的所有用户；授予 guest 用户的权限可为所有在数据库中没有数据库用户帐号的用户使用。

【例 8-16】 给数据库 PXSCJ 上的用户 david 和 wang 授予创建表的权限。

以系统管理员身份登录 SQL Server，新建一个查询，输入以下语句：

```
USE PXSCJ
GO
GRANT CREATE TABLE
    TO david,wang
GO
```

说明：

授予数据库级别的主体权限时，CREATE DATABASE 权限只能在数据库 master 中被授予。如果用户帐户含有空格、反斜杠(\)，则要用引号或中括号将安全帐户括起来。

【例 8-17】 首先在数据库 PXSCJ 中给 public 角色授予表 XSB 的 SELECT 权限；然后，将其他的权限也授予用户 david 和 wang，使用户有对表 XSB 的所有操作权限。

以系统管理员身份登录 SQL Server，新建一个查询，输入以下语句：

```
USE PXSCJ
GO
GRANT SELECT
  ON XSB
  TO public
GO
GRANT INSERT,UPDATE,DELETE,REFERENCES
  ON XSB
  TO david,wang
GO
```

【例 8-18】 将 CREATE TABLE 权限授予数据库角色 ROLE1 的所有成员。

以系统管理员身份登录 SQL Server，新建一个查询，输入以下语句：

```
GRANT CREATE TABLE
  TO ROLE1
```

【例 8-19】 以系统管理员身份登录 SQL Server，将表 XSB 的 SELECT 权限授予 ROLE2 角色(指定 WITH GRANT OPTION 子句)。用户 li 是 ROLE2 的成员(创建过程略)，在 li 用户上将表 XSB 上的 SELECT 权限授予用户 huang(创建过程略)，huang 不是 ROLE2 的成员。

首先在以 Windows 系统管理员身份登录，授予角色 ROLE2 在表 XSB 上的 SELECT

权限：

```
USE PXSCJ
GO
GRANT SELECT
  ON XSB
  TO ROLE2
  WITH GRANT OPTION
```

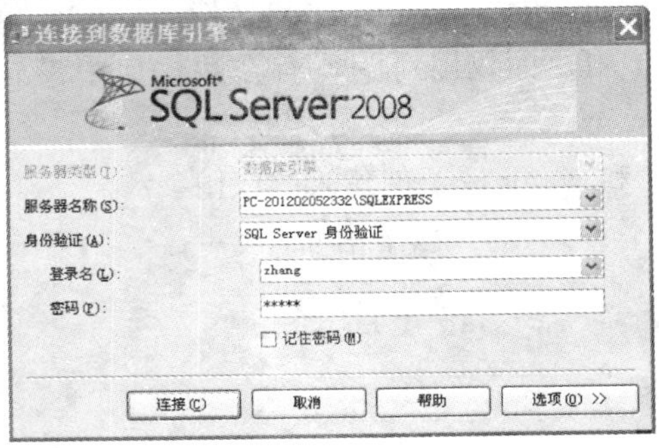

在 SQL Server Management Studio 窗口中单击“新建查询”按钮旁边的数据库引擎查询按钮，在弹出的“连接到数据库引擎”对话框中以登录名 zhang 登录，如图 8-14 所示。单击“连接”按钮连接到 SQL Server 服务器，出现查询分析器窗口。

图 8-14　以登录名 zhang 登录

在查询分析器窗口中使用如下语句将用户 zhang 在表 XSB 上的 SELECT 权限授予 huang：

```
GRANT SELECT
ON XSB TO huang
AS ROLE2
```

说明：

由于 li 是 ROLE2 角色的成员，因此必须用 AS 子句对 huang 授予权限。

【例 8-20】 在当前数据库 PXSCJ 中给 public 角色赋予对表 XSB 中学号、姓名字段的 SELECT 权限。

以系统管理员身份登录 SQL Server，新建一个查询，输入以下语句：

```
USE PXSCJ
GO
GRANT SELECT
  (StudentId,Sname) ON XSB
  TO public
  GO
```

2. 使用界面方式授予权限

1）授予数据库上的权限

以给数据库用户 wang(假设该用户已经使用 SQL Server 登录名“wang”创建)授予数据库 PXSCJ 的 CREATE TABLE 语句的权限为例，在 SQL Server Management Studio 中授予用户权限的步骤如下。

以系统管理员身份登录到 SQL Server 服务器，在对象资源管理器窗口中展开“数据库”，选择“PXSCJ”，右击，在弹出的快捷菜单中选择“属性”菜单项，打开“数据库属性-PXSCJ”对话框，选择“权限”选择页。

在“用户或角色”栏中选择需要授予权限的用户或角色(如 wang)，在对话框下方列出的权限列表中找到相应的权限(如"Create table"),在复选框中打钩,如图 8-15 所示。单击"确定"按钮即可完成。如果需要授予权限的用户在列出的用户列表中不存在,则可以单击"添加"按钮将该用户添加到列表中,然后再选择权限。选择用户后单击"有效权限"按钮可以查看该用户在当前数据库中有哪些权限。

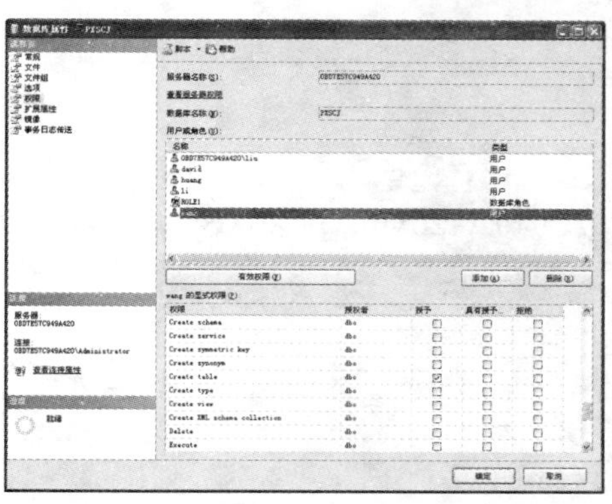

图 8-15　授予用户数据库上的权限

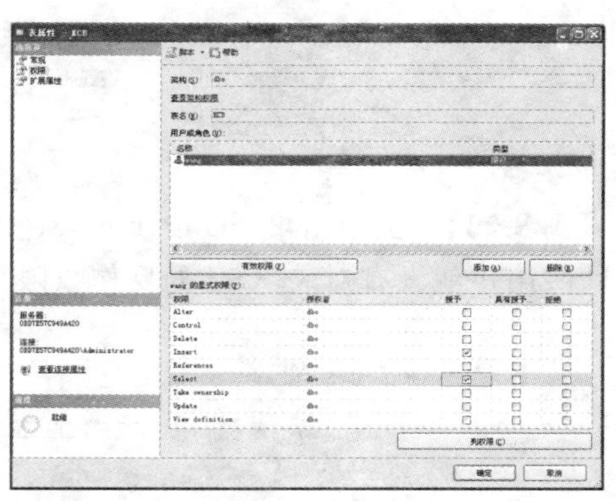

图 8-16　授予用户数据库对象上的权限

2) 授予数据库对象上的权限

以给数据库用户 wang 授予表 KCB 上的 SELECT、INSERT 的权限为例,步骤如下。

以系统管理员身份登录到 SQL Server 服务器,在对象资源管理器窗口中依次展开"数据库""PXSCJ""表",选择"dbo. KCB",右击,在弹出的快捷菜单中选择"属性"菜单项,打开"表属性-KCB"对话框,选择"权限"选择页。

单击"添加"按钮,在弹出的"选择用户或角色"对话框中单击"浏览"按钮,选择需要授权的用户或角色(如 wang),选择后单击"确定"按钮回到"表属性-KCB"对话框。在该对话框中选择用户(如 wang),在权限列表中选择需要授予的权限(如"Select""Insert"),如图 8-16 所示,单击"确定"按钮完成授权。

对用户授予权限后,读者可以以该用户身份登录 SQL Server,然后对数据库执行相关的操作,以测试是否得到已授予的权限。

8.4.2　拒绝权限

使用 DENY 命令可以拒绝给当前数据库内的用户授予权限,并防止数据库用户通过其组或角色成员资格继承权限。

语法格式:

```
DENY { ALL [ PRIVILEGES ] }
       | permission [ ( column [ ,…n ] ) ] [ ,…n ]
       [ ON securable ] TO principal [ ,…n ]
       [ CASCADE] [ AS principal ]
```

说明:

CASCADE 表示拒绝授予指定用户或角色该权限,同时对该用户或角色授予该权限的所有其他用户和角色也拒绝授予该权限。当主体具有带 WITH GRANT OPTION 的权限时,为必选项。DENY 命令的语法格式中的其他各项的含义与 GRANT 命令中的相同。

需要注意的是:

(1) 如果使用 DENY 语句禁止用户获得某个权限,那么以后将该用户添加到已得到该权限的组或角色时，该用户不能访问这个权限；

（2）默认情况下，sysadmin、db_securityadmin 角色成员和数据库对象所有者具有执行 DENY 的权限。

【例 8-21】 不允许用户 zhang、huang 使用 CREATE VIEW 和 CREATE TABLE 语句。

```
DENY CREATE VIEW,CREATE TABLE
    TO zhang,huang
GO
```

【例 8-22】 拒绝用户 zhang、huang、[0BD7E57C949A420\liu]对表 XSB 的一些权限，这样，这些用户就没有对表 XSB 的操作权限了。

```
USE PXSCJ
GO
DENY SELECT,INSERT,UPDATE,DELETE
    ON XSB TOzhang,huang,[0BD7E57C949A420\liu]
GO
```

【例 8-23】 对所有 ROLE2 角色成员拒绝 CREATE TABLE 权限。

```
DENY CREATE TABLE
    TO ROLE2
GO
```

说明：

如果用户 wang 是 ROLE2 的成员，并显示授予了 CREATE TABLE 的权限，但仍拒绝 wang 的 CREATE TABLE 权限。

界面方式拒绝权限也是在相关的数据库或对象的属性窗口中操作，如图 8-16 所示，在相应的拒绝复选框中选择即可。

8.4.3 取消权限

利用 REVOKE 命令可取消以前给当前数据库用户授予或拒绝的权限。

语法格式：

```
REVOKE [ GRANT OPTION FOR ]
    { [ ALL [ PRIVILEGES ] ]
     | permission [ ( column [,…n ] ) ] [,…n ]
    }
  [ ON securable ]
  { TO | FROM } principal [,…n ]
  [ CASCADE] [ AS principal ]
```

说明：

REVOKE 只适用于当前数据库内的权限。GRANT OPTION FOR 表示将取消授予指定权限的能力。

REVOK 只在指定的用户、组或角色上取消授予或拒绝的权限。例如，给 wang 用户帐户授予了查询表 XSB 的权限，该用户帐户是 ROLE1 角色的成员。如果取消了 ROLE1 角色查询表 XSB 的访问权，由于已显示授予 wang 查询表的权限，因此 wang 仍能查询该表；若未显示授予 wang 查询表 XSB 的权限，那么取消 ROLE1 角色的权限也将禁止 wang 查询该表。

REVOKE 权限默认授予 sysadmin 固定服务器角色成员、db_owner 和 db_securityadmin 固定数据库角色成员。

【例 8-24】 取消已授予用户 wang 的 CREATE TABLE 权限。

```
REVOKE CREATE TABLE
  FROM wang
GO
```

【例 8-25】 取消授予用户 wang、zhang 的 CREATE TABLE 语句和 CREATE DEFAULT 语句的权限。

```
REVOKE CREATE TABLE,CREATE DEFAULT
  FROM wang,zhang
GO
```

【例 8-26】 取消以前对用户 wang 授予或拒绝的在表 XSB 上的 SELECT 权限。

```
REVOKE SELECT
  ON XSB
  FROM wang
```

【例 8-27】 角色 ROLE2 在表 XSB 上拥有 SELECT 权限,用户 li 是 ROLE2 的成员,用户 li 使用 WITH GRANT OPTION 子句将 SELECT 权限转移给了用户 huang,用户 huang 不是 ROLE2 的成员。现要以用户 li 的身份取消用户 huang 的 SELECT 权限。

以用户 li 的身份登录 SQL Server 服务器,新建一个查询,使用如下语句取消 huang 的 SELECT 权限:

```
USE PXSCJ
    GO
    REVOKE SELECT
        ON XSB
        TO huang
        AS ROLE2
```

 8.5 数据库架构的创建

本书之前已经涉及过数据库架构的概念,在 SQL Server 2008 中,数据库架构是一个独立于数据库用户的非重复命名空间,数据库中的对象都属于某一个架构。一个架构只能有一个所有者,所有者可以是用户、数据库角色等。架构的所有者可以访问架构中的对象,并且还可以授予其他用户访问该架构的权限。可以使用对象资源管理器和 T-SQL 语句两种方式来创建架构,但必须具有 CREATE SCHEMA 权限。

8.5.1 使用界面方式创建架构

以在数据库 PXSCJ 中创建架构为例,具体步骤如下。

第 1 步,以系统管理员身份登录 SQL Server,在对象资源管理器窗口中依次展开"数据库""PXSCJ""安全性",选择"架构",右击,在弹出的快捷菜单中选择"新建架构"菜单项,如图 8-17 所示。

第 2 步,在打开的"架构-新建"对话框中选择"常规"选择页,在对话框的"架构名称"下面的文本框中输入架构名称(如 test)。单击"搜索"按钮,在打开的"搜索角色和用户"对话框中单击"浏览"按钮。如图 8-18 所示,在打开的"查找对象"对话框中,在用户 david 前面的复选框中打钩,单击"确定"按钮,返回"搜索角色和用户"对话框。单击"确定"按钮,返回"架

构-新建”对话框。单击“确定”按钮，完成架构的创建，这样就将用户 david 设为了架构 test 的所有者。

图 8-17　选择“新建架构”菜单项

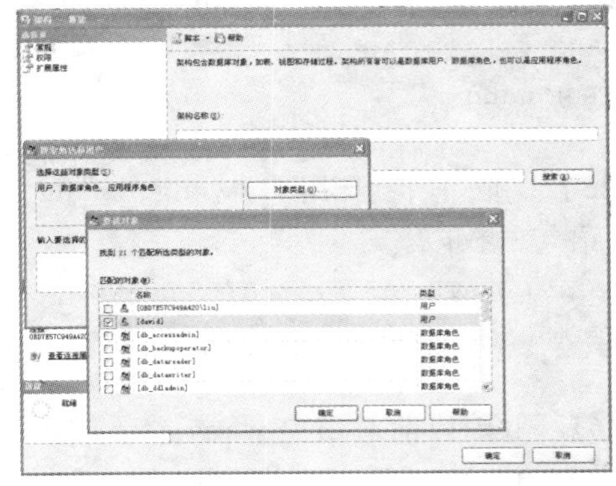

图 8-18　创建架构

创建完后在“数据库”→“PXSCJ”→“安全性”→“架构”中，可以找到创建后的新架构，打开该架构的属性窗口可以更改架构的所有者。

第 3 步，架构创建完后可以新建一个测试表来测试如何访问架构中的对象。在数据库 PXSCJ 中新建一个名为 table_1 的表，表的结构如图 8-19 所示。

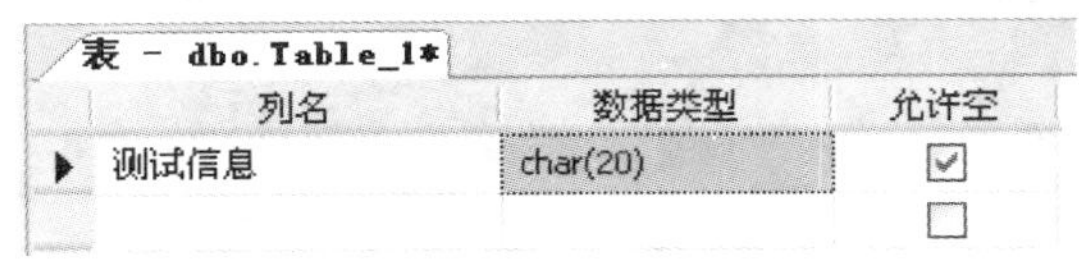

图 8-19　新建测试表的表结构

在创建表时，表的默认架构为 dbo，要将其架构修改为 test。在进行表结构设计时，表设计窗口右边有一个表 table_1 的属性窗口，在创建表时，应在表的属性窗口中将该表的架构设置成 test，如图 8-20 所示。如果没有找到属性窗口，单击“查看”菜单，选择“属性窗口”子菜单（见图 8-21）就能显示出属性窗口。

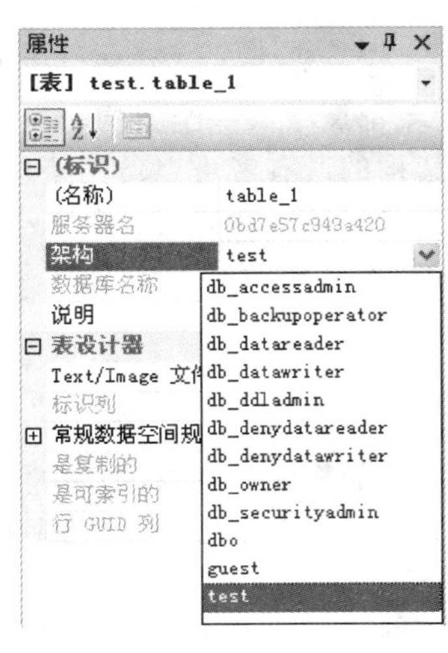

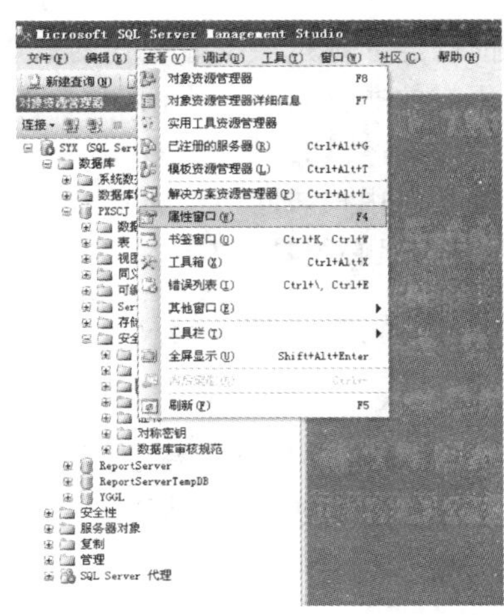

图 8-20　属性窗口　　　　图 8-21　选择“属性窗口”子菜单

设置完成后保存该表，保存后的表可以在对象资源管理器中找到，此时表名已经变成 test. table_1，如图 8-22 所示。

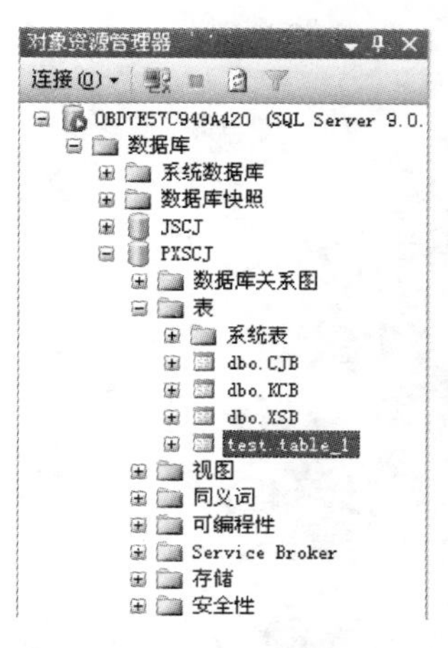

图 8-22　新建的表 test. table_1

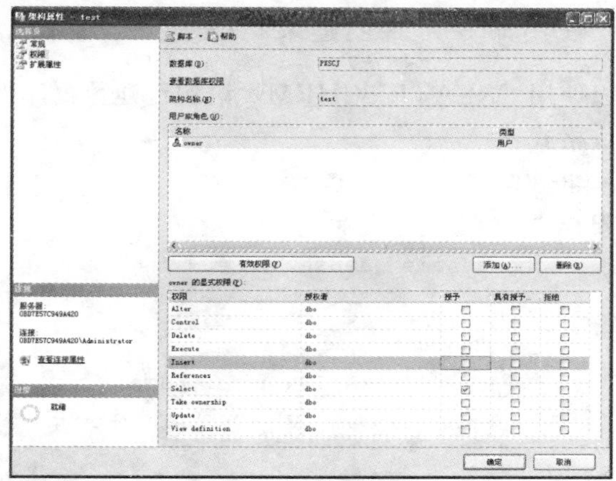

图 8-23　分配权限

打开表 test. table_1，在表中输入一行数据："测试架构的使用"。

第 4 步，在对象资源管理器窗口中依次展开"数据库""PXSCJ""安全性""架构"，选择新创建的架构 test，右击，在弹出的快捷菜单中选择"属性"菜单项，打开"架构属性-test"对话框，在该对话框的"权限"选择页中，单击"添加"按钮，选择用户 owner(假设已经创建)，为用户 owner 分配权限，如"Select"权限，如图 8-23 所示。单击"确定"按钮，保存上述设置。用同样的方法，还可以授予其他用户访问该架构的权限。

第 5 步，重新启动 SQL Server Management Studio，使用 SQL Server 身份验证模式以用户 owner 登录 SQL Server。在登录成功后，创建一个新的查询，在查询分析器窗口中输入查询表 test. table_1 中数据的 T-SQL 语句：

```
USE PXSCJ
GO
SELECT *  FROM test.table_1
```

执行结果如图 8-24 所示。

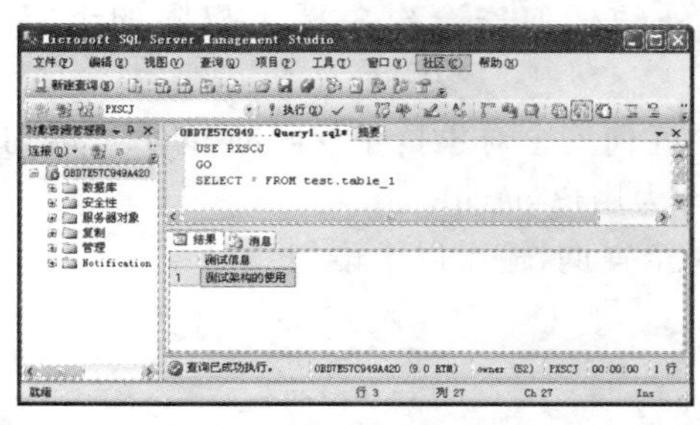

图 8-24　执行结果(查询)

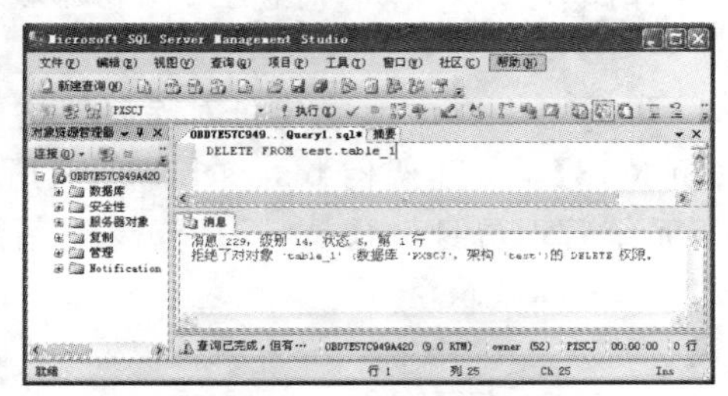

图 8-25　执行结果(删除)

再新建一个 SQL 查询，在查询编辑器中输入删除表 test. table_1 的 T-SQL 语句：

```
DELETE FROM test.table_1
```

执行结果如图 8-25 所示。

很明显，由于用户 owner 没有相应的架构权限，因此无法对表 test. table_1 执行删除操作。

说明：

在创建完架构后，再创建用户时可以为用户指定新创建的架构为默认架构或者将架构指定为用户拥有的架构。

8.5.2 使用命令方式创建架构

可以使用CREATE SCHEMA语句创建数据库架构。

语法格式：

```
CREATE SCHEMA < schema_name_clause> [ < schema_element> [,…n ] ]
```

其中：

```
< schema_name_clause>  ::=
    {
      schema_name
     | AUTHORIZATION owner_name
     | schema_name AUTHORIZATION owner_name
    }

<schema_element>  ::=
    {
      table_definition | view_definition | grant_statement
      revoke_statement | deny_statement
    }
```

说明：

- schema_name：在数据库内标识架构的名称，架构名称在数据库中要唯一。
- AUTHORIZATION owner_name：指定将拥有架构的数据库级别主体（如用户、角色等）的名称。此主体还可以拥有其他架构，并且可以不使用当前架构作为其默认架构。
- table_definition：指定在架构内创建表的CREATE TABLE语句，执行此语句的主体必须对当前数据库具有CREATE TABLE权限。
- view_definition：指定在架构内创建视图的CREATE VIEW语句，执行此语句的主体必须对当前数据库具有CREATE VIEW权限。
- grant_statement：指定可对除新架构外的任何安全对象授予权限的GRANT语句。
- revoke_statement：指定可对除新架构外的任何安全对象授予权限的REVOKE语句。
- deny_statement：指定可对除新架构外的任何安全对象授予权限的DENY语句。

【例8-28】 创建架构test_schema，其所有者为用户david。

以系统管理员身份登录SQL Server，新建一个查询，输入以下语句：

```
USE PXSCJ
GO
CREATE SCHEMA test_schema
    AUTHORIZATION david
```


习　　题

1. 一个用户如果要对某一数据库进行操作，必须满足哪三个条件？
2. 如何创建SQL Server身份验证模式的登录名？
3. 如何创建Windows身份验证模式的登录名？
4. 服务器角色分为哪几类？每类有哪些权限？
5. 如何给一个数据库角色、用户赋予操作权限？

第9章 备份与恢复

尽管数据库管理系统中采取了各种措施来保证数据库的安全性和完整性，但硬件故障、软件错误、病毒、误操作或故意破坏仍是可能发生的。这些故障会造成运行事务的异常中断，影响数据正确性，甚至会破坏数据库，使数据库中的数据被破坏或丢失，因此数据库管理系统都提供了把数据从错误状态恢复到某一正确状态的功能，这种功能称为恢复。

数据库的恢复是以备份为基础的，SQL Server 2008 的备份和恢复组件为存储 SQL Server 中的关键数据提供了重要的保护手段。本章着重讨论备份与恢复的策略和过程。

9.1 备份与恢复概述

9.1.1 备份与恢复需求分析

数据库中的数据丢失或被破坏的可能原因如下。

(1) 计算机硬件故障。由于使用不当或产品质量等原因，计算机硬件可能会出现故障，不能使用。如硬盘损坏会使得存储于其上的数据丢失。

(2) 软件故障。由于软件设计上的失误或用户使用的不当，软件系统可能会误操作数据引起数据破坏。

(3) 病毒。破坏性病毒会破坏系统软件、硬件和数据。

(4) 误操作。如用户误使用了诸如 DELETE、UPDATE 等命令而引起数据丢失或被破坏。

(5) 自然灾害。如火灾、洪水或地震等，它们会造成极大的破坏，会毁坏计算机系统及其数据。

(6) 盗窃。一些重要数据可能会遭窃。

因此，必须制作数据库的复本，即进行数据库备份，以在数据库遭到破坏时能够修复数据库，即进行数据库恢复。数据库恢复就是把数据库从错误状态恢复到某一正确状态。

备份与恢复数据库也可以用于其他目的，如可以通过备份与恢复将数据库从一个服务器移动或复制到另一个服务器。

9.1.2 数据库备份的基本概念

SQL Server 2008 提供了多种备份方法，每种方法都有自己的特点。如何根据具体的应用状况选择合适的备份方法是很重要的。

设计备份策略的指导思想是：以最小的代价恢复数据。备份与恢复是互相联系的，备份策略与恢复应结合起来考虑。

1. 备份内容

数据库中数据的重要程度决定了数据恢复的必要性与重要性，也就决定了数据是否需要备份及如何备份。数据库需备份的内容可分为数据文件（分为主要数据文件和次要数据文件)和日志文件两部分。其中,数据文件中所存储的系统数据库是确保 SQL Server 2008 系统正常运行的重要依据,无疑,系统数据库必须完全备份。

2. 由谁做备份

在 SQL Server 2008 中,具有下列角色的成员可以做备份操作:

(1)固定的服务器角色 sysadmin(系统管理员);

(2)固定的数据库角色 db_owner(数据库所有者);

(3)固定的数据库角色 db_backupoperator(允许进行数据库备份的用户)。

除了以上三个角色之外,还可以通过授权允许其他角色进行数据库备份。

3. 备份介质

备份介质是指将数据库备份到的目标载体,即备份到何处。在 SQL Server 2008 中,允许使用两种类型的备份介质。

(1) 硬盘:最常用的备份介质,可以用于备份本地文件,也可以用于备份网络文件。

(2) 磁带:大容量的备份介质,仅可用于备份本地文件。

4. 何时备份

对于系统数据库和用户数据库,其备份时机是不同的。

1) 系统数据库

当系统数据库 master、msdb 和 model 中的任何一个被修改时,都要将其备份。

数据库 master 包含了 SQL Server 2008 系统有关数据库的全部信息,即它是"数据库的数据库",如果数据库 master 被损坏,那么 SQL Server 2008 可能无法启动,并且用户数据库可能无效。当数据库 master 被破坏而没有数据库 master 的备份时,就只能重建全部的系统数据库。若要重新生成数据库 master,只能使用 SQL Server 2008 的安装程序来恢复。

当修改了系统数据库 msdb 或 model 时,也必须对它们进行备份,以便在系统出现故障时恢复作业以及用户创建的数据库信息。

注意:不要备份数据库 tempdb,因为它不包含临时数据。

2) 用户数据库

当创建数据库或加载数据库时,应备份数据库。当为数据库创建索引时,应备份数据库,以便恢复时大大节省时间。

当清理了日志或执行了不记日志的 T-SQL 命令时,应备份数据库,这是因为若日志记录被清除或命令未记录在事务日志中,日志中将不包含数据库的活动记录,因此不能通过日志恢复数据。不记日志的命令有:

① BACKUP LOG WITH NO_LOG;

② WRITETEXT;

③ UPDATETEXT;

④ SELECT INTO;

⑤ 命令行实用程序;

⑥ BCP 命令。

5. 限制的操作

SQL Server 2008 在执行数据库备份的过程中,允许用户对数据库继续操作,但不允许用户在备份时执行下列操作：

(1) 创建或删除数据库文件；

(2) 创建索引；

(3) 不记日志的命令。

若系统正执行上述操作中的任何一种，这时试图进行备份，则备份进程不能执行。

6. 备份方法

数据库备份常用的两类方法是完全备份和差异备份。完全备份每次都备份整个数据库或事务日志，差异备份则只备份自上次备份以来发生过变化的数据库的数据。差异备份也称为增量备份。

SQL Server 2008 中有两种基本的备份：一是只备份数据库，二是备份数据库和事务日志。它们又都可以与完全备份或差异备份相结合。另外，当数据库很大时，也可以进行个别文件或文件组的备份，从而将数据库备份分割为多个较小的备份过程。这样就形成了以下四种备份方法。

1) 完全数据库备份

完全数据库备份这种方法按常规定期备份整个数据库，包括事务日志。当系统出现故障时，可以恢复到最近一次数据库备份时的状态，但自该备份后所提交的事务都将丢失。

完全数据库备份的主要优点是简单，备份是单一操作，可按一定的时间间隔预先设定，恢复时只需一个步骤就可以完成。

若数据库不大，或者数据库中的数据变化很少甚至是只读的，那么就可以对其进行全量数据库备份。

2) 数据库和事务日志备份

数据库和事务日志备份这种方法不需很频繁地定期进行数据库备份，而是在两次完全数据库备份期间，进行事务日志备份，所备份的事务日志记录了两次数据库备份之间所有的数据库活动记录。当系统出现故障时，能够恢复所有备份的事务，而只丢失未提交或提交但未执行完的事务。

执行恢复时，需要两步：首先恢复最近的完全数据库备份，然后恢复在该完全数据库备份以后的所有事务日志备份。

3) 差异备份

差异备份只备份自上次数据库备份后发生更改的部分数据库，它用来扩充完全数据库备份或数据库和事务日志备份方法。对于一个经常修改的数据库，采用差异备份策略可以减少备份时间和恢复时间。差异备份比全量备份工作量小而且备份速度快，对正在运行的系统影响也较小，因此可以更经常地备份。经常备份将降低丢失数据的风险。

使用差异备份方法，执行恢复时，若是数据库备份，则用最近的完全数据库备份和最近的差异数据库备份来恢复数据库；若是差异数据库和事务日志备份，则需用最近的完全数据库备份和最近的差异备份后的事务日志备份来恢复数据库。

4) 数据库文件或文件组备份

数据库文件或文件组备份这种方法只备份特定的数据库文件或文件组，同时还要定期备份事务日志，这样在恢复时可以只还原已损坏的文件，而不用还原数据库的其余部分，从而加快了恢复速度。

对于被分割在多个文件中的大型数据库，可以使用这种方法进行备份。例如，如果数据库由几个在物理上位于不同磁盘上的文件组成，当其中一个磁盘发生故障时，只需还原发生了故障的磁盘上的文件。数据库文件或文件组备份和还原操作必须与事务日志备份一起使用。

数据库文件或文件组备份能够更快地恢复已隔离的媒体故障，迅速还原被损坏的文件，在调度和媒体处理上具有更大的灵活性。

9.1.3 数据库恢复概念

数据库恢复就是当数据库出现故障时，将备份的数据库加载到系统，从而使数据库恢复到备份时的正确状态。

恢复是与备份相对应的系统维护和管理操作。系统进行恢复操作时，先进行一些系统安全性的检查，包括检查所要恢复的数据库是否存在、数据库是否变化以及数据库文件是否兼容等，然后根据所采用的数据库备份类型采取相应的恢复措施。

与备份操作相比，恢复操作较为复杂，因为它是在系统异常的情况下执行的操作。通常恢复要经过以下两个步骤。

1. 准备工作

数据库恢复的准备工作包括系统安全性检查和备份介质验证。

在进行恢复时，系统先执行安全性检查，重建数据库及其相关文件等操作，保证数据库安全恢复，这是数据库恢复必要的准备，可以防止错误的恢复操作。

例如，用不同的数据库备份或用不兼容的数据库备份信息覆盖某个已存在的数据库。当系统发现出现了以下情况时，恢复操作将不进行：

(1) 指定的要恢复的数据库已存在，但在备份文件中记录的数据库与其不同；

(2) 服务器上的数据库文件集与备份中的数据库文件集不一致；

(3) 未提供恢复数据库所需的所有文件或文件组。

安全性检查是系统在执行恢复操作时自动进行的。

恢复数据库时，要确保数据库的备份是有效的，即要验证备份介质，得到数据库备份的信息。这些信息包括：

- 备份文件或备份集名及描述信息；
- 所使用的备份介质类型(磁带或磁盘等)；
- 所使用的备份方法；
- 执行备份的日期和时间；
- 备份集的大小；
- 数据库文件及日志文件的逻辑和物理文件名；
- 备份文件的大小。

2. 执行恢复数据库的操作

可以使用图形化向导界面方式或 T-SQL 命令方式执行恢复数据库的操作。具体的恢复操作步骤将在后面章节进行详细的介绍。

 9.2 备份操作和备份命令

进行数据库备份时，首先必须创建用来存储备份的备份设备。备份设备可以是磁盘或磁带。备份设备分为命名备份设备(又称永久备份设备)和临时备份设备两类。创建备份设备后才能通

过图形化向导界面方式或 T-SQL 命令方式将需要备份的数据库备份到备份设备中。

9.2.1 创建备份设备

备份设备总是有一个物理名称，这个物理名称是操作系统访问物理设备时所使用的名称，但使用逻辑名称访问更加方便。要使用备份设备的逻辑名称进行备份，就必须先创建命名的备份设备，否则就只能使用物理名称访问备份设备。将可以使用逻辑名称访问的备份设备称为命名备份设备，而将只能使用物理名称访问的备份设备称为临时备份设备。

1. 创建命名备份设备

如果要使用备份设备的逻辑名称来引用备份设备，就必须在使用它之前创建命名备份设备。当希望所创建的备份设备能够重新使用或设置系统自动备份数据库时，就要使用命名备份设备。

若使用磁盘设备备份，那么备份设备实际上就是磁盘文件；若使用磁带设备备份，那么备份设备实际上就是一个或多个磁带。

创建该备份设备有两种方法：使用图形化向导界面方式或使用系统存储过程 sp_addumpdevice。

1）使用系统存储过程创建命名备份设备

执行系统存储过程 sp_addumpdevice 可以在磁盘或磁带上创建命名备份设备，也可以将数据定向到命名管道。

创建命名备份设备时，要注意以下几点。

(1) SQL Server 2008 将在系统数据库 master 的系统表 sysdevice 中创建该命名备份设备的物理名称和逻辑名称。

(2) 必须指定该命名备份设备的物理名称和逻辑名称，当在网络磁盘上创建命名备份设备时要说明网络磁盘文件的路径名。

语法格式：

```
sp_addumpdevice{@devtype= }'device_type',
{@logicalname=}'logical_name',
{@physicalname=}'physical_name'
```

说明：

device_type 指出介质类型，可以是 DISK 或 TAPE，DISK 表示硬盘文件，TAPE 表示是磁带设备；logical_name 和 physical_name 分别是逻辑名称和物理名称。

【例 9-1】 在本地硬盘上创建一个备份设备。

```
USE  master
GO
EXEC sp_addumpdevice 'disk','mybackupfile',
     'E:\mybackupfile.bak'
```

所创建的备份设备的逻辑名称是：mybackupfile。

所创建的备份设备的物理名称是：E:\mybackupfile. bak。

【例 9-2】 在磁带上创建一个备份设备。

```
USE  master
GO
EXEC sp_addumpdevice 'tape','tapebackupfile',' \\.\tape0'
```

2）使用对象资源管理器创建命名备份设备

在 SQL Server Management Studio 中创建备份设备，步骤如下。

启动 SQL Server Management Studio，在对象资源管理器窗口中展开“服务器对象”，选择“备份设备”，右击，在弹出的快捷菜单中选择“新建备份设备”菜单项（见图 9-1）。

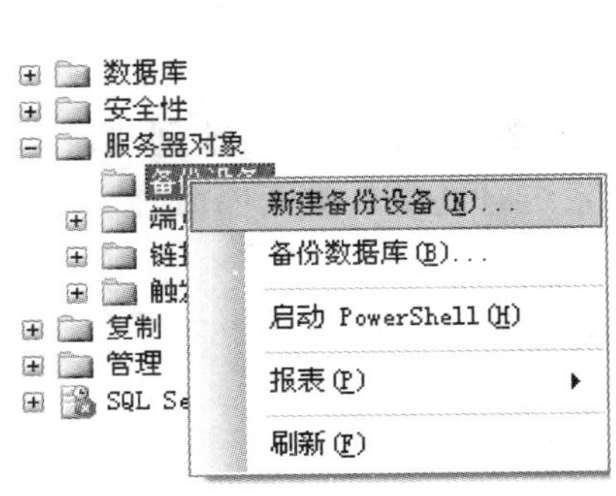

图 9-1　选择“新建备份设备”菜单项

图 9-2　“备份设备”对话框

在打开的“备份设备”对话框（见图 9-2）中分别输入备份设备的名称和完整的物理路径名，单击“确定”按钮，完成备份设备的创建。

当所创建的命名备份设备不再需要时，可用图形化向导界面方式或系统存储过程 sp_dropdevice 删除它。在 SQL Server Management Studio 中删除命名备份设备时，若被删除的命名备份设备是磁盘文件，那么不允许在其物理路径下用手工删除该文件。

用系统存储过程 sp_dropdevice 删除命名备份设备时，若被删除的命名备份设备的类型为磁盘，那么必须指定 DELFILE 选项。例如：

```
USE master
GO
EXEC sp_dropdevice 'mybackupfile',DELFILE
```

2．创建临时备份设备

临时备份设备，顾名思义，就是只做临时性存储之用，对这种设备只能使用物理名称来引用。如果不准备重用备份设备，那么就可以使用临时备份设备。

例如，如果只要进行数据库的一次性备份或测试自动备份操作，那么就用临时备份设备。

创建临时备份设备时，要指定介质类型（磁盘、磁带）、完整的路径名及文件名称。可使用 T-SQL 的 BACKUP DATABASE 语句创建临时备份设备。对使用临时备份设备进行的备份，SQL Server 2008 系统将创建临时文件来存储备份的结果。

语法格式：

```
BACKUP DATABASE { database_name | @database_name_var }
  TO < backup_file> [,…n ]
```

其中：

```
< backup_file> ::=
{ backup_file_name | @backup_file_name_evar } |
  { DISK | TAPE }={ temp_file_name | @temp_file_name_evar }
```

说明：

database_name 是被备份的数据库名，DISK|TAPE 为介质类型。

【例 9-3】 在磁盘上创建一个临时备份设备，它用来备份数据库 PXSCJ。

```
USE master
GO
BACKUP DATABASE PXSCJ TO DISK='E:\tmppxscj.ba'
```

3. 使用多个备份设备

SQL Server 可以同时向多个备份设备写入数据，即进行并行的备份。并行备份将需备份的数据分别备份在多个设备上，这多个备份设备构成了备份集。图 9-3 显示了在多个备份设备上进行备份以及由备份的各组成部分形成备份集。

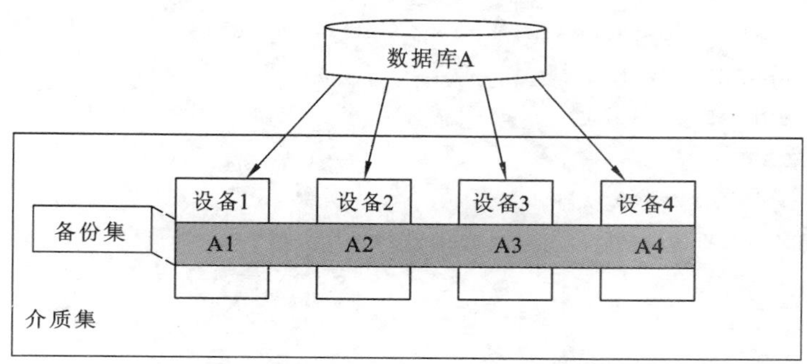

图 9-3　使用多个备份设备及备份集

使用并行备份可以减少备份操作的时间。例如，使用三个磁盘设备进行并行备份比只用一个磁盘设备进行备份，在正常情况下可以减少三分之二的时间。

用多个备份设备进行并行备份时，要注意：

(1) 设备备份操作使用的所有设备必须具有相同的介质类型；

(2) 多设备备份操作使用的设备其存储容量和运行速度可以不同；

(3) 可以使用命名备份设备与临时备份设备的组合；

(4) 从多设备备份恢复时，不必使用与备份时相同数量的设备。

9.2.2　备份命令

规划了备份的策略，确定了备份设备后，就可以执行实际的备份操作了。可以使用 SQL Server 2008 中的对象资源管理器、备份向导或 T-SQL 命令执行备份操作。

本小节讨论 T-SQL 提供的备份命令 BACKUP，该语句用于备份整个数据库、差异备份数据库、备份数据库文件或文件组，以及备份、清除事务日志。

1. 备份整个数据库

语法格式：

```
BACKUP DATABASE{ database_name |@database_name_var}
{
TO< backup_device> [,… n]
  [[MIRROR TO< backup_device> [,… n]][… nexT-mirror]]
[WITH
[BLOCKSIZE={blocksize|@blocksize_variable}]
[[,]{CHECKSUM|NO_CHECKSUM}]
[[,]{STOP_ON_ERROR|CONTINUE_AFTER_ERROR}]
```

```
[[,]DESCRIPTION={'text'|@text_variable}]
[[,]DIFFERENTIAL]
[[,]EXPIREDATE={date|@date_var}
|RETAINDAYS={days|@days_var}]
[[,]PASSWORD={password|@password_variable}]
[[,]{FORMAT|NOFORMAT}]
[[,]{INIT|NOINIT}]
[[,]{NOSKIP|SKIP}]
[[,]MEDIADESCRIPTION={'text'|@text_variable}]
[[,]MEDIANAME={media_name|@media_name_variable}]
[[,]MEDIAPASSWORD={mediapassword|@mediapassword_variable}]
[[,]NAME={backup_set_name|@backup_set_name_var}]
[[,]{NOREWIND|REWIND}]
[[,]{NOUNLOAD|UNLOAD}]
[[,]RESTART]
[[,]STATS[=percentage]]
[[,]COPY_ONLY]
]
}
```

说明：

- database_name：将名为 database_name 的数据库备份到指定的备份设备。其中参数 database_name 指定了一个数据库，表示从该数据库中对事务日志和完整的数据进行备份。

如果要备份的数据库以变量(@database_name_var)提供，则可将该名称指定为字符串变量(@database_name_var=database name)或字符串数据类型(ntext 和 text 数据类型除外)的变量。

- TO 子句表示伴随的备份设备组是一个非镜像媒体集，或者镜像媒体集中的镜像之一(如果声明一个或多个 MIRROR TO 子句)。
- backup_device：指定备份操作时要使用的逻辑备份设备或物理备份设备，最多可指定 64 个备份设备。backup_device 可以是下列一种或多种形式。

格式一：

```
{logical_backup_device_name}|{@logical_backup_device_name_var}
```

这是由系统存储过程 sp_addumpdevice 创建的备份设备的逻辑名称，数据库将备份到该设备中，其名称必须遵守标识符规则。

如果将其作为变量(@logical_backup_device_name_var)提供，则可将该备份设备名称指定为字符串常量(@logical_backup_device_name_var=logical backup device name)或字符串数据类型(ntext 和 text 数据类型除外)的变量。

格式二：

```
{DISK|TAPE}='physical_backup_device_name'|@physical_backup_device_name_var
```

这种格式允许在指定的磁盘或磁带设备上创建备份。在执行 BACKUP 语句之前不必创建指定的物理设备。如果指定的备份设备已存在且 BACKUP 语句中没有指定 INIT 选项，则备份将追加到该设备。

当指定 TO DISK 或 TO TAPE 时，必须输入完整的路径名和文件名。

例如，DISK='C:\Program File\Microsoft SQL Server\MSSQL.1\MSSQL\Backup'或TAPE='\\.\TAPE0'。

对于备份到磁盘的情况，如果输入一个相对路径名，备份文件将存储到默认的备份目录中。当指定多个文件时，可以混合逻辑文件名（或变量）和物理文件名（或变量）。但是，所有的设备都必须为同一类型（磁盘或磁带）。

- MIRROR TO 子句：表示备份设备组是包含二至四个镜像服务器的镜像媒体集中的一个镜像。若要指定镜像媒体集，就针对第一个镜像服务器设备使用 TO 子句，后跟最多三个 MIRROR TO 子句。备份设备必须在类型和数量上等同于 TO 子句中指定的设备。在镜像媒体集中，所有的备份设备必须具有相同的属性。
- WITH 子句：上面的 BACKUP 语句可以使用 WITH 子句附加一些选项，它们对使用对象资源管理器或备份向导进行备份操作也适用。下面是选项的说明。

(1) BLOCKSIZE 选项：用字节数来指定物理块的大小。通常，无须使用该选项，因为 BACKUP 会自动选择适于磁盘或磁带设备的大小。

(2) CHECKSUM 或 NO_CHECKSUM 选项：CHECKSUM 表示使用备份校验和，NO_CHECKSUM 则是显式禁用备份校验和的生成。默认为 NO_CHECKSUM。

(3) STOP_ON_ERROR 或 CONTINUE_AFTER_ERROR 选项：STOP_ON_ERROR 表示如果未验证校验和，则只是 BACKUP 失败；CONTINUE_AFTER_ERROR 表示指示 BACKUP 继续执行，不管是否遇到无效校验和之类的错误。默认为 STOP_ON_ERROR。

(4) DESCRIPTION 选项：指定说明备份集的自由格式文本。

(5) DIFFERENTIAL 选项：指定数据库备份或文件备份应该只包含上次完整备份后更改的数据库或文件部分。这个选项用于差异备份。

(6) EXPIREDATE 或 RETAINDAYS 选项：EXPIREDATE 选项指定备份集到期和允许被重写的日期。如果该日期以变量（@date_var）提供，则可以将该日期指定为字符串常量（@date_var=date）、字符串数据类型变量（ntext 和 text 数据类型除外）、smalldatetime 或者 datetime 变量，并且该日期必须符合已配置的系统 datetime 格式。RETAINDAYS 选项指定必须经过多少天才可以重写该备份媒体集。若使用变量（@day_var）来指定，则该变量必须为整型。

(7) PASSWORD 选项：PASSWORD 选项为备份集设置密码，它是一个字符串。如果为备份集定义了密码，必须提供这个密码才能对该备份集执行恢复操作。

(8) FORMAT 选项：使用 FORMAT 选项即格式化介质，可以覆盖备份设备上的所有内容，并且将介质集拆分开来。使用 FORMAT 选项时，系统执行以下操作：

① 将新的标头信息写入本次备份操作所涉及的所有备份设备；

② 覆盖包括介质标头信息和介质上的所有数据在内的内容。

因此，要特别小心使用 FORMAT 选项。因为只要格式化介质集中的一个备份设备就会使该介质集不可用，而且系统执行 FORMAT 选项时不进行介质名检查，所以可能会改变已有设备的介质名，且不发出警告。所以，若指定错了备份设备，将破坏该设备上的所有内容。NOFORMAT 则指定不应该将媒体标头写入用于此备份操作的所有卷，这是默认行为。

(9) INIT 或 NOINIT 选项：进行数据库备份时，可以覆盖备份设备上的已有数据，也可以在已有数据之后进行追加备份。NOINIT 选项指定追加备份集到已有的备份设备的数据之后，它是备份的默认方式。INIT 选项则指定备份为覆盖式的，在此选项下，SQL Server

2008 将只保留介质的标头，而从备份设备的开始写入备份集数据，因此将覆盖备份设备上已有的数据。

若出现下列情况之一，覆盖式备份将不能正常进行：

① 对备份设备上的备份集指定了 EXPIREDATE(失效期)，而实际尚未到达失效期；

② 若使用了 MEDIANAME 选项，而给出的 media_name 参数值与备份设备的介质名不相符；

③ 试图覆盖已有介质集的一个成员，因为此操作将使介质集的其他成员的数据无效。

(10) SKIP 与 NOSKIP 选项：若使用 SKIP，禁用备份集的过期检查和名称检查，这些检查一般由 BACKUP 语句执行以防覆盖备份集。若使用 NOSKIP，则 SQL Server 将指示 BACKUP 语句在可以覆盖媒体上的所有备份集之前先检查它们的过期日期，这是默认值。

(11) MEDIADESCRIPTION 选项：指定媒体集的自由格式文本说明，最多为 225 个字符。

(12) MEDIANAME 选项：备份时，可用 BACKUP 语句的 MEDIANAME 选项指定介质集的名称，或在对象资源管理器中备份数据库功能选项中的媒体集名称输入框中输入介质集的名称。

所谓介质集是指保存一个或多个备份集的备份设备的集合，它可以是一个备份设备，也可以是多个备份设备。如果多备份介质集中的备份设备是磁盘设备，那么每个备份设备实际上就是一个文件。如果多备份介质集中的备份设备是磁带设备，那么每个备份设备实际上是由一个或多个磁带组成的。

使用介质集时，要注意：

① 如果指定多个备份设备作为介质集的成员，必须总是同时使用这些备份设备；

② 不能只用介质集的一个成员进行备份操作；

③ 如果重新格式化介质集的一个成员，那么介质集中的其他成员包含的数据将无效且介质将不可用。

当为介质集指定名称时，若备份设备正在进行格式化，则该名称就被写入介质的标头；若备份设备已经格式化，则系统将检查备份设备的名称是否与给定的介质名相符，以保证正确使用备份设备。

BACKUP 语句中指定的介质名可达 128 个字符，而对象资源管理器的 Media Name 选项指定介质集的名称可达 64 个字符。

MEDIAPASSWORD 选项用于为媒体集设置密码。

(13) REWIND 与 NOREWIND 选项：只用于磁带设备，NOREWIND 选项指定 SQL Server 在备份操作完成后使磁带保持打开。REWIND 选项指定 SQL Server 将释放磁带和倒带。如果 NOREWIND 和 REWIND 均未指定，则默认设置为 REWIND。

(14) UNLOAD 与 NOUNLOAD 选项：使用 UNLOAD 选项，将使系统在备份完成后自动从磁带驱动器倒带并卸载磁带，这是 SQL Server 的默认值。而若不希望系统在备份完成后自动从磁带驱动器倒带并卸载磁带，则要使用 NOUNLOAD 选项。

注意：这两个选项其中之一被设定后，其设置值一直保持到用另一个选项改变为止。

(15) RESTART 选项：这个选项已经无效，只是为了和 SQL Server 早期的版本兼容而接受此选项。

(16) STATS 选项：指定百分比的近似值，例如，当 STATS＝10 时，如果完成进度为 40%，则该选项可能显示 43%。

每当另一个 percentage 结束时就显示一条消息，它被用于测量进度。如果省略 percentage，则 SQL Server 在每完成 10%后就显示一条消息。

(17) COPY_ONLY 选项：指定此备份不影响正常的备份序列。

使用对象资源管理器查看备份设备的内容，步骤如下。

在对象资源管理器窗口中依次展开“服务器对象”“备份设备”，选定要查看的备份设备，右击，在弹出的快捷菜单中选择“属性”菜单项，在打开的备份设备对话框中显示所要查看的备份设备的内容。

以下是一些使用 BACKUP 语句进行完全数据库备份的例子。

【例 9-4】 使用逻辑名称 test1 在 E 盘中创建一个命名备份设备，并将数据库 PXSCJ 完全备份到该设备中。

```
USE master
GO
EXEC sp_addumpdevice 'disk','test1','E:\test1.bak'
BACKUP DATABASE PXSCJ TO test1
```

执行结果如图 9-4 所示。

以下语句将数据库 PXSCJ 完全数据库备份到备份设备 test1 上，并覆盖该设备上原有的内容。

```
BACKUP DATABASE PXSCJ TO test1 WITH INIT
```

以下语句将数据库 PXSCJ 备份到备份设备 test1 上，执行追加的完全数据库备份，该设备上原有的备份内容都被保存。

```
BACKUP DATABASE PXSCJ TO test1 WITH NOINIT
```

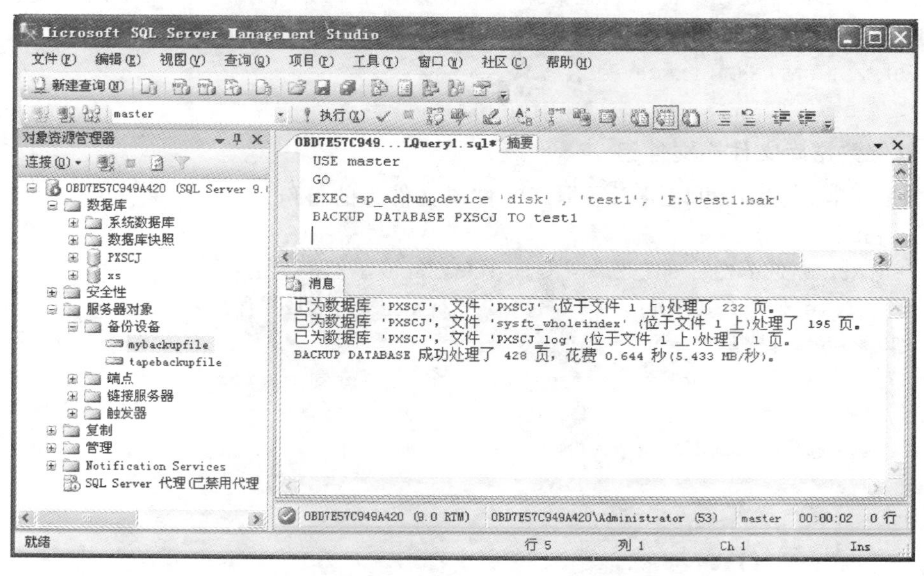

图 9-4 执行结果(例 9-4)

【例 9-5】 将数据库 PXSCJ 备份到多个备份设备上。

```
USE master
GO
EXEC sp_addumpdevice 'disk','test2','E:\text2.bak'
EXEC sp_addumpdevice 'disk','test3','E:\test3.bak'
BACKUP DATABASE PXSCJ TO test2,test3
WITH NAME='pxscjbk'
```

2. 差异备份数据库

对于需频繁修改的数据库，进行差异备份可以缩短备份和恢复的时间。只有当已经执行了完全数据库备份后才能执行差异备份。

语法格式：

```
BACKUP DATABASE { database_name | @database_name_var }
TO < backup_device> [,…n ]
[ [ MIRROR TO < backup_device> [,…n ] ] [ …nexT-mirror ] ]
[ WITH
    [ [,] DIFFERENTIAL ]
    /*其余选项与数据库的完全备份相同*/
]
```

说明：

DIFFERENTIAL 选项是表示差异备份的关键字。BACKUP 语句其余项的功能与数据库完全备份的 BACKUP 相同。

SQL Server 执行差异备份时需注意下列几点：

(1) 若在上次完全数据库备份后，数据库的某行被修改了，则执行差异备份只保存最后依次改动的值；

(2) 为了使差异备份设备与完全数据库备份设备能区分开来，应使用不同的设备名。

【例 9-6】 创建临时备份设备并在所创建的临时备份设备上进行差异备份。

```
BACKUP DATABASE PXSCJ  TO
    DISK='E:\pxscjbk.bak'  WITH DIFFERENTIAL
```

3. 备份数据库文件或文件组

当数据库非常大时，可以进行数据库文件或文件组的备份。

语法格式：

```
BACKUP DATABASE { database_name | @database_name_var }
  < file_or_filegroup> [,…n]        /*指定文件名或文件组名*/
TO < backup_device> [,…n ]
[ [ MIRROR TO < backup_device> [,…n ] ] [ …nexT-mirror ] ]
[ WITH
    /*选项与数据库的完全备份相同*/
]
```

其中：

```
< file_or_filegroup> ::=
  {
      FILE= { logical_file_name | @logical_file_name_var }
    | FILEGROUP= { logical_filegroup_name | @logical_filegroup_name_var }
    | READ_WRITE_FILEGROUPS
  }
```

说明：

该语句将参数 file_or_filegroup 指定的数据库文件或文件组备份到由参数 backup_device 指定的备份设备上。

FILE={logical_file_name|@logical_file_name_var}用于给一个或多个包含在数据库备份中的文件命名。

FILEGROUP={logical_filegroup_name|@logical_filegroup_name_var}用于给一个或多个包含在数据库备份中的文件组命名。

注意：必须先通过使用 BACKUP LOG 将事务日志单独备份，才能使用文件和文件组备份来恢复数据库。

该语句的其他选项的含义与备份数据库的 BACKUP 语句的选项是完全相同的，在此不再赘述。

使用数据库文件或文件组备份时，要注意以下几点：

(1) 必须指定文件或文件组的逻辑名；

(2) 必须执行事务日志备份，以确保恢复后的文件与数据库的其他部分的一致性；

(3) 应轮流备份数据库中的文件或文件组，以使数据库中的所有文件或文件组都定期得到备份；

(4) 最多可以指定 16 个文件或文件组。

【例 9-7】 设 TT 数据库有 2 个数据文件 t1 和 t2，事务日志存储在文件 tlog 中。将文件 t1 备份到备份设备 t1backup 中，将事务日志文件备份到 tbackuplog 中。

```
EXEC sp_addumpdevice 'disk',  't1backup',  'E:\t1backup.bak'
EXEC sp_addumpdevice 'disk',  'tbackuplog',  'E:\tbackuplog.bak'
GO
BACKUP DATABASE TT
    FILE='t1'  TO  t1backup
BACKUP LOG TT TO  tbackuplog
```

本例中的语句 BACKUP LOG 的作用是备份事务日志。

4. 事务日志备份

备份事务日志用于记录前一次的数据库备份或事务日志备份后数据库所做出的改变。事务日志备份需在一次完全数据库备份后进行，这样才能将事务日志文件与数据库备份一起用于恢复。当进行事务日志备份时，系统进行下列操作。

(1) 将事务日志中从前一次成功备份结束位置开始到当前事务日志的结尾处的内容进行备份。

(2) 标识事务日志中活动部分的开始，所谓事务日志的活动部分指从最近的检查点或最早的打开位置开始至事务日志的结尾处。

进行事务日志备份使用 BACKUP LOG 语句。

语法格式：

```
BACKUP  LOG { database_name |@database_name_var}
{
TO < backup_device> [,…n]
  [[MIRROR TO< backup_device> [,…n]][…nexT-mirror]]
[WITH
```

```
[BLOCKSIZE= {blocksize|@blocksize_variable}]
[[,]{CHECKSUM|NO_CHECKSUM}]
[[,]{STOP_ON_ERROR|CONTINUE_AFTER_ERROR}]
[[,]DESCRIPTION= {'text'|@text_variable}]
[[,]DIFFERENTIAL]
[[,]EXPIREDATE= {date|@date_var}
|RETAINDAYS= {days|@days_var}]
[[,]PASSWORD= {password|@password_variable}]
[[,]{FORMAT|NOFORMAT}]
[[,]{INIT|NOINIT}]
[[,]{NOSKIP|SKIP}]
[[,]MEDIADESCRIPTION= {'text'|@text_variable}]
[[,]MEDIANAME= {media_name|@media_name_variable}]
[[,]MEDIAPASSWORD= {mediapassword|@mediapassword_variable}]
[[,]NAME= {backup_set_name|@backup_set_name_var}]
[[,]NO_TRUNCATE]
[[,]{NORECOVERY|STANDBY= undo_file_name}]
[[,]{NOREWIND|REWIND}]
[[,]{NOUNLOAD|UNLOAD}]
[[,]RESTART]
[[,]STATS[= percentage]]
[[,]COPY_ONLY]
}
```

说明：

- BACKUP LOG 语句指定只备份事务日志，所备份的日志内容是从上一次成功执行了事务日志备份之后到当前事务日志的末尾。该语句的大部分选项的含义与 BACKUP DATABASE 语句中同名选项的含义是相同的。下面讨论三个专用于事务日志备份的选项。
- NO_TRUNCATE 选项：若数据库被破坏，则应使用 NO_TRUNCATE 选项备份数据库。使用该选项可以备份最近的所有数据库活动，SQL Server 将保存整个事务日志。使用此选项进行数据库备份，当执行恢复时，可以恢复数据库和采用了 NO_TRUNCATE 选项创建的事务日志。
- NORECOVERY 选项：该选项将数据备份到日志尾部，不覆盖原有的数据。
- STANDBY 选项：该选项将备份日志尾部，并使数据库处于只读或备用模式。其中的 undo_file_name 是要撤消的文件名，该文件名指定了容纳回滚（roll back）更改的存储，如果随后执行 RESTORE LOG 操作，则必须撤消这些回滚更改。如果指定的撤消文件名不存在，SQL Server 将创建该文件。如果该文件已存在，则 SQL Server 将重写它。

【例 9-8】 创建一个命名的备份设备 PXSCJLOGBK，并备份数据库 PXSCJ 的事务日志。

```
USE master
GO
EXEC sp_addumpdevice 'disk','PXSCJLOGBK','E:\testlog.bak'
BACKUP LOG PXSCJ TO PXSCJLOGBK
```

该语句的执行结果如图 9-5 所示。

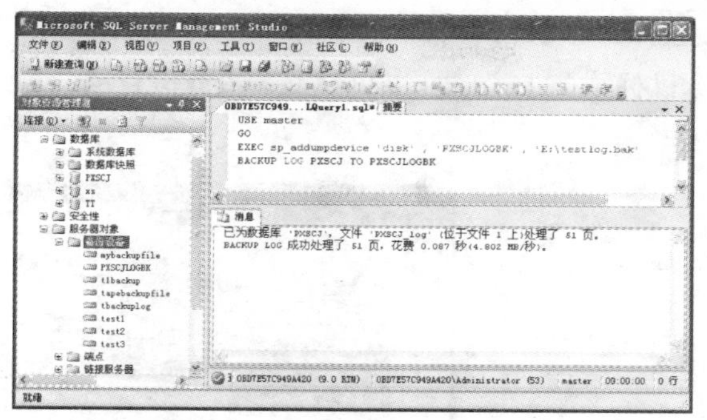

图 9-5　执行结果(例 9-8)

5. 清除事务日志

在创建数据库时,为事务日志分配了一定的存储空间,对该数据库的操作都记录在事务日志中。如果事务日志满了,那么用户就不能修改数据库,并且不能完全恢复系统故障时的数据库,因此,应经常备份事务日志,然后清除事务日志已有内容,使其保持合适的大小。

清除事务日志使用如下语句。

语法格式:

```
BACKUP LOG { database_name | @database_name_var }
{ [ WITH  { NO_LOG | TRUNCATE_ONLY } ] }
```

清除事务日志语句中,由于并不进行事务日志备份,因此不指定备份设备。其中:

(1) database_name 或@database_name_var 指出数据库名;

(2) 使用 TRUNCATE_ONLY 选项,SQL Server 系统将删除事务日志中不活动部分的内容,而不进行任何备份,因此可以释放事务日志所占用的部分磁盘空间。NO_LOG 选项与 TRUNCATE_ONLY 是同义的。

执行带有 NO_LOG 或 TRUNCATE_ONLY 选项的 BACKUP LOG 语句后,记录在日志中的更改将不可恢复。因此执行该语句后,应立即执行 BACKUP DATABASE 语句,进行数据库备份。

以下语句将清除数据库 PXSCJ 的事务日志:

```
BACKUP LOG PXSCJ WITH TRUNCATE_ONLY
```

9.2.3　使用对象资源管理器进行备份

除了使用 BACKUP 语句进行备份外,还可以使用对象资源管理器进行备份操作。

以备份数据库 PXSCJ 为例,在备份之前先在 E 盘根目录下创建一个备份设备,名称为 PXSCJBK,备份设备的文件名为 pxscjbk.bak。

在 SQL Server Management Studio 中进行备份的步骤如下。

第 1 步,启动 SQL Server Management Studio,在对象资源管理器窗口中选择"管理",右击,如图 9-6 所示,在弹出的快捷菜单中选择"备份"菜单项。

第 2 步,在打开的备份数据库对话框(见图 9-7)中设置要备份的数据库名,如 PXSCJ;在"备份类型"栏选择备份的类型,有 3 种类型,即完整、差异、事务日志。

第 3 步,选择了数据库之后,该对话框最下方的"目标"栏中会列出与数据库 PXSCJ 相关的备份设备。可以单击"添加"按钮在"选择备份目标"对话框中选择另外的备份目标(即命名备份介质的名称或临时备份介质的位置),有两个选项:"文件名"和"备份设备"。选择

“文件名”，单击后面的[...]按钮，找到 E 盘的 pxscjbk.bak 文件，如图 9-8 所示，选择完后单击“确定”按钮，保存备份目标设置。当然，也可以选择“备份设备”选项，然后选择备份设备的逻辑名称来进行备份。

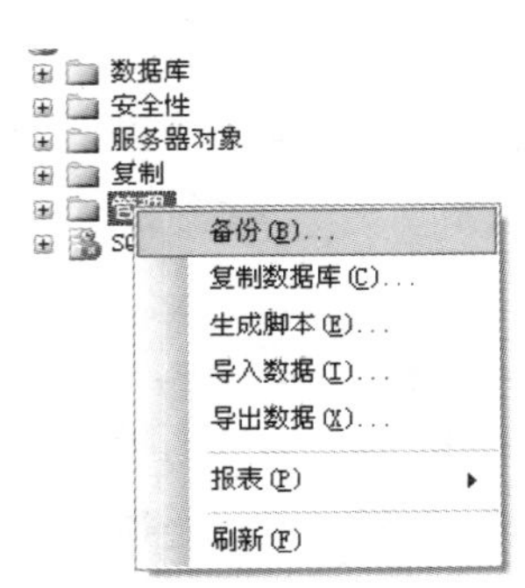

图 9-6　在对象资源管理器中选择“备份”菜单项

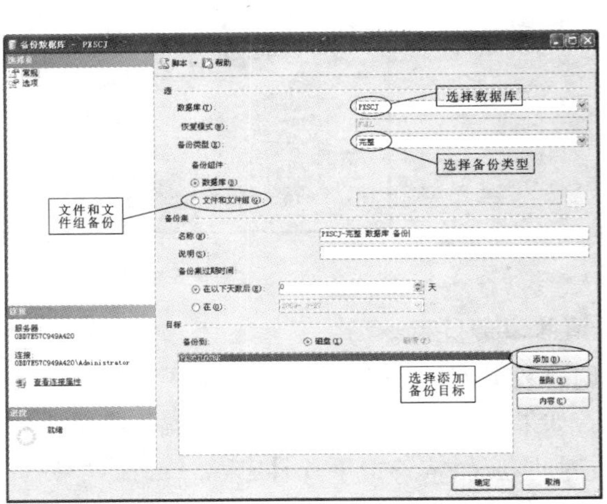

图 9-7　备份数据库对话框

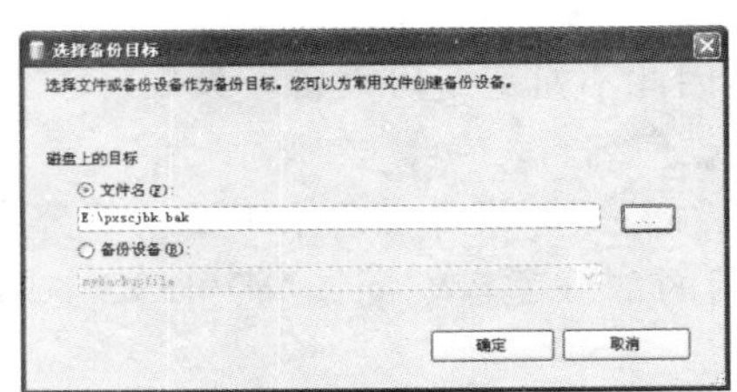

图 9-8　“选择备份目标”对话框

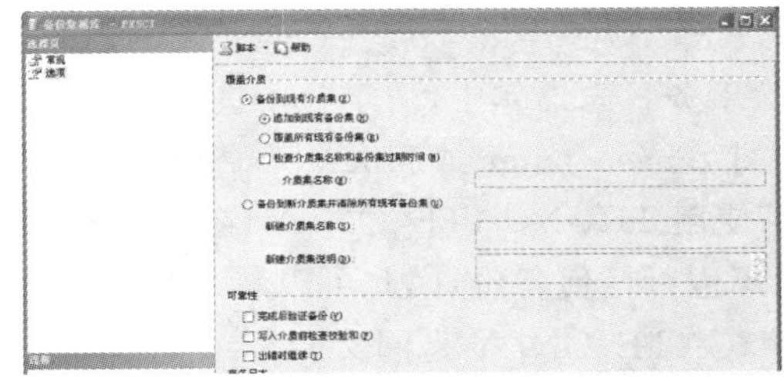

图 9-9　选择“备份到新介质集并清除所有现有备份集”

第 4 步，在备份数据库对话框中，将不需要的备份目标选择后单击“删除”按钮删除，最后备份目标选择为“E:\pxscjbk.bak”，单击“确定”按钮，执行备份操作。备份操作完成后，将出现提示对话框，单击“确定”按钮，完成所有步骤。

在对象资源管理器中进行备份，也可以将数据库备份到多个备份介质中，只需在选择备份介质时，多次使用“添加”按钮进行选择，指定多个备份介质。然后单击备份数据库对话框左边的“选项”选择页，选择“备份到新介质集并清除所有现有备份集”(见图 9-9)，单击“确定”按钮。

9.3　恢复操作和恢复命令

恢复是与备份相对应的操作，备份的主要目的是在系统出现异常情况(如硬件失败、系统软件瘫痪或误操作而删除了重要数据等)时将数据库恢复到某个正常的状态。

9.3.1　检查点

先了解一下与数据库恢复操作关系密切的一个概念检查点(check point)。在 SQL Server 运行过程中，数据库的大部分页存储于磁盘的主数据文件和辅数据文件中，而正被使用的数据页则存储在主存储器的缓冲区中，所有对数据库的修改都被记录在事务日志中。日志记录每个事务的开始和结束，并将每个修改与一个事务相关联。

SQL Server 系统在日志中存储有关信息，以便在需要时可以恢复（前滚）或撤消（回滚）构成事务的数据修改。日志中的每条记录都由一个唯一的日志序号（LSN）标识，事务的所有日志记录都链接在一起。

SQL Server 系统并不是立即将被修改过的数据缓冲区的内容写回磁盘，而是控制写入磁盘的时间，它将在缓冲区内修改过的数据页存入高速缓存一段时间后再写入磁盘，从而实现磁盘写入的优化。将包含被修改过但尚未写入磁盘的缓冲区页称为脏页，将脏缓冲区页写入磁盘称为刷新页。对被修改过的数据页进行高速缓存时，要确保在将相应的内存日志映像写入日志文件之前没有刷新任何数据修改，否则将不能在需要时进行回滚。

为了保证能恢复所有对数据页的修改，SQL Server 采用预写日志的方法，即将所有内存日志映像都在相应的数据修改前写入磁盘。只要所有日志记录都已刷新到磁盘，则即使在被修改的数据页未被刷新到磁盘的情况下，系统也能够恢复。这时系统恢复可以只使用日志记录，进行事务前滚或回滚，执行对数据页的修改。

SQL Server 系统定期将所有脏日志和数据页刷新到磁盘，这就称为检查点。检查点从当前数据库的高速缓冲存储器中刷新脏数据和日志页，以尽量减少在恢复时必须前滚的修改量。

SQL Server 恢复机制能够通过检查点在检查事务日志时保证数据库的一致性，在对事务日志进行检查时，系统将从最后一个检查点开始检查事务日志，以发现数据库中所有数据的改变，若发现有尚未写入数据库的事务，则将它们对数据库的改变写入数据库。

9.3.2 数据库的恢复命令

SQL Server 进行数据库恢复时，将自动执行下列操作以确保数据库迅速而完整地还原。

（1）进行安全检查。安全检查是系统的内部机制，是数据库恢复时的必要操作，它可以防止由于偶然的误操作而使用了不完整的信息或其他数据库备份来覆盖现有的数据库。

当出现以下几种情况时，系统将不能恢复数据库：

使用与被恢复的数据库名称不同的数据库名去恢复数据库；

服务器上的数据库文件组与备份的数据库文件组不同；

需恢复的数据库名或文件名与备份的数据库名或文件名不同，例如，当试图将 northwind 数据库恢复到名为 accounting 的数据库中，而 accounting 数据库已经存在，那么 SQL Server 将拒绝此恢复过程。

（2）重建数据库。当从完全数据库备份中恢复数据库时，SQL Server 将重建数据库文件，并把所重建的数据库文件置于备份数据库时这些文件所在的位置，所有的数据库对象都将自动重建，用户无须重建数据库的结构。

在 SQL Server 中，恢复数据库的语句是 RESTORE。

1. 恢复数据库的准备

在进行数据库恢复之前，RESTORE 语句要校验有关备份集或备份介质的信息，其目的是确保数据库备份介质是有效的。有两种方法可以得到有关数据库备份介质的信息。

1）使用图形化向导界面方式查看所有备份介质的属性

启动 SQL Server Management Studio，在对象资源管理器窗口中展开“服务器对象”，在其中的“备份设备”里面选择欲查看的备份介质，右击，如图 9-10 所示，在弹出的快捷菜单中选择“属性”菜单项。

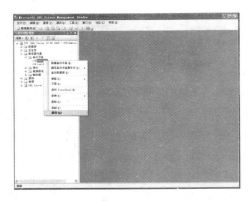

图 9-10　查看备份介质的属性

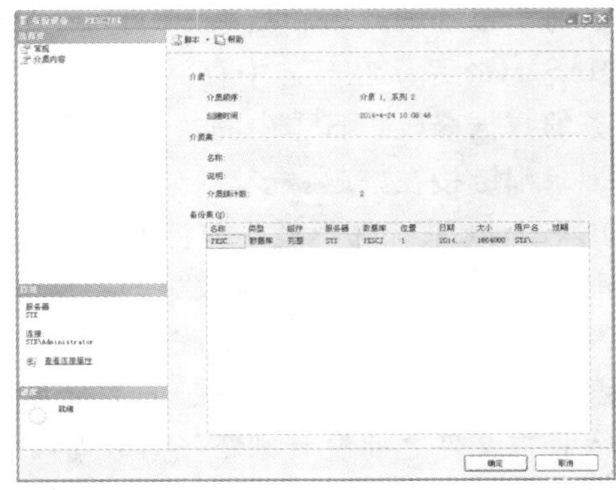

图 9-11　查看备份介质的内容并显示备份介质的信息

在打开的“备份设备-PXSCJBK”对话框中单击“介质内容”选择页，如图 9-11 所示，将显示所选备份介质的有关信息，例如备份介质所在的服务器名、备份数据库名、备份类型、备份日期及大小等信息。

2）使用 T-SQL 命令

使用 RESTORE HEADONLY、RESTORE FILELISTONLY、RESTORE LABEL ONLY 等语句可以得到有关备份介质更详细的信息。

例如，RESTORE HEADERONLY 语句的执行结果是在特定的备份设备上检索所有备份集的所有备份首部信息。

语法格式：

```
RESTORE HEADERONLY
FROM < backup_device>          /*指定还原时要使用的逻辑或物理备份设备*/
[ WITH
    [ { CHECKSUM | NO_CHECKSUM } ]
    [ [,] { CONTINUE_AFTER_ERROR | STOP_ON_ERROR } ]
    [ [,] FILE= file_number ]
    [ [,] MEDIANAME= { media_name | @media_name_variable } ]
    [ [,] MEDIAPASSWORD= { mediapassword |
        @mediapassword_variable } ]
    [ [,] PASSWORD= { password | @password_variable } ]
    [ [,] REWIND ]
    [  [,] { UNLOAD | NOUNLOAD } ]
]
[;]
```

使用 RESTORE FILELISTONLY 语句可获得备份集内包含的数据库和日志文件列表组成的结果集的信息。使用 RESTORE LABELONLY 语句可获得由有关给定备份设备所标识的备份介质的信息组成的结果集信息。使用 RESTORE VERIFYONLY 语句可以检查备份集是否完整以及所有卷是否都可读。

2. 使用 RESTORE 语句进行数据库恢复

使用 RESTORE 语句可以恢复用 BACKUP 命令所做的各种类型的备份，但是需要引起注意的是：对于使用完全恢复模式或大容量日志恢复模式的数据库，大多数情况下，SQL Server 2008 要求先备份日志尾部，然后还原当前附加在服务器实例上的数据库。

尾日志备份可捕获尚未备份的日志(日志尾部),是恢复计划中的最后一个相关备份。除非 RESTORE 语句包含 WITH REPLACE 或 WITH STOPAT 子句,否则还原数据库而不先备份日志尾部将导致错误。

与正常日志备份相似,尾日志备份将捕获所有尚未备份的事务日志记录。但尾日志备份与正常日志备份在下列几个方面有所不同。

- 如果数据库损坏或离线,则可以尝试进行尾日志备份。仅当日志文件未损坏且数据库不包含任何大容量日志更改时,尾日志备份才会成功。如果数据库包含要备份的、在记录间隔期间执行的大容量日志更改,则仅在所有数据文件都存在且未损坏的情况下,尾日志备份才会成功。
- 尾日志备份可使用 COPY_ONLY 选项独立于定期日志备份进行创建。仅复制备份不会影响备份日志链。事务日志不会被尾日志备份截断,并且捕获的日志将包括在以后的正常日志备份中,这样就可以在不影响正常日志备份过程的情况下进行尾日志备份。
- 如果数据库损坏,尾日志可能会包含不完整的元数据,这是因为某些通常可用于日志备份的元数据在尾日志备份中可能会不可用。使用 CONTINUE_AFTER_ERROR 进行的日志备份可能会包含不完整的元数据,这是因为此选项将通知进行日志备份而不考虑数据库的状态。
- 创建尾日志备份时,也可以同时使数据库变为还原状态。使数据库离线可保证尾日志备份包含对数据库所做的所有更改并且随后不对数据库进行更改。当需要对某个文件执行离线还原以便与数据库匹配时,或按照计划故障转移到日志传送备用服务器并希望切换回来时,会用到此操作。

1) 恢复整个数据库

当存储数据库的物理介质被破坏,或整个数据库被误删除或被破坏时,就要恢复整个数据库。恢复整个数据库时,SQL Server 系统将重新创建数据库及与数据库相关的所有文件,并将文件存放在原来的位置。

语法格式:

```
RESTORE DATABASE{database_name|@database_name_var}
  [FROM< backup_device> [,…n]]
[WITH
[{CHECKSUM|NO_CHECKSUM}]
[[,]{CONTINUE_AFTER_ERROR|STOP_ON_ERROR}]
[[,]FILE= {file_number|@file_number}]
[[,]KEEP_REPLICATION]
[[,]MEDIANAME= {media_name|@media_name_variable}]
[[,]MEDIAPASSWORD= {mediapassword|@mediapassword_variable}]
[[,]MOVE'logical_file_name'TO'operating_system_file_name'][,…n]
[[,]PASSWORD= {password|@password_variable}]
[[,]{RECOVERY|NORECOVERY|STANDBY= {standby_file_name|@standby_file_name_
var}}]
[[,]REPLACE]
[[,]RESTART]
[[,]RESTRICTED_USER]
[[,]{REWIND|NOREWIND}]
[[,]STATS[= percentage]]
[[,]{STOPAT= {date_time|@date_time_var}
```

```
|STOPATMARK= {'mark_name'|'lsn_number'}[AFTER datetime]
|STOPBEFOREMARK= {'mark_name'|'lsn_number'}[AFTER datetime]
}]
[[,]{UNLOAD|NOUNLOAD}]
]
[;]
```

说明：

- FROM 子句：指定用于恢复的备份设备，如果省略 FROM 子句，则必须在 WITH 子句中指定 NORECOVERY、RECOVERY 或 STANDBY。
- FILE：标识要还原的备份集。例如，file_number 为 1 指示备份介质中的第一个备份集，file_number 为 2 指示备份介质中的第二个备份集。未指定时，默认值是 1。
- KEEP_REPLICATION：将复制设置为与日志传送一同使用时，需使用该选项。
- MOVE…TO 子句：SQL Server 2008 能够记忆原文件备份时的存储位置，因此如果备份了来自 C 盘的文件，恢复时 SQL Server 2008 会将其恢复到 C 盘。如果希望将备份 C 盘的文件恢复到 D 盘或其他地方，就要使用 MOVE…TO 子句，该选项指示应将给定的 logical_file_name 移动到 operating _system_file_name。
- RECOVERY|NORECOVERY|STANDBY：RECOVERY 指示还原操作回滚任何未提交的事务；NORECOVERY 指示还原操作不回滚任何未提交的事务；STANDBY 指定一个允许撤消恢复效果的备用文件。默认为 RECOVERY。
- REPLACE：如果已经存在相同名称的数据库，恢复时指定该选项时备份的数据库将会覆盖现有的数据库。
- RESTART：指定应该重新启动被中断的还原操作。
- RESTRICTED_USER：限制只有 db_owner、dbcreator 或 sysadmin 角色的成员才能访问新近还原的数据库。
- STOPAT|STOPATMARK|STOPBEFOREMARK：STOPAT 指定将数据库还原到它在 datatime 或@datatime_var 参数指定的日期和时间时的状态；STOPATMARK 指定恢复为已标记的事务(mark_name)或日志序列号(lsn_number)；STOPBEFOREMARK 指定恢复为已标记的日志序列号，在恢复中不包括指定的事务。

其他选项的含义与之前介绍的 BACKUP 语句中相应同名选项的含义类似。

【例 9-9】 使用 RESTORE 语句从一个已存在的命名备份介质 PXSCJBK1(假设已经创建)中恢复整个数据库 PXSCJ。

首先使用 BACKUP 命令对数据库 PXSCJ 进行完全备份：

```
USE master
GO
BACKUP DATABASE PXSCJ
  TO PXSCJBK1
```


接着，在恢复数据库之前，用户可以对数据库 PXSCJ 做一些修改，例如删除其中一个表，以便确认是否恢复了数据库。

恢复数据库的命令如下：

```
RESTORE DATABASE PXSCJ
    FROM PXSCJBK1
    WITH  FILE= 1,REPLACE
```

执行结果如图 9-12 所示。

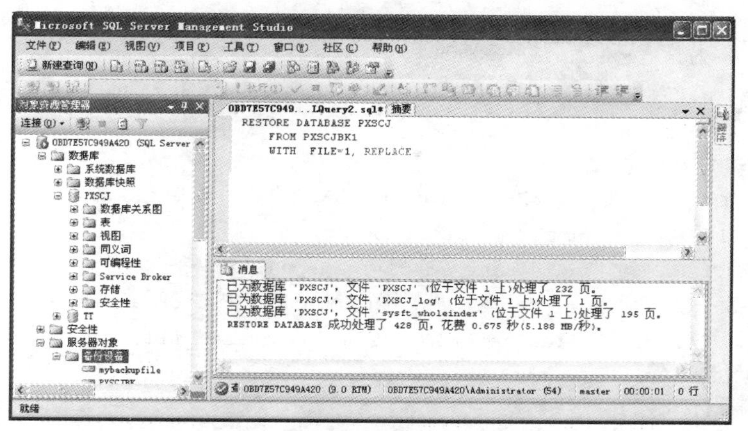

图 9-12　恢复整个数据库

说明:

命令执行成功后用户可查看数据库是否恢复。

注意:在恢复前需要打开备份设备的属性页,查看数据库备份在备份设备中的位置,如果备份的位置为 2,WITH 子句的 FILE 选项值就要设为 2。

2) 恢复数据库的部分内容

应用程序或用户的误操作如无效更新或误删表格等往往只影响到数据库的某些相对独立的部分。在这些情况下,SQL Server 提供了将数据库的部分内容还原到另一个位置的机制,以使损坏或丢失的数据可复制回原始数据库。

语法格式:

```
RESTORE DATABASE { database_name | @database_name_var }
  < files_or_filegroups> /*指定需恢复的逻辑文件或文件组的名称*/
[ FROM < backup_device> [ ,…n ] ]
[ WITH
      PARTIAL
  [ [,] { CHECKSUM | NO_CHECKSUM } ]
  [ [,] { CONTINUE_AFTER_ERROR | STOP_ON_ERROR } ]
  [ [,] FILE= { file_number | @file_number } ]
  [ [,] MEDIANAME= { media_name | @media_name_variable } ]
  /*其他的选项与恢复整个数据库的选项相同*/
]
[;]
```

说明:

恢复数据库部分内容时,在 WITH 关键字的后面要加上 PARTIAL 关键字,其他选项与恢复整个数据库的语法相同。

3) 恢复特定的文件或文件组

若某个或某些文件被破坏或被误删除,可以从文件或文件组备份中进行恢复,而不必进行整个数据库的恢复。

语法格式:

```
RESTORE DATABASE{database_name|@database_name_var}
< file_or_filegroup_or_page> {,…n}
[FROM< backup_device> [,…n]]
[WITH
[{CHECKSUM|NO_CHECKSUM}]
[[,]{CONTINUE_AFTER_ERROR|STOP_ON_ERROR}]
[[,]FILE= {file_number|@file_number}]
[[,]MEDIANAME= {media_name|@media_name_variable}]
[[,]MEDIAPASSWORD= {mediapassword|@mediapassword_variable}]
[[,]MOVE'logical_file_name'TO'operating_system_file_name'][,…n]
[[,]PASSWORD= {password|@password_variable}]
[[,]NORECOVERY]
[[,]REPLACE]
[[,]RESTART]
[[,]RESTRICTED_USER]
[[,]{REWIND|NOREWIND}]
[[,]STATS[= percentage]]
[[,]{UNLOAD|NOUNLOAD}]
]
[;]
```

其中：

```
< file_or_filegroup_or_page> ::=
{
FILE= {logical_file_name|@logical_file_name_var}
|FILEGROUP= {logical_filegroup_name|@logical_filegroup_name_var}
|PAGE='file:page[,…n]'
}
```

4）恢复事务日志

使用事务日志恢复，可将数据库恢复到指定的时间点。

语法格式：

```
RESTORE LOG { database_name | @database_name_var }
  [ < file_or_filegroup_or_page> [,…n] ]
[ FROM < backup_device> [,…n ] ]
[ WITH
/*选项与备份整个数据库相同*/
]
[;]
```


执行事务日志恢复必须在进行完全数据库恢复以后。以下语句是先从备份介质 PXSCJBK1 进行完全恢复数据库 PXSCJ，再进行事务日志事务恢复(假设已经备份了数据库 PXSCJ 的事务日志到备份设备 PXSCJLOGBK1 中)。

```
RESTORE DATABASE PXSCJ
  FROM PXSCJBK1
  WITH NORECOVERY,REPLACE
GO
RESTORE LOG PXSCJ
  FROM PXSCJLOGBK1
```

9.3.3 使用图形化向导界面方式恢复数据库

使用图形化向导界面方式恢复数据库的主要过程如下。

第 1 步，启动 SQL Server Management Studio，在对象资源管理器窗口中展开“数据库”，选择需要恢复的数据库。

第 2 步，如图 9-13 所示，选择数据库“PXSCJ”，右击，在弹出的快捷菜单中选择“任务”菜单项，在弹出的“任务”子菜单中选择“还原”菜单项，在弹出的“还原”子菜单中选择“数据库”菜单项，打开“还原数据库-PXSCJ”对话框。

如果要恢复特定的文件或文件组，则可以选择“文件和文件组”菜单项，之后的操作与还原数据库类似，这里不再重复。

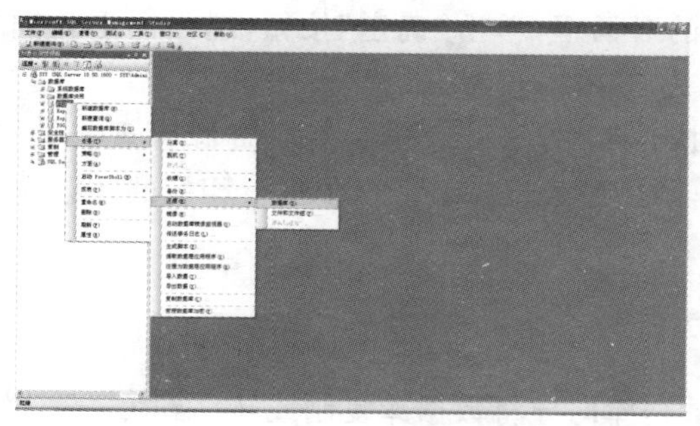

图 9-13　选择还原数据库

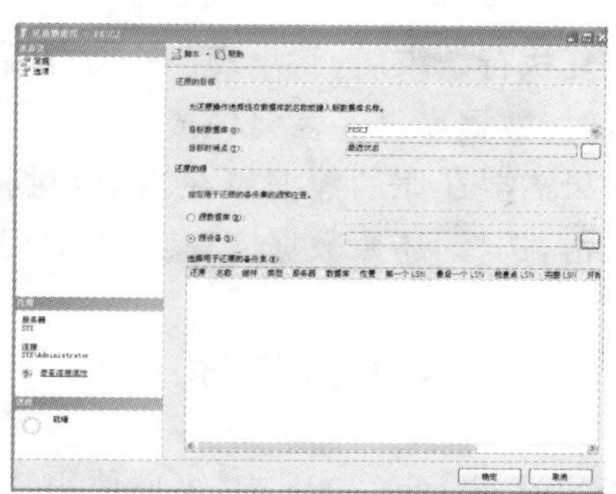

图 9-14　“还原数据库-PXSCJ”对话框

第 3 步，如图 9-14 所示，单击“源设备”后面的按钮，在打开的“指定备份”对话框（见图 9-15）中选择备份介质为“备份设备”，单击“添加”按钮。在打开的“选择备份设备”对话框（见图 9-16）中，在“备份设备”栏的下拉菜单中选择需要指定恢复的备份设备。

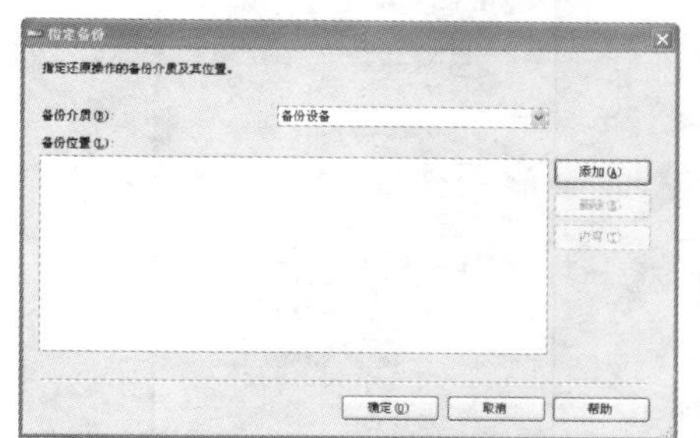

图 9-15　“指定备份”对话框

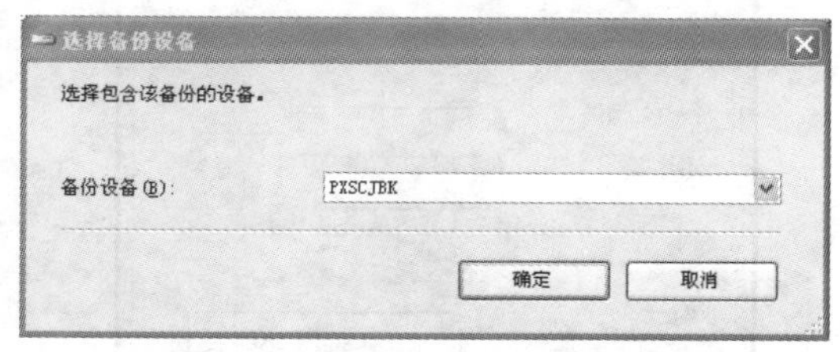

图 9-16　“选择备份设备”对话框

如图 9-16 所示，单击“确定”按钮，返回“指定备份”对话框，再单击“确定”按钮，返回“还原数据库-PXSCJ”对话框。

当然，也可以在“指定备份”对话框中选择备份介质为“文件”，然后手动选择备份设备的物理名称。

第 4 步，选择完备份设备后，“还原数据库-PXSCJ”对话框的“选择用于还原的备份集”栏中会列出可以进行还原的备份集，在复选框中选中备份集，如图 9-17 所示。

第 5 步，在图 9-17 所示窗口中单击“选项”选择页，在“选项”选择页中勾选“覆盖现有数据库”项，如图 9-18 所示，单击“确定”按钮，系统将进行恢复并显示恢复进度。

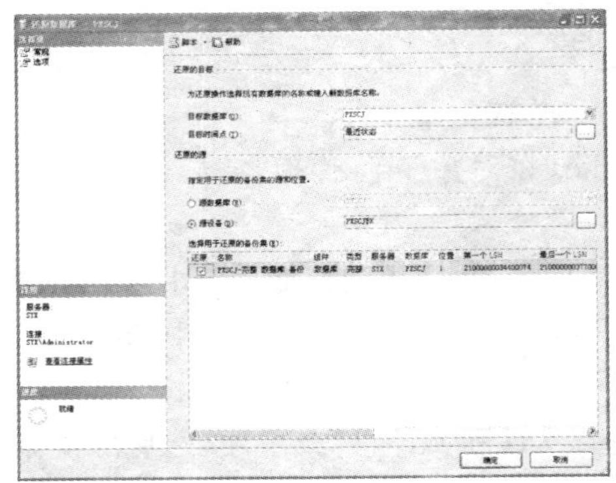

图 9-17 选择备份集

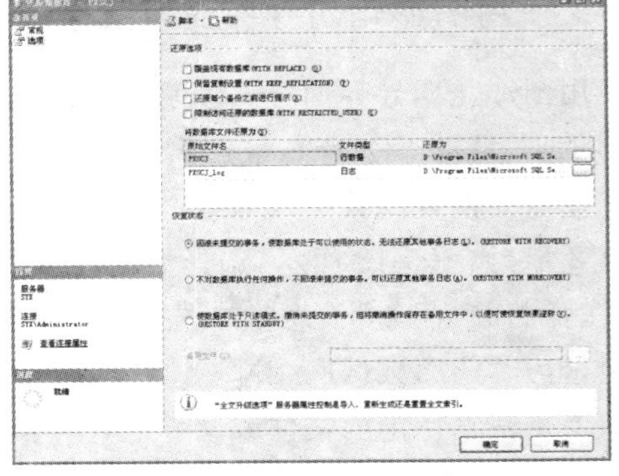

图 9-18 还原数据库

恢复执行结束后，将出现一个提示完成的对话框，单击“确定”按钮，退出图形化向导界面。这时，数据库已经恢复完成了。

如果需要还原的数据库在当前数据库中不存在，则可以选中对象资源管理器的“数据库”，右击，选择“还原数据库”菜单项，在弹出的还原数据库对话框中进行相应的还原操作。

9.4 复制数据库

在 SQL Server 2008 中，可以使用复制数据库向导将数据库复制或转移到另一个服务器中。使用复制数据库向导前需要启动 SQL Server Agent 服务。进入 SQL Server 配置管理器后，双击 SQL Server Agent 服务，弹出 SQL Server Agent 的属性对话框，如图 9-19 所示，单击“启动”按钮，启动该服务后就可以使用复制数据库向导了。

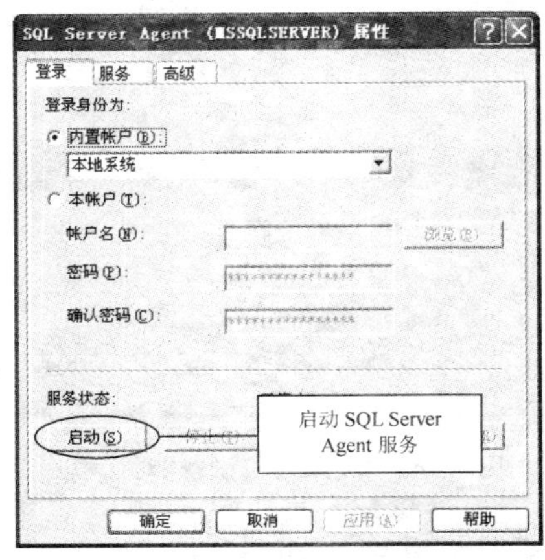

图 9-19 启动 SQL Server Agent 服务

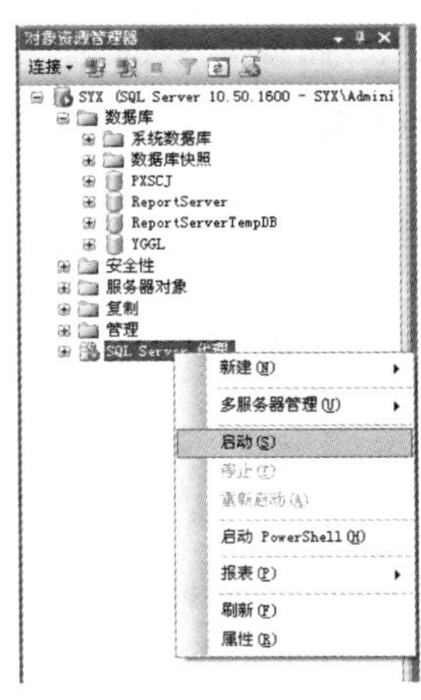

图 9-20 在对象资源管理器中启动 SQL Server Agent 服务

也可以直接在对象资源管理器中启动 SQL Server Agent 服务：在对象资源管理器窗口中选择“SQL Server 代理”，右击，在弹出的快捷菜单中选择“启动”选项，如图 9-20 所示，在弹出的确认对话框中单击“是”按钮即可。

使用复制数据库向导复制数据库的具体步骤如下。

第 1 步，启动 SQL Server Management Studio，在对象资源管理器窗口中右击“管理”，选择“复制数据库”菜单项(见图 9-21),打开“复制数据库向导”对话框的“欢迎使用复制数据库向导”窗口,单击“下一步”按钮。

第 2 步,进入“选择源服务器”窗口,如图 9-22 所示,按照默认设置,单击“下一步”按钮。

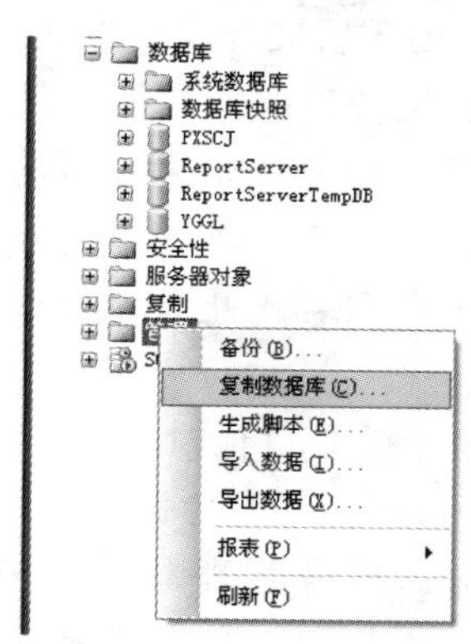

图 9-21　选择“复制数据库”菜单项

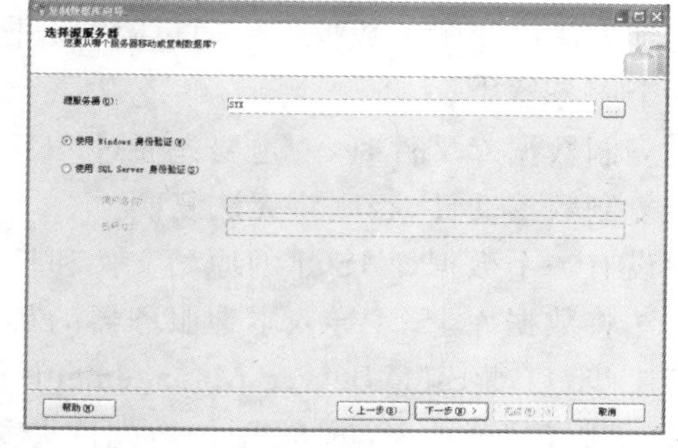

图 9-22　选择源服务器

第 3 步,进入“选择目标服务器”窗口,目标服务器默认为“(local)”,表示本地服务器。这里不做修改,单击“下一步”按钮。

第 4 步,进入“选择传输方法”窗口,这里选择默认的方法,单击“下一步”按钮。

第 5 步,进入“选择数据库”窗口,这里选择要复制的数据库,如 PXSCJ,在要选择的数据库前的复选框中打钩。如果要复制数据库,在“复制”选项中打钩;如果要移动数据库,在“移动”选项中打钩。如图 9-23 所示,单击“下一步”按钮。

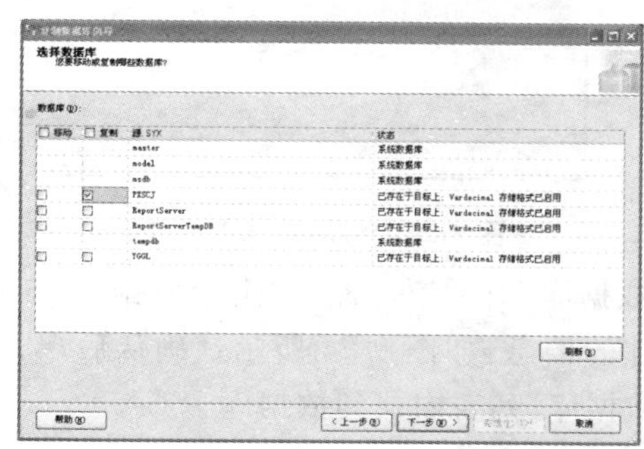

图 9-23　选择数据库

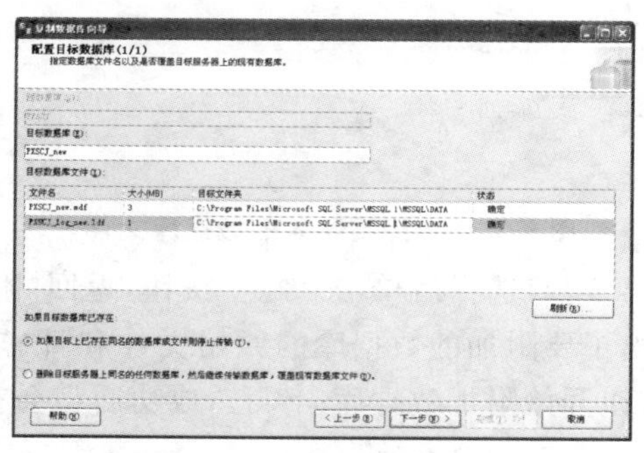

图 9-24　配置目标数据库

第 6 步,进入“配置目标数据库”窗口,在“目标数据库”中可以改写目标数据库的名称,另外还可以修改目标数据库的逻辑文件和日志文件的文件名和路径,如图 9-24 所示。

第 7 步,单击“下一步”按钮进入“配置包”窗口,这里按照默认设置,单击“下一步”按钮。

第 8 步,进入“安排运行包”窗口,这里选择“立即运行”选项,单击“下一步”按钮,进入“完成该向导”窗口,单击“完成”按钮开始复制数据库。

复制完成后,在对象资源管理器窗口的“数据库”列表中就会列出复制后的数据库名称为 PXSCJ_new,该数据库中的内容与数据库 PXSCJ 中的内容完全一样。如果用户需要对数据库做一些修改而不希望影响现有数据库,那么就可以复制该数据库,然后对这个数据库的复本进行修改。

9.5 附加数据库

SQL Server 2008 数据库还可以通过直接拷贝数据库的逻辑文件和日志文件进行备份。当数据库发生异常，数据库中的数据丢失时就可以使用已经备份的数据库文件来恢复数据库。这种方法叫作附加数据库。通过附加数据库的方法还可以将一个服务器的数据库转移到另一个服务器中。

在复制数据库文件时，一定要先通过 SQL Server 配置管理器停止 SQL Server 服务，然后才能复制数据文件，否则将无法复制。

假设有一个数据库 JSCJ 的原始文件和日志文件都保存在 E 盘根目录下，通过附加数据库的方法将数据库 JSCJ 导入本地服务器的具体步骤如下。

第 1 步，启动 SQL Server Management Studio，在对象资源管理器窗口中右击“数据库”，选择“附加”菜单项，进入“附加数据库”对话框，单击“添加”按钮，选择要导入的数据库文件，如图 9-25 所示。

图 9-25　选择要导入的数据库文件

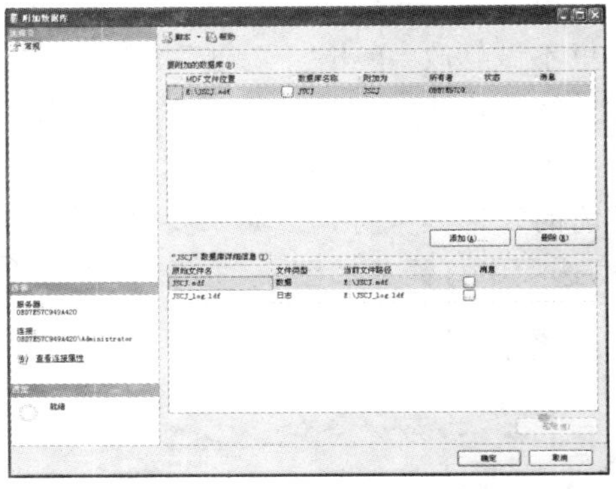

图 9-26　附加数据库文件的信息

第 2 步，选择后单击“确定”按钮，返回“附加数据库”对话框。此时“附加数据库”对话框中列出了要附加的数据库的原始文件和日志文件的信息，如图 9-26 所示。确认后单击“确定”按钮开始附加数据库 JSCJ。成功后将会在“数据库”列表中找到数据库 JSCJ。

注意：如果当前数据库中存在与要附加的数据库相同名称的数据库，附加操作将失败。数据库附加完成后，附加时选择的文件就是数据库的文件，不可以随意删除或修改。

习　　题

1. 为什么在 SQL Server 中需要设置备份与恢复功能？
2. 数据库恢复要执行哪些操作？

第2部分 实 验

实验1 数据库、数据表的创建和维护

一、实验目的

(1) 了解 SQL Server 数据库的逻辑结构和物理结构。
(2) 了解表的结构特点。
(3) 了解 SQL Server 的基本数据类型。
(4) 了解空值概念。
(5) 学会在对象资源管理器中创建数据库和表。
(6) 学会使用 T-SQL 语句创建数据库和表。

二、实验重点

(1) 在对象资源管理器中创建数据库和表。
(2) 使用 T-SQL 语句创建数据库和表。

三、实验难点

使用 T-SQL 语句创建数据库和表。

四、实验内容

问题：

某企业要对本企业的员工实行管理，需要一个专门的员工信息管理系统。经过分析和调研，决定采用 SQL Server 2008 作为后台数据库进行信息管理，前台对后台的访问采用 ADO. NET 技术。

本书的实验部分将完成数据库的创建、表创建、数据录入，并根据企业的需求设计和实现后台的查询功能。

注意：*在以后的实验中，将继续使用实验一的数据库及表结构，所以要保存好数据库。本实验主要完成以下任务。*

(一) 数据库的创建与管理

(1) 创建员工管理数据库。

创建用于企业管理的员工管理数据库，数据库名为 YGGL。

数据库 YGGL 的逻辑文件初始大小为 10 MB，最大文件大小为 50 MB，数据库自动增长，增长方式是按5%比例增长。日志文件初始大小为 20 MB，最大可增长到 50 MB(默认为不限制)，按 1 MB 增长(默认是按 5%比例增长)。

数据库的逻辑文件名和物理文件名均采用缺省值。

事务日志的逻辑文件名和物理文件名也均采用缺省值。

要求分别使用对象资源管理器和 T-SQL 命令两种方式完成数据库的创建工作。

(2) 分别利用界面方式和命令方式修改数据库 YGGL,将主数据文件的最大文件大小改为 100 MB,增长方式改为按 5 MB 增长。

(3) 分别利用界面方式和命令方式为数据库 YGGL 增加文件组 FGROUP,并为该文件组添加一个数据文件。

(4) 删除文件组 FGROUP 及该文件组中的数据文件。

(5) 分离和附加数据库。

(二) 数据表的创建

(1) 创建用于企业管理的员工管理数据库,数据库名为 YGGL,包含员工自然信息、部门信息以及员工薪水信息。数据库 YGGL 包含下列 3 个表。

① Employees:员工自然信息表。

② Departments:部门信息表。

③ Salary:员工薪水信息表。

各表的结构分别如实验表 1-1、实验表 1-2、实验表 1-3 所示。

实验表 1-1 Employees 表结构

列名	数据类型	长度	是否允许为空值	说明
EmployeeID	char	6	×	员工编号,主键
Name	char	10	×	姓名
Education	char	10	×	教育程度
Birthday	datetime	8	×	出生日期
Sex	bit	1	×	性别
WorkYear	int	4	√	工作时间
Address	char	20	√	地址
PhoneNumber	char	12	√	电话号码
DepartmentID	char	3	×	员工部门号,外键

实验表 1-2 Departments 表结构

列名	数据类型	长度	是否允许为空值	说明
DepartmentID	char	3	×	部门编号,主键
DepartmentName	char	20	×	部门名
Note	text	16	√	备注

实验表 1-3 Salary 表结构

列名	数据类型	长度	是否允许为空值	说明
EmployeeID	char	6	×	员工编号,主键
InCome	float	8	×	收入
OutCome	float	8	×	支出

（2）修改和删除一些记录。使用 T-SQL 语句进行有限制的修改和删除。

五、实验步骤

（1）在对象资源管理器中创建数据库 YGGL。

（2）在对象资源管理器中删除创建的数据库 YGGL。

（3）使用 T-SQL 语句创建数据库 YGGL。

```
create database YGGL
on
(
Name='YGGL_DATA',
Filename='E:\data\YGGL_data.mdf',
size=10MB,
maxsize=50MB,
filegrowth=5%
)
Log on
(
    Name='YGGL_LOG',
    Filename='E:\data\YGGL_log.ldf',
    size=20MB,
    maxsize=50MB,
    filegrowth=1MB
)
```

（4）在对象资源管理器中分别创建表 Employees、Departments 和 Salary。

（5）在对象资源管理器中删除创建的表 Employees、Departments 和 Salary。

（6）使用 T-SQL 语句创建表 Employees、Departments 和 Salary。

六、实验小结

学生结合实验过程自行书写。

实验2 表数据的插入、修改和删除

一、实验目的

(1) 学会在对象资源管理器中对数据库表进行插入、修改和删除操作。

(2) 学会使用 T-SQL 语句对数据库表进行插入、修改和删除操作。

(3) 了解数据更新操作时要注意数据完整性。

(4) 了解 T-SQL 语句对表数据操作的灵活控制功能。

二、实验重点

(1) 在对象资源管理器中对数据库表进行插入、修改和删除操作。

(2) 使用 T-SQL 语句对数据库表进行插入、修改和删除操作。

三、实验难点

使用 T-SQL 语句对数据库表进行插入、修改和删除操作。

四、实验内容及步骤

(1) 在对象资源管理器中向数据库 YGGL 的表中加入数据。

① 向表 Employees 中插入如实验图 2-1 所示的记录。

EmployeeID	Name	Education	Birthday	Sex	WorkYear	Address	PhoneNumber	DepartmentID
000001	王林	大专	1966-01-23 00:...	True	8	中山路32-1-508	83355668	2
010008	伍容华	本科	1976-03-28 00:...	True	3	北京东路100-2	83321321	1
020010	王向容	硕士	1982-12-09 00:...	True	2	四牌楼10-0-108	83792361	1
020018	李丽	大专	1960-07-30 00:...	False	6	中山东路102-2	83413301	1
102201	刘明	本科	1972-10-18 00:...	True	3	虎距路100-2	83606608	5
102208	朱俊	硕士	1965-09-28 00:...	True	2	牌楼巷5-3-106	84708817	5
108991	钟敏	硕士	1979-08-10 00:...	False	4	中山路10-3-105	83346722	3
111006	张石兵	本科	1974-10-01 00:...	True	1	解放路34-1-203	84563418	5
210678	林涛	大专	1977-04-02 00:...	True	2	中山北路24-35	83467336	3
302566	李玉珉	本科	1968-09-20 00:...	True	3	热和路209-3	58765991	4
308759	叶凡	本科	1978-11-18 00:...	True	2	北京西路3-7-52	83308901	4
504209	陈林琳	大专	1969-09-03 00:...	False	5	汉中路120-4-12	84468158	4

实验图 2-1　向表 Employees 中插入记录

② 向表 Departments 中插入如实验图 2-2 所示的记录。

DepartmentID	DepartmentName	Note
1	财务部	*NULL*
2	人力资源部	*NULL*
3	经理办公室	*NULL*
4	研发部	*NULL*
5	市场部	*NULL*

实验图 2-2　向表 Departments 中插入记录

③ 向表 Salary 中插入如实验图 2-3 所示的记录。

EmployeeID	InCome	OutCome
000001	2100.8	123.09
010008	1582.62	88.03
020010	2860	198
020018	2347.68	180
102201	2569.88	185.65
102208	1980	100
108991	3259.98	281.52
111006	1987.01	79.58
210678	2240	121
302566	2980.7	210.2
308759	2531.98	199.08
504209	2066.15	108

实验图 2-3　向表 Salary 中插入记录

(2) 在对象资源管理器中修改数据库 YGGL 中表的数据。

① 删除表 Employees 中的第 2 行和第 8 行和表 Salary 中的第 2 行和第 11 行。

② 将表 Employees 中编号为 020018 的记录的部门编号改为 4。

(3) 使用 T-SQL 命令修改数据库 YGGL 中表的数据。

① 分别向数据库 YGGL 中的表 Employees、表 Departments 和表 Salary 中插入如下行的记录。

```
120121,王熙凤,本科,1968-10-26,1,6,中山路 11-36,86239845,2
Insert into Employees values('120121','王熙凤','本科','1968-10-26',1,6,'中山路 11-36','86239845',2)
```

② 修改表 Salary 中的某个记录的字段值，即将编号为 020010 的收入改为 3650。

```
Update Salary set income=3650 where Employeeid='020010'
```

③ 修改表 Employees 和表 Departments 的值，即将研发部的部门编号均改为 6。

```
Update Departments set Departmentid=6 where Departmentname='研发部'
Update Employees set Departmentid=6 where Departmentid=4
```

④ 修改表 Salary 中的所有记录的字段值，即将所有员工的收入都增加 100。

```
Update Salary set income=income+100
```

⑤ 使用 TRUNCATE TABLE 语句删除表 Salary 中的所有行。

```
TRUNCATE TABLE Salary
```

五、实验小结

学生结合实验过程自行书写。

实验3 数据库的查询(一)

一、实验目的

掌握 SELECT 语句的基本语法。

二、实验重点

SELECT 语句的基本语法。

三、实验难点

(1) SELECT 语句的基本语法。
(2) 连接查询的表示。

四、实验内容和步骤

(1) 查询表 Employees 中每个雇员的所有数据。

```
Select *  from Employees
```

(2) 查询表 Employees 中每个雇员的地址和电话。

```
Select address as 地址,phonenumber as 电话 from Employees
```

(3) 查询 EmployeeID 为 000001 的雇员的地址和电话。

```
Select address as 地址,phonenumber as 电话 from Employees
        Where EmployeeID='000001'
```

(4) 查询表 Employees 中女雇员的姓名、地址和电话,并将结果中各列的标题分别指定为“姓名、地址、电话”(用两种方法实现)。

方法一:

```
Select name as 姓名,address as 地址,phonenumber as 电话 from Employees
Where Sex= 0
```

方法二:

```
Select 姓名= name,地址= address,电话= phonenumber  from Employees
Where Sex= 0
```

(5) 计算表 Salary 中每个雇员的实际收入(收入—支出)。

```
Select (income- outcome) as 实际收入 from Salary
```

(6) 找出所有姓王的雇员的部门编号。

```
Select  departmentid  from  employees  where  employeeid  like '王% '
```

(7)找出所有地址中含有“中山”的雇员的号码及部门编号。

```
Select  employeeid,departmentid  from  employees  where  address  like '% 中山% '
```

(8)找出所有收入在 2000~3000 元之间的雇员编号。

```
Select employeeid  from  salary  where  income  between 2000 and 3000
```

(9) 找出所有在部门编号为“1”或“2”工作的雇员的编号(用两种方法实现)。

方法一:

```
Select employeeid  from  employees where departmentid  in (1,2)
```

方法二：

```
Select employeeid  from  employees where departmentid= 1 or departmentid= 2
```

(10) 查询表 Employees 中的前 5 行记录。

```
Select top 5 *  from employees
```

(11) 查询 1955 年至 1965 年之间出生的雇员。

```
Select *  from employees where birthday between '1955- 1- 1' and '1965- 12- 31'
```

(12) 查询表 Salary 中雇员的收入情况，并在结果中给出相应的评价：收入在 1500～2000 元之间为"基本生活费"，收入在 2000～3000 元之间为"中等水平"，收入在 3000 元以上为"高收入"。

```
Select employeeid as 雇员编号,评价=
  case
    When income between 1500 and 2000 then '基本生活费'
    When income between 2000 and 3000 then '中等水平'
    When income> 3000 then '高收入'
  End
From salary
```

(13) 查询表 Employees 中地址不为空的雇员。

```
Select *  from employees where address is not null
```

五、实验小结

学生结合实验过程自行书写。

实验4 数据库的查询(二)

一、实验目的

(1) 掌握子查询的表示方法。
(2) 掌握连接查询的表示方法。

二、实验重点

连接查询的表示方法。

三、实验难点

连接查询的表示方法。

四、实验内容与步骤

1. 子查询的使用

(1) 查找在财务部工作的雇员的情况。

```
Select *  from employees where departmentid=
    (select departmentid from departments where departmentname='财务部')
```

(2) 查找所有收入在2500元以下的雇员的情况。

```
Select *  from employees where employeeid in
    (select employeeid from salary where income< 2500)
```

(3) 查找财务部雇员年龄不低于研发部雇员年龄的雇员的姓名。

```
Select name from employees where departmentid in
    (select departmentid from departments where departmentname= '财务部')
  And
Birthday ! > all
    (select birthday from employees where departmentid in
(select departmentid from departments where departmentname='研发部'))
```

(4) 查找比所有财务部雇员的收入都高的雇员的姓名。

```
Select name from employees where employeeid in
    (select employeeid from salary where income> all
      (select income from salary where employeeid in
        (select employeeid from employees where departmentid=
          (select departmentid from departments where departmentname='财务部'))))
```

(5) 查找所有年龄比研发部雇员年龄都大的雇员的姓名。

```
Select name from employees where birthday < all
    (select birthday from employees where departmentid=
      (select departmentid from departments where departmentname='研发部'))
```

2. 连接查询的使用

(1) 查找每个雇员的情况以及其薪水的情况。

```
Select employees.* ,salary.*
  from employees,salary
 where employees.employeeid= salary.employeeid
```

（2）查找每个雇员的情况及其工作部门的情况。

```
Select employees.* ,departments.*
  from employees,departments
 where employees.departmentid= departments.departmentid
```

（3）查找财务部收入在 2200 元以上的雇员的姓名及其薪水详情。

```
Select name,income,outcome
   from employees,departments,salary
   where employees.employeeid= salary.employeeid
      and employees.departmentid= departments.departmentid
      and income> 2200
      and departmentname='财务部'
```

（4）查找研发部在 1966 年以前出生的雇员的姓名及其薪水详情。

```
Select name,income,outcome
   from employees,departments,salary
   where employees.employeeid= salary.employeeid
        and employees.departmentid= departments.departmentid
        and birthday< '1966- 1- 1'
        and departmentname='研发部'
```

五、实验小结

学生结合实验过程自行书写。

实验5 数据库的查询(三)

一、实验目的

(1) 掌握数据汇总的方法。
(2) 掌握 SELECT 语句的 GROUP BY 子句的作用和使用方法。
(3) 掌握 SELECT 语句的 ORDER BY 子句的作用和使用方法。
(4) 掌握视图的创建与使用方法。

二、实验重点

(1) 数据汇总的方法。
(2) GROUP BY 子句的作用和使用方法。
(3) ORDER BY 子句的作用和使用方法。

三、实验难点

视图的创建与使用。

四、实验内容与步骤

1. 数据汇总

(1)求财务部雇员的平均收入。

```
Select avg(income) as '平均收入'
    from employees,departments,salary
    where employees.employeeid= salary.employeeid
        and employees.departmentid= departments.departmentid
        and departmentname='财务部'
```

(2) 查询财务部雇员的最高收入和最低收入。

```
Select max(income) as '最高收入',min(income) as '最低收入'
    from employees,departments,salary
    where employees.employeeid= salary.employeeid
        and employees.departmentid= departments.departmentid
        and departmentname='财务部'
```

(3) 求财务部雇员的总人数。

```
Select count(* ) as '总人数'
    from employees,departments
    where employees.employeeid= salary.employeeid
        and departmentname='财务部'
```

(4) 统计财务部收入在 2500 元以上雇员的人数。

```
Select count(* ) as '总人数'
    from employees,departments,salary
    where employees.employeeid= salary.employeeid
        and employees.departmentid= departments.departmentid
        and departmentname='财务部'
        and income>2500
```

2. GROUP BY,ORDER BY 子句的使用

(1) 求各部门的雇员数。

```
Select departmentname as '部门名称',count(* ) as '人数'
    from employees,departments
    where employees.departmentid= departments.departmentid
    group by departmentname
```

(2) 统计各部门收入在 2000 元以上雇员的人数。

```
Select departmentname as '部门名称',count(* ) as '人数'
    from employees,departments,salary
    where employees.employeeid= salary.employeeid
        and employees.departmentid= departments.departmentid
        and income> 2000
    group by departmentname
```

(3) 将各雇员的情况按收入由高到低排列。

```
Select employees.* ,income
    from employees,salary
    where employees.employeeid= salary.employeeid
    order by income desc
```

(4) 将各雇员的情况按出生时间先后排列。

```
Select *  from employees order by birthday asc
```

3. 视图的应用

(1) 根据表 Employees 创建一视图,包含表 Employees 中的各列,通过向视图中插入一数据,观察该数据是否插入到表 Employees 中。

```
Create view emp_view
    as
        select *  from employees
insert  into  Employees    values('122133','李煜','本科','1990- 08- 05',1,2,'湖工','13026307086','5')
```

(2) 修改视图中"李丽"的出生时间,观察表 Employees 中的数据是否被改变。

```
Update emp_view set birthday='1978- 5- 3'where name='李丽'
```

五、实验小结

学生根据实验过程自行书写。

实验6 T-SQL编程

一、实验目的

(1) 掌握用户定义数据类型的使用方法。
(2) 掌握变量的分类及其使用方法。
(3) 掌握各种运算符的使用方法。
(4) 掌握各种流程控制语句的使用方法。

二、实验重点

各种流程控制语句的使用方法。

三、实验难点

各种流程控制语句的使用方法。

四、实验内容与步骤

1. 游标的使用(对于数据库 PXSCJ)

(1)根据计算机专业学生的学号、姓名、性别、总学分创建一个游标。

```
declare XS cursor dynamic
for
select studentid,sname,sex,total
from xsb
where speciality='计算机'
for update of total
```

(2) 读取游标中的每一行数据。

```
open XS
fetch first from XS
fetch next from XS
fetch prior from XS
fetch last from XS
fetch relative- 2 from XS
```

2. 用户定义数据类型的使用(对于数据库 YGGL)

(1) 自定义 1 个数据类型 ID_type,用于描述员工编号。

```
exec sp_addtype 'ID_type','char(6)','not null'
```

(2) 将数据库 YGGL 的表 Employees 和表 Salary 的员工编号改为 ID_type 数据类型。

```
alter table employees
alter column employeeid ID_type
alter table salary
alter column employeeid ID_type
```

3. 常量、变量、运算符和表达式的应用

(1) 创建一个名为 sex 的局部变量,并在 SELECT 语句中使用该局部变量查找表

Employees 中所有女员工的雇员编号、姓名。

```
declare @sex bit
set @sex= 0
select employeeid,name
from employees
where sex= 0
```

（2）查询雇员编号以 0 或 1 开头的员工的姓名、部门名称和收入。

```
select name,departmentname,income
from employees,departments,salary
where employees.departmentid= departments.departmentid
and employees.employeeid= salary.employeeid
and employees.employeeid like '[0 1]% '
```

（3）查询雇员编号不以 3 或 5 开头的员工的情况。

```
select *  from employees,departments,salary
where employees.departmentid= departments.departmentid
and employees.employeeid= salary.employeeid
and employees.employeeid not like '[3 5]% '
```

（4）定义一个变量，用于获取号码为 081102 的员工的电话号码。

```
declare @phone char(6)
set @phone=
(
select phonenumber
  from employees
  where employeeid='081102'
)
```

4. 流程控制语句的使用

（1）判断“王林”的实际收入是否高于 3000，如果是则显示其收入，否则显示“收入不高于 3000”。

```
declare @income float
select @income= (select income- outcome from employees,salary
    where employees.employeeid= salary.employeeid
and name='王林')
if @income> 3000
    select @income
else
    select '收入不高于 3000'
```

（2）使用循环语句输出一个用“ * ”组成的三角形。

```
declare @i int,@ch char(10)
select @i= 1
while (@i< = 4)
```

```
begin
  select @ch=
  case @i
    when 1 then '* '
    when 2 then '* * '
    when 3 then '* * * '
    when 4 then '* * * * '
  end
  print @ch
  set @i= @i+ 1
end
```

五、实验小结

学生结合实验过程自行书写。

实验7 索引和数据完整性的实现

一、实验目的

（1）掌握索引的使用方法。
（2）掌握数据完整性的实现方法。

二、实验重点

索引的使用方法。

三、实验难点

索引的使用方法。

四、实验内容与步骤

1. 建立索引

（1）对数据库 YGGL 的表 Employees 中的 DepartmentID 列建立索引。

```
Create index emp_ind On Employees ( DepartmentID)
```

（2）对数据库 PXSCJ 的表 CJB 中的课程号列建立索引。

```
Create index kc_ind  On CJB (CourseId)
```

（3）对数据库 PXSCJ 的表 KCB 中的学号列和课程号列建立复合索引。

```
Create index xs_kc_ind on KCB (StudentId,CourseId)
```

2. 数据完整性

（1）建立一个规则对象，输入 4 个数字，每一位的范围分别为[0-3][0-9][0-6][0-9]。然后把它绑定到表 Employees 的 EmployeeID 字段上。

```
Create  rule  list_rule  as @list like '[0- 3][0- 9][0- 6][0- 9]% '
Exec sp_bindrule 'list_rule', 'Employees. EmployeeID'
```

（2）删除上述建立的默认值对象和规则对象 list_rule。

```
Exec  sp_un bindrule  'Employees. EmployeeID'
Drop  rule  list_rule
```

五、实验小结

学生结合实验过程自行书写。

实验8 数据库的高级查询

一、实验目的

(1) 掌握存储过程的创建和调用。
(2) 掌握触发器的创建。

二、实验重点

(1) 存储过程的创建和调用。
(2) 触发器的创建。

三、实验难点

(1) 存储过程的创建和调用。
(2) 触发器的创建。

四、实验内容

对于数据库 YGGL,利用存储过程完成以下操作。

(1) 查询员工的编号、姓名、所在部门名称、收入及支出情况(不使用任何参数),并调用该过程。

```
create procedure employ_info
as
select employees.employeeid,name,departmentname,income,outcome
from employees,salary,departments
where employees.employeeid=salary.employeeid
and employees.departmentid=departments.departmentid

exec employ_info
```

(2) 查询某员工所在的部门及其收入情况,并调用该过程。

```
create procedure employ_info3 @name char(10)
as
select a.employeeid,name,departmentname,income
from employees a inner join departments b
on a.departmentid=b.departmentid inner join salary c
on a.employeeid=c.employeeid
where a.name=@name

exec employ_info3 '伍容华'
```

(3) 计算某部门员工的平均收入(使用输入、输出参数),并调用该过程。

```
create procedure employ_info9 @did char(3)
as
select avg(income)as '平均收入'
```

```
from salary c
inner join employees a on a.employeeid=c.employeeid
inner join departments b on a.departmentid=b.departmentid
where b.departmentname=@did

exec employ_info9 '财务部'
```

(4) 表 Employees 的 DepartmentID 列与表 Departments 的 DepartmentID 列应满足参照完整性规则。

① 修改表 Departments 的 DepartmentID 字段时，该字段在表 Employees 中的对应值也应修改。

```
create trigger depart
on departments for update
as
begin
update employees
set departmentid=(select departmentid from inserted)
where departmentid=(select departmentid from deleted)
end
```

② 删除表 Departments 中的 1 条记录时，该记录 DepartmentID 字段值在表 Employees 中对应的记录也应删除。

```
create trigger depart1 on departments
for delete
as
begin delete from employees
where departmentid=(select departmentid from deleted)
end
```

(5) 创建一触发器，当表 Salary 中 InCome 值增加 500 时，OutCome 值则增加 50。

```
create trigger updateSalary
  on salary
  for update
as
  update salary set outcome=outcome+50
  where employeeid=(select employeeid from inserted)

update salary set income=income+500 where employeeis='020018'
```

五、实验小结

学生结合实验过程自行书写。

实验9 ADO.NET存储技术的应用(一)

一、实验目的

(1) 掌握存储过程的创建。

(2) 掌握 ADO. NET 对象的应用。

二、实验重点

(1) 存储过程的创建。

(2) ADO. NET 对象的应用。

三、实验难点

ADO. NET 对象的应用。

四、实验内容

在一个职员管理系统中,通常会通过窗体输入职员的信息,包括员工编号、员工姓名、部门名称、薪水等情况。

要求:将数据库中职员的信息都显示在窗体中(实现查询功能)。

主要操作提示如下。

(1) 在 Microsoft Visual Studio 2008 中创建如实验图 9-1 所示的界面。

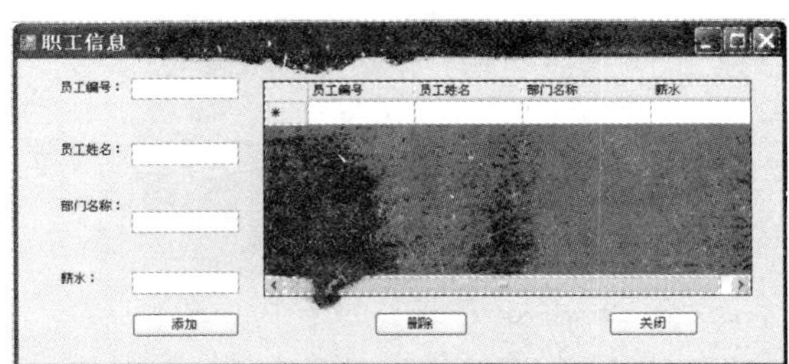

实验图 9-1　主界面

(2) 添加一实体类 Employees。

```
/*该实体类映射数据库中的表 Employees*/
public  class  Employees
{
    private int id;
    private string name;
    private string departmentName;
    private decimal salary;
    public int Id
    {
```

```
            get { return id; }
            set { id= value; }
        }
        public string Name
        {
            get { return name; }
            set { name= value; }
        }
        public string DepartmentName
        {
            get { return departmentName; }
            set { departmentName= value; }
        }
        public decimal Salary
        {
            get { return salary; }
            set { salary= value; }
        }
    }
```

(3) 在文件 Form.cs 中通过如下的代码实现对数据库的查询。

```
    namespace Example1
    {
        public partial class Form1 : Form
        {
            public Form1()
            {
                InitializeComponent();
            }
            /*定义 Connection 对象的属性 connectionString*/
             string connectionString= "Data Source= ZHANG\\SQLEXPRESS; Initial
Catalog= Employee;User ID= sa;password= 123";
            /*窗体加载事件*/
            private void Form1_Load(object sender,EventArgs e)
            {
                BindEmployee();
            }

            public void BindEmployee()
            {   /*将 GetAllEmployee()方法的返回值绑定到 DataGridView 控件*/
                this.dgvEmployees.DataSource= GetAllEmployee();
            }
```

方法一:

```
    /*现实对数据表 Employees 的查询*/
    public  IList< Employees>  GetAllEmployee()
    {  /*申明 Employees 类型的泛型集合*/
       IList< Employees>  emps= new List< Employees> ();
```

```
string sql= "select *  from Employees";
/*定义连接数据库的对象 SqlConnection*/
SqlConnection conn= new SqlConnection(connectionString);
/*定义访问数据库的对象 SqlCommand*/
SqlCommand objcommand= new SqlCommand(sql,conn);
/*打开与数据库的连接*/
conn.Open();
/*通过 SqlCommand 对象的 ExecuteReader()方法执行查询,并将查询结果赋给
SqlDataReader 对象*/
SqlDataReader dataReader= objcommand.ExecuteReader();
/*读取查询结果的每一行数据*/
while (dataReader.Read())
{
    Employees emp= new Employees();
    emp.Id= Convert.ToInt32(dataReader["Id"]);
    emp.Ename= Convert.ToString(dataReader["Ename"]);
emp.DepartmentName= Convert.ToString(dataReader["DepartmentName"]);
    emp.Salary= Convert.ToDecimal(dataReader["Salary"]);
/*将读取的每一行数据添加到泛型集合中*/
    emps.Add(emp);
}
conn.Close();      /*关闭连接*/
return emps;
}
```

方法二:在数据库管理系统中创建存储过程。

```
create procedure SelectEmployees
as
  select *  from employees
go
/*现实对数据表 Employees 的查询*/
public  IList< Employees>  GetAllEmployee()
{  /*申明 Employees 类型的泛型集合*/
   IList< Employees>  emps= new List< Employees> ();
   /*定义连接数据库的对象 SqlConnection*/
   SqlConnection conn= new SqlConnection(connectionString);
   /*定义访问数据库的对象 SqlCommand*/
   SqlCommand objcommand= new SqlCommand("dbo.SelectEmployees",conn);
   Objcommand.CommandType= CommandType. StoredProcedure;
   /*打开与数据库的连接*/
   conn.Open();
   /*通过 SqlCommand 对象的 ExecuteReader()方法执行查询,并将查询结果赋给
SqlDataReader 对象*/
   SqlDataReader dataReader= objcommand.ExecuteReader();
   /*读取查询结果的每一行数据*/
   while (dataReader.Read())
```

```
        {
            Employees emp= new Employees();
            emp.Id= Convert.ToInt32(dataReader["Id"]);
            emp.Ename= Convert.ToString(dataReader["Ename"]);
        emp.DepartmentName= Convert.ToString(dataReader["DepartmentName"]);
            emp.Salary= Convert.ToDecimal(dataReader["Salary"]);
        /*将读取的每一行数据添加到泛型集合中*/
            emps.Add(emp);
        }
        conn.Close();     /*关闭连接*/
        return emps;
    }

private void btnClose_Click(object sender,EventArgs e)
    {
        this.Close ();       /*关闭窗体*/
    }
```

五、实验小结

学生结合实验过程自行书写。

实验10 ADO.NET存储技术的应用(二)

一、实验目的

(1) 掌握存储过程的创建。
(2) 掌握 ADO.NET 对象的应用。

二、实验重点

(1) 存储过程的创建。
(2) ADO.NET 对象的应用。

三、实验难点

ADO.NET 对象的应用。

四、实验内容

在职员管理系统中,通常会通过窗体处理员工的信息。要求:
(1) 通过窗体将员工的信息插入到数据库中;
(2) 通过窗体删除员工的信息。
主要操作提示如下(在上一实验的基础上完成)。
(1) 插入数据操作的代码如下。
在"添加"按钮的 Click 事件中的代码如下。

```
private void btnNew_Click(object sender,EventArgs e)
{
    Employees emp= new Employees ();
    emp.Id= Convert.ToInt32(this.txtId.Text.Trim());
    emp.Ename= this.txtEname .Text.Trim();
    emp.DepartmentName  = this.txtDepartname .Text.Trim();
    emp.Salary= Convert.ToDecimal(this.txtSalary.Text.Trim());
    /*调用 InsertEmployee()实现数据插入功能*/
    InsertEmployee(emp);
    /*重新绑定 DataGridView 控件的数据*/
    BindEmployee();
    /*弹出消息框*/
     MessageBox. Show ( " 数 据 添 加 成 功 "," 提 交 提 示 ", MessageBoxButtons. OK,
        MessageBoxIcon.Information);
    ClearText();
}
/*将文本框清空*/
public void ClearText()
{
    this.txtId.Text= "";
    this.txtEname .Text= "";
    this.txtDepartname .Text= "";
    this.txtSalary.Text= "";
}
```

方法一：

```
/*向数据库 Employee 的数据表 Employees 中添加数据*/
public void InsertEmployee(Employees emp)
{
    int id= emp.Id;
    string name= emp.Ename;
    string depname= emp.DepartmentName;
    decimal salary= emp.Salary;
    SqlConnection conn= new SqlConnection(connectionString);
    string sql= "insert into Employees values("+ "'" +  id +  "'" +  ",'" +  name
+  "'" +  ",'" +  depname +  "'" +  ",'" +  salary +  "'" +  ")";
    SqlCommand objcommand= new SqlCommand(sql,conn);
    conn.Open();
      objcommand.ExecuteNonQuery();
      conn.Close();
}
```

方法二：

```
/*在数据库 Employee 中创建 InsertEmployees 存储过程*/
create procedure InsertEmployees
@id int,
@ename char(10),
@dname char(10),
@salary money
as
  insert into Employees values(@id,@ename,@dname,@salary)
go
/*向数据库 Employee 的数据表 Employees 中添加数据*/
public void InsertEmployee(Employees emp)
    {
        int id= emp.Id;
        string name= emp.Ename;
        string depname= emp.DepartmentName;
        decimal salary= emp.Salary;
        SqlConnection conn= new SqlConnection(connectionString);
        SqlCommand objcommand= new SqlCommand("dbo. InsertEmployees ",conn);
        objcommand.CommandType= CommandType.StoredProcedure;
        objcommand.Parameters .Add ("@id",SqlDbType.Int ).Value= id;
        objcommand.Parameters.Add("@ename",SqlDbType.Char,10).Value= name;
    objcommand.Parameters.Add("@dname",SqlDbType.Char,10).Value= depname;
    objcommand.Parameters.Add("@salary",SqlDbType.Money ).Value= salary;
        conn.Open();
        objcommand.ExecuteNonQuery();
        conn.Close();
    }
```

(2) 删除数据。

① 定义一个全局变量：

```
string eid= string.Empry;
```

② 在“删除”按钮的 Click 事件中完成如下代码：

```
private void btnDelete_Click(object sender,EventArgs e)
  {
    DialogResult result= MessageBox.Show("确实要删除信息吗?","提交提示",
      MessageBoxButtons.OKCancel,MessageBoxIcon.Information);
    if (result= = DialogResult.OK)
    {
    DeleteEmployee(Convert.ToInt32(eid));
    BindEmployee();
     MessageBox.Show("信息删除成功!","提交提示",MessageBoxButtons.OK,
MessageBoxIcon.Information);
    }
  }
```

③ 在 DataGridView 控件的 CellClick 事件中获取单击事件所在行的第一列值。

```
private void dgvEmployees_CellClick(object sender,DataGridViewCellEventArgs e)
  {
   eid= this.dgvEmployees.Rows[e.RowIndex].Cells["Id"].Value.ToString();
  }
```

④ 删除数据库 Employee 中表 Employees 的数据的方法如下。

方法一：

```
public void DeleteEmployee(int id)
{
  SqlConnection conn= new SqlConnection(connectionString);
  string sql= "delete from Employees where ID= " +  "'" +  id +  "'";
  SqlCommand objcommand= new SqlCommand(sql,conn);
  conn.Open();
  objcommand.ExecuteNonQuery();
  conn.Close();
}
```

方法二：

```
/*在数据库 Employee 中创建 DeleteEmployees 存储过程*/
  create procedure DeleteEmployees
  @id  int
  as
     delete from Employees where Id= @id
  go
public void DeleteEmployee(int id)
{
  SqlConnection conn= new SqlConnection(connectionString);
  SqlCommand objcommand= new SqlCommand("dbo. DeleteEmployees",conn);
  objcommand.CommandType= CommandType.StoredProcedure;
  objcommand.Parameters .Add ("@id",SqlDbType.Int ).Value= id;
  conn.Open();
  objcommand.ExecuteNonQuery();
      conn.Close();
}
```

五、实验小结

学生结合实验过程自行书写。

实验11 ADO.NET存储技术的应用(三)

一、实验目的

(1) 掌握存储过程的创建。
(2) 掌握 ADO.NET 对象的应用。

二、实验重点

(1) 存储过程的创建。
(2) ADO.NET 对象的应用。

三、实验难点

ADO.NET 对象的应用。

四、实验内容

在职员管理系统中,通常会通过窗体处理员工的信息。要求:通过窗体修改员工的信息。

主要操作提示如下(在上一实验的基础上完成)。

(1) 添加"修改""保存"按钮。

(2) 在"修改" 按钮的 Click 事件中完成如下代码:

```
/*根据员工的编号查询员工的信息,并分别绑定到对应的文体框中*/
private void btnUpdate_Click(object sender,EventArgs e)
 {
     Employees emp= new Employees();
     emp= SelectEmployeeById(Convert.ToInt32 (eid));
     this.txtId.Text= emp.Id.ToString ();
     this.txtEname.Text= emp.Ename;
     this.txtDepartname.Text= emp.DepartmentName;
     this.txtSalary.Text= emp.Salary.ToString ();
 }
 /*根据员工的编号查询员工的信息*/
```

方法一:

```
public Employees  SelectEmployeeById(int id)
{
    Employees emp= new Employees();
    SqlConnection conn= new SqlConnection(connectionString);
    string sql= "select *  from Employees where ID= " +  "'" +  id +  "'";
    SqlCommand objcommand= new SqlCommand(sql,conn);
    conn.Open();
    SqlDataReader dataReader= objcommand.ExecuteReader();
    if(dataReader.Read())
    {
        emp.Id= Convert.ToInt32(dataReader["Id"]);
```

```
        emp.Ename= Convert.ToString(dataReader["Ename"]);
    emp.DepartmentName= Convert.ToString(dataReader["DepartmentName"]);
        emp.Salary= Convert.ToDecimal(dataReader["Salary"]);
    }
    conn.Close();
    return emp;
}
```

方法二：

```
/*在数据库管理系统中创建存储过程*/
create procedure SelectEmployeesById
  @id int
as
  select *  from employees where Id=@id
go

public Employees  SelectEmployeeById(int id)
{
    Employees emp= new Employees();
    SqlConnection conn= new SqlConnection(connectionString);
SqlCommand objcommand= new SqlCommand("dbo.SelectEmployeesById",conn);
    conn.Open();
    SqlDataReader dataReader= objcommand.ExecuteReader();
    if(dataReader.Read())
    {
        emp.Id= Convert.ToInt32(dataReader["Id"]);
        emp.Ename= Convert.ToString(dataReader["Ename"]);
    emp.DepartmentName= Convert.ToString(dataReader["DepartmentName"]);
        emp.Salary= Convert.ToDecimal(dataReader["Salary"]);
    }
    conn.Close();
    return emp;
}
```

（3）在“保存”按钮的 Click 事件中完成如下代码：

```
private void btnSave_Click(object sender,EventArgs e)
{
    Employees emp= new Employees();
    emp.Id= Convert.ToInt32(this.txtId.Text.Trim());
    emp.Ename= this.txtEname.Text.Trim();
    emp.DepartmentName= this.txtDepartname.Text.Trim();
    emp.Salary= Convert.ToDecimal(this.txtSalary.Text.Trim());
    UpdateEmployee(emp);
    BindEmployee();
     MessageBox.Show("信息修改成功","提交提示",MessageBoxButtons.OK,
            MessageBoxIcon.Information);
    ClearText();
}
/*修改数据表中的数据*/
```

方法一：

```
public void UpdateEmployee(Employees emp)
    {
        SqlConnection conn= new SqlConnection(connectionString);
        string sql= "update Employees set Ename= "+ "'"+ emp.Ename + "',"+
                "DepartmentName= "+ "'"+ emp.DepartmentName + "',"+
          "Salary= "+ "'"+ emp.Salary + "'"+ "where ID= " + "'" +  emp.Id+  "'";
        SqlCommand objcommand= new SqlCommand(sql,conn);
        conn.Open();
        objcommand.ExecuteNonQuery();
        conn.Close();
    }
```

方法二：

```
/*在数据库 Employee 中创建 UpdateEmployees 存储过程*/
create procedure UpdateEmployees
@id int,
@ename char(10),
@dname char(10),
@salary money
as
    update Employees set ename= @ename,
                         departmentname= @dname,
                         salary= @salary
        where id= @id
go
go
public void UpdateEmployee(Employees emp)
{
    SqlConnection conn= new SqlConnection(connectionString);
    SqlCommand objcommand= new SqlCommand("dbo. UpdateEmployees",conn);
    objcommand.CommandType= CommandType.StoredProcedure;
    objcommand.Parameters .Add ("@id",SqlDbType.Int ).Value= id;
    objcommand.Parameters.Add("@ename",SqlDbType.Char,10).Value= name;
objcommand.Parameters.Add("@dname",SqlDbType.Char,10).Value= depname;
objcommand.Parameters.Add("@salary",SqlDbType.Money ).Value= salary;
    conn.Open();
    objcommand.ExecuteNonQuery();
    conn.Close();
}
```

五、实验小结

学生结合实验过程自行书写。

实验⑫ 综合练习(一)

一、实验目的

(1) 进一步掌握存储过程的创建和调用。

(2) 进一步掌握触发器的创建。

(3) 掌握聚合函数的使用。

二、实验重点

(1) 存储过程的创建和调用。

(2) 触发器的创建。

三、实验难点

触发器的创建。

四、实验内容及步骤

对于数据库 PXSCJ,完成以下操作。

(1) 统计表 XSB 中各专业学生的人数。

```
Select specialty  as 专业,count(* ) as 人数 from xsb group by specialty
```

(2) 统计选修了"离散数学"课程的学生的最高分和平均分。

```
Select max(grade) as 最高分,avg(grade) as 平均分
    From kcb,cjb
    Where kcb.courseid=cjb.courseid
        and  coursename='离散数学'
```

(3) 创建查询某人指定课程的成绩和学分的存储过程。

```
Create procedure select_grade
@name char(8),
@cname char(15)
as
    Select studentid,grade,studygrade
    From xsb,kcb,cjb
    Where xsb. studentid=cjb.studentid
        And kcb.courseid=cjb.courseid
        And sname=@name
        And coursename=@cname
```

(4) 创建查找计算机专业各学生的学号、选修的课程号及成绩的存储过程。

```
Create procedure select_student
As
Select studentid,courseid,grade
```

```
From xsb,kcb,cjb
Where xsb.studentid=cjb.studentid
    And kcb.courseid=cjb.courseid
    And specialty  ='计算机'
```

（5）创建触发器，当对表 KCB 中“C 语言程序设计”课程的课程号进行修改时，同时也将表 CJB 中相应的课程号修改了。

```
Create trigger update_kcb
On kcb
For update
As
    Update cjb set courseid=(select courseid from inserted)
        Where courseid=(select courseid from deleted)

Update kcb set courseid='118'where coursename='C 语言程序设计'
```

五、实验小结

学生结合实验过程自行书写。

实验13 综合练习(二)

一、实验目的

(1) 进一步掌握存储过程的创建和调用。

(2) 进一步掌握触发器的创建。

(3) 进一步掌握聚合函数的使用。

二、实验重点

(1) 存储过程的创建和调用。

(2) 触发器的创建。

三、实验难点

触发器的创建。

四、实验内容及步骤

对于数据库 PXSCJ,完成以下操作。

(1) 查询表 XSB 中学号倒数第 3 个数字为 1 且倒数第 1 个数字在 1 到 5 之间的学生学号、姓名、专业。

```
Select studentid,sname,specialty from xsb where studentid like '% 1_[12345]'
```

(2) 创建触发器,当对表 KCB 中“离散数学”课程进行删除时,同时将表 CJB 中相应课程号的记录删除。

```
Create trigger delete_kcb
Onkcb
For delete
As
    Delete from  cjb Where courseid=(select courseid from deleted)

    Delete from kcb where coursename='离散数学'
```

(3) 查找选修“计算机基础”课程的学生的学号、姓名、课程名、成绩。

```
Select studentid,sname,courseid,grade
     From xsb.kcb,cjb
    Where xsb.studentid=cjb.studentid
        And kcb.courseid=cjb.courseid
        And coursename='计算机基础'
```

(4) 求数据表 XSB 中各专业的学生人数。

```
Select specialty as 专业,count(* ) as 人数
    From xsb
    Group by specialty
```

(5) 查找选修了 206 课程且成绩在 80 分以上的学生姓名及成绩。

```
Select  sname,grade
  From kcb,cjb
Where kcb.courseid=cjb.courseid
      And courseid='206'
      And grade> 80
```

(6) 创建查询某人所选课程的成绩和学分的存储过程，该存储过程接受与传递精确匹配的值。

```
Create procedure select_grade
  @name char(8)
  as
Select studentid,grade,studygrade
    From xsb,kcb,cjb
    Where xsb.studentid=cjb.studentid
        And kcb.courseid=cjb.courseid
        And sname=@name
```

五、实验小结

学生结合实验过程自行书写。

实验14 综合练习(三)

一、实验目的

(1) 进一步掌握存储过程的创建和调用。

(2) 进一步掌握触发器的创建。

(3) 进一步掌握聚合函数的使用。

二、实验重点

(1) 存储过程的创建和调用。

(2) 触发器的创建。

三、实验难点

触发器的创建。

四、实验内容

对于数据库 PXSCJ,完成以下操作。

(1) 统计选修了"C 语言程序设计"课程的学生人数及平均分。

```
Select count(* ) as 人数,avg(grade) as 平均分
    From kcb,cjb
    Where kcb.courseid= cjb.courseid
          And coursename='C 语言程序设计'
```

(2) 查找平均成绩在 80 分以上的学生的学号和平均成绩。

```
Select studentid,avg(grade)
    From cjb
    Group by studentid
    Having avg(grade)> 80
```

(3) 创建查询指定学生的学号、姓名、所选课程名称及该课程的成绩的存储过程。

```
Create procedure select_grade
@name char(8)
as
    Select studentid,sname,coursename,grade
    From xsb,kcb,cjb
    Where xsb.studentid= cjb.studentid
        And kcb.courseid= cjb.courseid
        And sname= @name
```

(4) 创建触发器,当对表 XSB 中某一学生的学号进行修改时,同时将表 CJB 中该学生的学号修改了。

```
Create trigger update_xsb
On xsb
For update
As
  Update cjb set studentid= (select studentid from inserted)
    Where studentid= (select studentid from deleted)
```

(5) 将计算机专业学生的“数据结构”课程成绩按降序排列。

```
Select studentid,grade
From xsb,cjb
Where xsb.studentid= cjb.studentid
     And specialty='数据结构'
Order by grade desc
```

(6) 查找选修课程超过 2 门且成绩都在 70 分以上的学生姓名。

```
Select sname
    From xsb,cjb
    Where xsb.studentid= cjb.studentid
          And grade> 70
    Group by studentid
    Having count(* )> 2
```

五、实验小结

学生结合实验过程自行书写。

附录 数据库课程设计任务书

"数据库课程设计"是数据库系统及应用、软件工程及程序设计课程的后续实验课,是一门独立开设的实验课程。数据库课程设计可以进一步巩固学生的数据库知识,加强学生的实际动手能力,提高学生的综合素质。

一、课程实验目的

(1) 加深对数据库系统、软件工程、程序设计语言的理论知识的理解和应用水平。

(2) 在理论和实验教学基础上进一步巩固已学基本理论及应用知识。

(3) 学会将知识应用于实际的方法,提高分析和解决问题的能力,增强动手能力。

(4) 为毕业论文设计和以后工作打下基础。

二、课程设计任务

(1) 程序设计目的。

(2) 程序功能介绍。

(3) 程序设计(用户需求—系统组成—数据库结构设计—应用程序代码)。

(4) 后台数据库设计。

(5) 类模块设计。

(6) 用户登录系统设计。

(7) 系统主界面设计。

(8) 信息管理系统设计。

三、课程设计题目

(1) 学生档案管理系统。

(2) 人事管理系统。

(3) 工资管理系统。

(4) 实验选课系统。

(5) 仓库管理系统。

(6) 产品库存管理。

(7) 列车时刻查询。

(8) 航班查询系统。

(9) 图书管理系统。

(10) 商品销售管理系统。

四、课程设计要求

运用数据库基本理论与应用知识,在 SQL Server 的环境下建立一个数据库应用系统。要求把现实世界的事物及事物之间的复杂关系抽象为信息世界的实体及实体之间联系的信息模型,再转换为机器世界的数据模型和数据文件,并对数据文件实施检索、更新和控制等操作。

(1) 用E-R图设计指定题目的信息模型。

(2) 设计相应的关系模型，确定数据库结构。

(3) 设计应用系统的系统结构图，确定系统功能。

(4) 通过设计关系的主键约束、外键约束和使用CHECK约束实现完整性控制。

(5) 实现应用程序设计、编程、优化功能。

(6) 对系统的各个应用程序进行集成和调试，进一步优化系统功能，改善系统用户界面，完成实验内容所指定的各项要求；调试数据准确；界面布局整齐，人机交互方便；输出结果正确。

(7) 分析遇到的问题，总结并写出课程设计报告。

(8) 自我评价。

(9) 参考文献。

五、课程设计开发环境

(1) 支撑平台：Windows 2000/2003、Windows XP、Windows 7。

(2) 数据库管理系统：SQL Server 2005、SQL Server 2008。

(3) 开发工具：Microsoft Visual Studio 2008。

(4) 开发语言：C＃ 。

六、课程设计考核评分标准

数据库课程采用课程设计报告和课程设计应用程序来综合评定成绩。总分值为100分，其中系统功能实现30分、程序开发及调试30分、创新能力10分、报告30分。

七、附例

题目一：学生档案管理系统

1. 系统功能的基本要求

(1)学生基本情况：包括的数据项有学号、姓名、性别、民族、出生年月、考生来源、培养方式、入学分数、入学政治面貌、家庭住址、通信地址、邮政编码、所在院系、专业等。

(2) 课程信息：包括的数据项有课程编号、课程名、学时、学分、考核方式、开课院系、任课教师等。

(3) 成绩信息：包括的数据项有课程编号、学生编号、成绩等。

2. 数据库要求

在数据库中至少应该包含下列数据表：

(1) 学生信息表；

(2) 课程信息表；

(3) 成绩表。

题目二：人事管理系统

1. 系统功能的基本要求

(1) 员工各种信息的输入，包括员工的基本信息、学历信息、婚姻状况信息、职称等。

(2) 员工各种信息的修改。

(3) 对于转出、辞职、辞退、退休员工信息的删除。

(4) 按照一定的条件,查询、统计符合条件的员工信息。至少应该包括每个员工详细信息的查询、按婚姻状况查询、按学历查询、按工作岗位查询等,至少应该包括按学历、婚姻状况、岗位、参加工作时间等统计各自的员工信息。

(5) 对查询、统计的结果打印输出。

2. 数据库要求

在数据库中至少应该包含下列数据表:

(1) 员工基本信息表;

(2) 员工学历信息表,它反映员工的学历、专业、毕业时间、学校、外语情况等;

(3) 企业工作岗位表;

(4) 企业部门信息表。

题目三:工资管理系统

1. 系统功能的基本要求

(1) 员工每个工种基本工资的设定。

(2) 加班津贴管理,根据加班时间和类型给予不同的加班津贴。

(3) 按照不同工种的基本工资情况、员工的考勤情况产生员工每月的月工资。

(4) 员工年终奖金的生成,员工的年终奖金计算公式=(员工本年度的工资总和+津贴的总和)/12。

(5) 企业工资报表。能够查询单个员工的工资情况、每个部门的工资情况、按月的工资统计,并能够打印。

2. 数据库要求

在数据库中至少应该包含下列数据表:

(1) 员工考勤情况表;

(2) 员工工种情况表,包括员工的工种、等级、基本工资等信息;

(3) 员工津贴信息表,包括员工的加班时间、加班类别、加班天数、津贴情况等;

(4) 员工基本信息表;

(5) 员工月工资表。

题目四:实验选课系统

1. 系统功能的基本要求

(1) 实验选课系统分为教师、学生及系统管理员三类用户,学生的功能包括选课、查询实验信息等,教师的功能包括考勤、学生实验成绩录入、查询实验信息等。管理员的功能包括新建教师、学生帐户,设定实验课程信息(设定实验时间、地点、任课教师)。

(2) 管理员可对教师、学生及实验课程信息进行修改;教师可对任课的考勤、成绩进行修改;学生可以对自己选修的课程重选、退选。

(3) 管理员可删除教师、学生及实验课程信息。

(4) 教师可查询所任课程的学生名单、实验时间、考勤及实验成绩,并可按成绩分数段进行统计;学生可查询所学课程的实验时间、教师名单;管理员具有全系统的查询权限。

2. 数据库要求

在数据库中至少应该包含下列数据表：

(1) 教师、学生信息表，包括名字、密码等；

(2) 课程信息表，包括课程名、学时等；

(3) 实验室信息表；

(4) 课程选修信息表，包括谁选了什么课程、谁任课、什么时间和什么地点。

题目五：仓库管理系统

1. 系统功能的基本要求

(1) 各种商品信息的输入，包括商品的价格、类别、名称、编号、生产日期、保质期、所属公司等信息。

(2) 各种商品信息的修改。

(3) 对于已售商品信息的删除。

(4) 按照一定的条件，查询、统计符合条件的商品信息，至少应该包括每个商品的订单号、价格、类别、所属公司等信息。

(5) 对查询、统计的结果打印输出。

2. 数据库要求

在数据库中至少应该包含下列数据表：

(1) 商品基本信息表，包括商品的价格、类别、名称、编号、生产日期、保质期、所属公司等信息；

(2) 商品订单管理表，包括订单的创建时间、总价格、付款情况等；

(3) 商品类别表；

(4) 商品所属公司信息表。

题目六：产品库存管理

1. 系统功能的基本要求

(1) 产品入库管理，可以填写入库单，确认产品入库。

(2) 产品出库管理，可以填写出库单，确认产品出库。

(3) 借出管理，凭借条借出，然后能够还库。

(4) 初始库存设置，设置库存的初始值，库存的上、下警戒限。

(5) 可以进行盘库，反映每月、每年的库存情况。

(6) 可以查询产品入库情况、出库情况、当前库存情况，可以按出库单、入库单，产品、时间进行查询。

2. 数据库要求

在数据库中至少应该包含下列数据表：

(1) 库存情况表；

(2) 出库单表；

(3) 入库单表；

(4) 出库台帐；

(5) 入库台帐；

(6) 借条信息表,反映借出人、借出时间、借出产品、借出数量、还库时间等。

题目七:列车时刻查询

1. 系统功能的基本要求

(1) 查询车次:包括车次、列车种类、出发城市、到达城市、旅行时间、里程、票价。

① 按出发城市、到达城市查询。

② 按车次查询。

(2) 显示车次详细信息:包括中间站名称、到达中间站的时间、离开中间站的时间、从出发站到中间站的距离、车次。

(3) 计算票价。

计算方式:

① 设定一个基数为1,空调车票价为基数的2倍,普快车票价为基数的1倍,快速车票价为基数的1.2倍,特快车票价为基数的2倍;

② 票价跟运行里程成正比,以里程一百千米为单位,如每一百千米票价为10元,则0到100千米票价为10元,100到200千米票价为20元,以此类推。

2. 数据库要求

(1) 列车信息表。

(2) 列车车次信息表。

题目八:航班查询系统

1. 系统设计要求

对航班的信息建几个表,考虑表之间的关系。

2. 系统功能的基本要求

(1) 列出所有的城市作为出发城市和到达城市。

(2) 查询航班信息。

(3) 查询航班的仓位信息。

3. 数据库要求

(1) 城市信息表,包括城市ID、城市名称。

(2) 航班信息表,包括航班ID、航班名称、出发城市ID、到达城市ID、出发时间、到达时间。

(3) 仓位信息表,包括仓位ID、航班ID、仓位名称、仓位类型、剩余票数、票价和折扣。

题目九:图书管理系统

1. 系统功能的基本要求

(1) 图书信息的输入,包括图书的书名、出版号、价格、分类、作者、简介、出版社、出版日期、编号、数量等。

(2) 图书各种信息的修改与更新。

(3) 对于入库、借出、归还、报废、丢失等信息的记录。

(4) 按照一定的条件,查询、统计符合条件的图书信息。至少应该包括每本图书按书名详细信息的查询、按借出归还状态查询、按作者查询、按出版社查询等，至少应该包括按分类、数量、价格等统计图书信息。

(5) 对查询、统计的结果打印输出。

2. 数据库要求

在数据库中至少应该包含下列数据表：

(1) 图书基本信息表；

(2) 图书分类表、出版社分类表等；

(3) 图书状态表、图书运行记录表；

(4) 工作人员表。

题目十：商品销售管理系统

实现功能

(1) 编辑功能：添加、删除、修改商品信息。

(2) 在销售过程中根据商品单价和销售量进行销售金额的计算。

(3) 根据商品的销售情况，确定销售状态，如：

① 如果销售量和库存量的比值大于某一数值，则提示“旺销”信息；

② 如果销售量和库存量的比值小于某一数值，则给出“销售不畅”的信息。

(4) 根据销售情况做出判断，如果销售不畅则按一定的计算公式降价，并给出新的价格。

(5) 根据销售金额，利用计算公式进行销售利润的计算。

(6) 查询功能：根据商品名、旺销商品、销售不畅商品等信息进行查询。

(7) 按商品单价、销售量、销售金额进行排序。

注：可 3 人至 5 人为一组，按功能模块分工完成各自的设计任务。

八、课程设计具体安排

略。

参 考 文 献

[1] 郑阿奇. SQL Server 实用教程[M]. 3 版. 北京：电子工业出版社，2009.

[2] 黄维通，刘艳民. SQL Server 数据库应用基础教程[M]. 北京：高等教育出版社，2008.

[3] 邵鹏鸣，张立. SQL Server 数据库及应用(SQL Server 2008 版)[M]. 北京：清华大学出版社，2012.

[4] 吕橙，张翰韬，周小平. SQL Server 数据库原理与应用案例汇编[M]. 北京：清华大学出版社，2011.